21 世纪高等教育
计算机规划教材

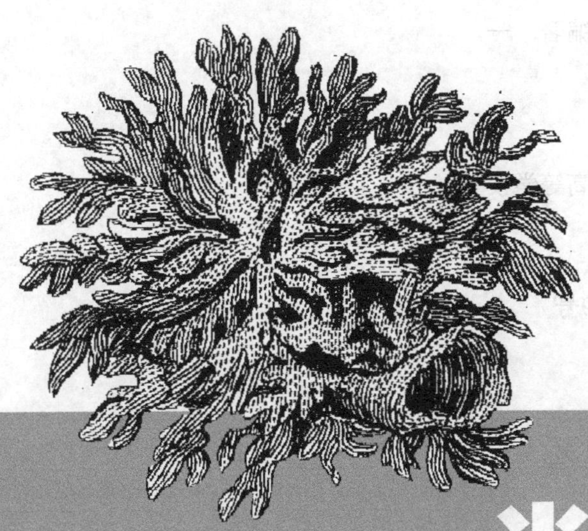

数据结构
C语言描述

慕课版

◆ 张同珍 编著

人民邮电出版社
北京

图书在版编目（CIP）数据

数据结构 : C语言描述 : 慕课版 / 张同珍编著. --
北京 : 人民邮电出版社, 2018.8（2020.8重印）
21世纪高等教育计算机规划教材
ISBN 978-7-115-47603-6

Ⅰ. ①数… Ⅱ. ①张… Ⅲ. ①数据结构－高等学校－教材②C语言－程序设计－高等学校－教材 Ⅳ. ①TP311.12②TP312.8

中国版本图书馆CIP数据核字(2018)第001059号

内 容 提 要

数据结构是计算机及相关专业的基础课程。它不仅具有很强的理论性，也具有很强的实践性。本书对查找、排序进行了分析讨论，对线性结构、树结构、图结构采用了统一的讲解模式：逻辑结构+物理结构+基本操作实现+典型应用，并围绕这 4 个方面进行了详细讨论，条理清晰。另外，本书除了对各部分的操作实现算法进行理论分析之外，还用 C 语言进行了具体实现，从基本理论和基本技能两个方面对学生进行训练。

本书内容丰富、条理清晰、深入浅出、讲解详尽，适合计算机类、信息类、电类、自动控制类、数学类专业的学生使用，也适合软件设计人员、工程技术人员参考。

◆ 编　　著　张同珍
　责任编辑　税梦玲
　责任印制　焦志炜

◆ 人民邮电出版社出版发行　　北京市丰台区成寿寺路 11 号
　邮编　100164　　电子邮件　315@ptpress.com.cn
　网址　http://www.ptpress.com.cn
　北京捷迅佳彩印刷有限公司印刷

◆ 开本：787×1092　1/16
　印张：15　　　　　　　　2018 年 8 月第 1 版
　字数：397 千字　　　　　2020 年 8 月北京第 4 次印刷

定价：45.00 元

读者服务热线：(010)81055256　印装质量热线：(010)81055316
反盗版热线：(010)81055315
广告经营许可证：京东市监广登字 20170147 号

前言

Foreword

通过对程序设计课程的学习，学生初步掌握了程序设计思想与方法，能够解决一些日常生活、学习、生产实践中遇到的数值和非数值性问题。但现实中遇到的问题往往涉及的数据量大且数据间关系纷繁复杂，学生会感觉到已学的知识不够用。如何将这些问题中的数据及数据间关系抽象出来并在内存中进行存储？如何在所选择的存储方式下用计算机解决各类问题？以及这些问题解决方法的优劣评判，将是数据结构这门课程要解决的问题。数据结构是计算机专业的核心专业基础课程，也是整个电类、信息类专业的核心基础课程，许多其他理工类专业也将它作为必修课程之一。绝大多数高校在计算机及相关专业硕士研究生入学考试专业课科目设置中，也将数据结构列为必考科目。

本书首先根据数据之间关系的不同，由简到繁地把数据结构分为线性、树和图 3 个部分。线性关系除了常规的线性表，还包括线性关系的两个特例——栈和队列，由于栈和队列是最常用的工具，因此对线性关系细分出线性表、栈和队列两章内容，树和图各成一章。对存储数据的查询和检索是对数据最频繁的应用，而排序又能提高对数据的检索效率，因此又加入了查找、排序两章内容。这样就组成了本书完整的七章内容。这七章内容在安排上遵循了计算机专业数据结构课程的教学大纲要求，同时兼顾了硕士研究生入学考试的要求。

同时，本书在编排结构上由浅入深，从问题的引入、概念的介绍、数据的描述、算法的设计实现、应用问题的解决，逐次递进，便于入门。课后配套的习题供学生进一步理解、巩固所学知识，题目后的“*”表示题目的难易程度，“*”越多表示该题目难度越大，无“*”表示该题目较简单。重要的概念、算法和易错点都配有慕课视频。下面对慕课视频的学习方法做出说明。

1. 购买本书后，刮开粘贴在封底的刮刮卡，获取激活码（见图 1）。

2. 登录人邮学院网站（www.rymooc.com），或扫描封面上的二维码，使用手机号码完成网站注册（见图 2）。

图 1　激活码

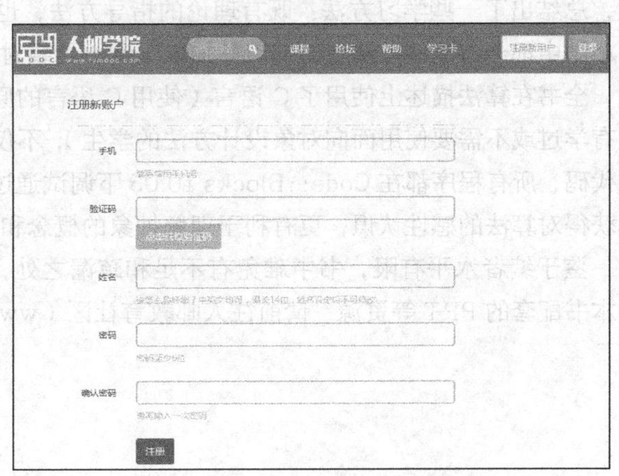

图 2　注册人邮学院网站

3. 注册完成后，返回网站首页，单击页面右上角的“学习卡”选项（见图 3），进入“学习卡”页面（见图 4），输入激活码，即可获得课程的学习权限。

图 3　单击“学习卡”选项

图 4　在“学习卡”页面输入激活码

4. 获取权限后，可随时随地使用计算机、平板电脑以及手机，根据自身情况，在课时列表（见图 5）中选择课时进行学习。

课时列表

章节 1 绪论
课时 1 数据结构定义 可试学
课时 2 基本操作 可试学
课时 3 逻辑结构
课时 4 存储结构
课时 5 算法
课时 6 算法的时空复杂度
章节 2 线性表
课时 7 线性表
课时 8 顺序结构
课时 9 链式结构

图 5　课时列表

人邮学院平台的使用问题，可咨询在线客服，或致电 010-81055236。

“数据结构”课程内容多、算法抽象，作者结合自身多年在上海交通大学讲授数据结构课程的教学经验，总结出了一些学习方法：既有理论的指导方法，也有具体操作上的指导方法。本书在内容讲解和章节小结中都会将这些方法适时提出并加以强调，希望对学生有所帮助。

全书在算法描述上使用了 C 语言（使用 C 语言的原因是它只使用了面向过程的程序设计方法，适合没有学过或不需要使用面向对象设计方法的学生），不仅有算法实现的 C 语言程序，还有对算法实现的测试代码，所有程序都在 Code::Blocks 10.05 下调试通过，学生可以直接运行，通过直观的运行结果方便地获得对算法的感性认识，更有利于理解抽象的概念和算法。

鉴于编者水平有限，书中难免有不足和疏漏之处，请各位读者批评指正，便于进一步改进。另外，与本书配套的 PPT 等资源，请前往人邮教育社区（www.ryjiaoyu.com）下载。

编　者

2018 年 6 月

目录
Contents

Chapter 01

第1章 绪论

■ 数据是外界信息进入计算机，并被计算机程序处理的符号。数据元素是数据的基本单位，如有一组存储在内存中的整数，这组整数是数据，数据中的每一个整数是数据元素；再如内存中有一组学生信息，每个学生信息是一个结构类型数据，包含了学号、姓名、年龄等字段，那么这组学生信息是数据，每一个学生的信息是数据元素。通常数据元素简称为元素。

1.1 数据结构的定义

数据结构定义

数据结构是指相互之间存在一种或多种特定关系的数据元素的集合，数据结构这门课程的研究对象是相同类型的一组元素之间的关系和关系操作（逻辑结构）、元素和关系在内存中的存储（物理结构）、在各种存储方式下关系操作的实现以及每种结构的典型应用。

1.1.1 数据的逻辑结构

逻辑结构

研究数据的逻辑结构，就是研究类型相同的一组元素和元素间的关系，元素关系可以分为以下几种。

（1）集合关系：元素间呈松散关系，结构中不同元素除了同属于一个集合，相互间无其他制约关系。如同班级里同学间的关系。

（2）线性关系：元素间呈现你先我后的顺序，是一种一对一的关系。如队列中元素间的关系，除了队首，每个元素有一个唯一的直接前驱元素；除了队尾，每个元素有一个唯一的直接后继元素。

（3）树形关系：元素间呈现一对多的关系。如家谱中人物间关系，一个人可以有多个儿子，却只能有一个父亲。

（4）图关系：元素间呈现多对多的关系。如城市间通过飞机航线形成的关系，如上海、北京、西安 3 个城市中，任何两个城市间都可以有直飞航线。

上述 4 种关系如图 1-1 所示。

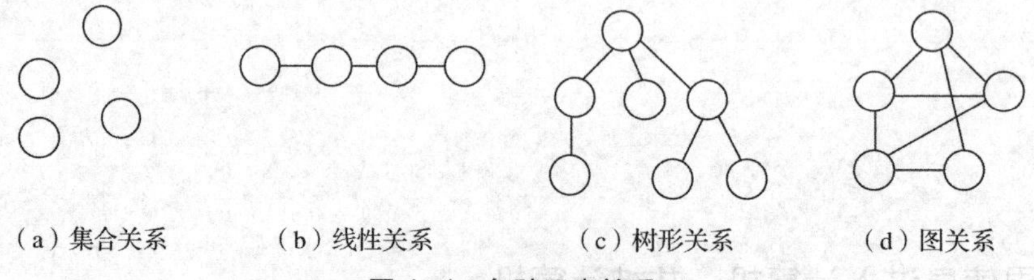

（a）集合关系 （b）线性关系 （c）树形关系 （d）图关系

图 1-1 各种元素关系

线性关系、树形关系、图关系相应地使用线性结构、树形结构和图结构来解决，集合关系因其元素关系极为松散，可以结合应用其他几种结构，尤其线性结构，代为表示和处理。

逻辑结构通常可以用二元组描述为 Data_Struct=(D,R)，其中 D 是元素的集合，R 是关系的集合。如由整数 1～10 组成的有序集就是一个线性结构，描述表达式为

$D=\{x|1\leqslant x\leqslant 10,\ x\in \mathrm{N}\}$，$R=\{\langle x_1,x_2\rangle \mid x_1\in D, x_2\in D\}$。其中 $\langle x_1,x_2\rangle$ 表示一个有序偶，即 x_1 和 x_2 有顺序关系，x_1 是前驱，x_2 是后继。

1.1.2 基本操作

基本操作

基本操作（或称关系操作）是和数据的逻辑结构紧密相关的，它来源于关系自身的特点。无论哪种结构，基本操作都可以分为构造类、属性类、数据操纵类、遍历类和典型应用类。

（1）构造类：在内存中建立这种数据结构。如一个空的队列，有存储空间，无或有若干元素。

（2）属性类：对元素及元素之间的关系的各类查询。属于“东瞧瞧、西看看”，不影响元素及元素关系本身。如在线性结构中查询值为 X 的元素是否存在。

（3）数据操纵类：对元素或元素关系有改变的操作，如插入或删除某个元素，修改可以视作在同一位置上删除一个旧元素后再插入一个新元素。

（4）遍历类：对结构中的每个元素访问且只访问一遍。因其重要且有时又较复杂，常常是其他类操作的基础，如遍历图中的顶点元素，所以特意从属性类中分离出来。

（5）典型应用类：该种结构独特的应用，不同结构的典型应用各不相同。如线性结构可以解决队列问题，图结构可以解决两个城市间最短路径问题。

1.1.3 抽象数据类型

数据的逻辑结构连同基本操作组成抽象数据类型 ADT（Abstract Data Type）。抽象数据类型只和数据自身的逻辑特征相关。ADT 又区别于具体某种类型，数据结构只关心元素关系和关系操作，并不实际限定数据的具体类型，只要求元素的类型一致。

ADT 的描述可以用自然语言，也可以用伪代码，其内容包含元素集合、元素关系集合、基本操作。基本操作表明了现实生活中的一个个基本的问题，它给出了明确的已知条件和结果要求，具体实现依赖于数据和数据的关系在内存中如何存储，在逻辑结构分析阶段因不知道存储方式而无法给出 ADT 的描述。

1.1.4 数据的存储结构

数据的存储结构也称物理结构，是数据结构在内存中的表示形式。数据要得到处理，首先必须进入内存，这里不仅要存储元素，还要存储元素间的关系。元素及其关系在内存中适合用什么结构存储，是研究数据的存储结构时要考虑的问题。存储结构非常重要，任何一种数据结构基本操作的设计都取决于其逻辑结构，但基本操作的实现就要依赖于数据的存储结构。

存储结构

常见的存储结构有顺序存储和链式存储两种。顺序存储是用一块连续的空间来存储数据，同时借助这组空间在地址上的邻接及有序性来存储元素之间的关系，顺序存储结构称顺序结构。高级编程语言中的数组可以实现连续空间的获取，实现顺序结构。如在内存中使用一个数组来存储一个队列，队列中的元素有你先我后的关系，当把队列中元素存储在数组中时，可以让队列元素的先后和数组下标的顺序保持一致，例如队列中的第一个元素存储在数组的 0 下标分量中，队列中第二位元素存储在下标为 1 的数组分量中，依此类推。链式存储是在内存中使用多个独立的内存空间，每个独立的空间除了包括存储元素的空间外，还包括存储元素之间关系的附加的空间。链式存储的数据结构也称链式结构。如队列用链式结构，先声明一个结构数据类型，结构类型的每个变量称作一个结点，结点中含有一个元素字段和一个指针字段，每个结点都存储了队列中的一个元素和指向存储队列中下一个元素结点的指针。

1.1.5 基本操作的实现

当数据在内存中以某种结构存储后，就要研究这种数据结构的基本操作实现方法。基本操作的设计依赖于逻辑结构，而实现要依赖于物理结构。实现方法的设计从存储结构出发，如某种顺序结构，其操作就是对数组的不同目的的操作，具体实现方法因人而异，目标都是要符合逻辑结构中对操作的条件和结果定义。

1.1.6 典型应用

每一种数据结构都是现实问题的抽象，都对应着一些最适合解决的问题。如线性结构中的栈，可以解决高级编程语言程序编译中的符号匹配检查、表达式计算问题；图结构可以解决城市之间的最经济航线问题以及工程项目中的工期和关键活动问题等。

1.2 数据结构的 C 语言实现

数据结构是关于元素及元素间关系的分析、处理，原则上并不固定依赖于任何高级编程语言，所以有些数据结构书籍全部使用伪代码，在实际应用中实现时再换成具体的高级编程语言。本书直接采用 C 语言描述，用 C 语言编程，便于读者直接运行、验证、使用。

C 语言是一种历史悠久且使用范围广泛的语言，也更适应有 C 语言编程基础的相关专业的学生。当然，根据实际工作中开发工具、语言的需求，也可以方便地改为其他语言。

数据结构研究具有一定关系的、类型相同的一组元素，并不特定指向某种具体类型，如整型、字符型或者更加复杂的结构类型。但无论何种类型，它们在关系、基本操作处理方法上都是相同的，因此在分析某种数据结构时，假定它是一种抽象的数据类型 elemType。在算法的 C 语言实现中，可以根据问题中具体的类型，事先利用类型定义将 elemType 类型具体化。如语句“typedef int elemType;”就是将 elemType 类型具体化为整型。

本书使用了 C 语言中最基本的核心部分，包括输入/输出、数据类型、变量、表达式、算术运算、逻辑运算、分支语句、循环语句、函数、递归函数、数组、指针及结构化程序设计等。

1.3 算法及算法分析

1.3.1 算法及其要求

1. 算法

数据结构除了研究元素及元素关系的存储，还要研究在某种存储结构下基本操作的实现。例如，用数组存储的队列如何实现进队、出队操作？设计好的出队的具体方法就是算法。算法就是解决一个具体问题的方法和步骤，它必须满足如下 5 个特性。

算法

（1）有穷性：一个算法中的每一步要在有限的时间内完成，而整个算法必须在有限步之后完成。

（2）确定性：算法中的每一步都有确定的含义，没有二义性。

（3）可行性：算法中的每一步都是经过有限次基本操作就可以完成的，每一步自身没有复杂的算法问题。

（4）有输入：根据问题需要，一个算法可以有零个或者若干个输入作为解决问题的已知条件。

（5）有输出：算法执行结束后，有零个或者若干个输出作为算法运行结果。

2. 算法的要求

即使是同一个问题，解决的方法也会因人而异、千差万别，即算法是不一样的。如何度量并比较不同算法的优劣？通常对一个算法可有以下几个方面的考量。

（1）正确性：准确反映并能满足具体问题的要求，具体来说就是对于任意一个合法的输入，经过算法执行之后应能给出正确的结果。

（2）可读性：指可供人们阅读的容易程度。可读性好的算法能利于人们的阅读、理解、交流，也便于设计者进行调试和纠错。

（3）健壮性：对各种不同的输入都要有相应的反应。如果输入数据合法，就要有相应的输出；如果输入数据不合法，也要有相应的响应处理，如提示信息输出，而不是任由系统发出非法错误警告。

（4）时间效率：算法的执行时间，该时间应能满足问题解决的时间容忍要求，如一些实时系统对处理时间有一个及时性反应的要求。如果有多个算法，执行时间越短，算法的时间效率越高。

（5）空间效率：算法执行期间所需要的最大内存空间。所需要的内存空间越少，则空间效率越高。

3. 常见错误

生活中处理问题的方法并不都能转换为算法，如排队问题，描述的方法是“前看看后看看，比我高的我站他后面，比我矮的站我前面”，这样几分钟后队伍就按照个头高矮排好了。这个排序方法按照算法的定义要求，显然有很多问题，首先就是模糊不精确。要精确地描述出使用的方法似乎很难。按照这个思维去设计算法就会发现，根据生活中积累的处理问题的经验似乎很难直接转换为一个算法。这就是“看别人的算法都懂，自己设计算法就不知道该怎么做了”，因为遇到问题时人们总是下意识地首先想到以往的经验，在此基础上找解决办法，可惜生活中并没有积累这样的经验。

算法中的基本操作应该是计算机语言能够处理的操作，如赋值、算术运算、比较运算、输入/输出等基本运算。例如，排序问题显然主要依赖于比较和交换，而基本运算中的比较运算是一个二元操作，冒泡排序方法就是利用两两比较、两两交换（t=a; a=b; b=t; 3 个赋值完成两个变量交换）最终完成了排序任务。

1.3.2 时间复杂度的度量

算法的执行时间是指依据算法编制的程序运行时所消耗的时间，度量方法有运行后度量和运行前分析。运行后度量指根据不同算法事先编制好的程序和同样的测试数据，在程序运行时借助机器的计时功能进行计时，当不同程序运行结束时，分别记录实际的运行时间并进行比较。运行前分析指在算法设计好但还没有编程实现时，根据几个方面的影响因素对算法的执行时间进行分析。前者受机器性能、数据分布和运行时的软件环境影响较大，有时会掩盖一些算法的不足，因此一般采用运行前分析法。

算法的时空复杂度

分析时间复杂度时所要注意的影响因素如下。

（1）机器的运算速度。这里主要考虑计算机的主频和字长。主频描述了 CPU 内数字脉冲信号震荡的速度，一般来说，主频高，则运算快。字长是运算器能够并行处理的，也是存储器每次读写操作时所能包含的二进制码的位数，如 16 位、32 位、64 位。一般来说，字长越长，处理速度越快，精确度越高。

（2）编译后代码的质量。高级编程语言编制的程序通常要进行编译，不同编译器往往采用不同的优化策略，所以代码运行效率不同，也称代码质量不同。

（3）书写程序所用的语言。同样的算法，使用的编程语言越高级，实现的效率就越高，但执行的效率就越低。

（4）问题的规模。规模即指问题涉及的数据量的大小，通常数据量越大效率越低，一旦数据量大到一定级别，可能就要用到大数据处理方法，如分布式。

（5）算法采用的方法和策略。对于同一问题可以有不同的方法和策略进行解决，算法设计常用的技术有迭代法、枚举法、贪心法、回溯法等，同一算法采用不同的方法和策略消耗的时间可能就不同。

在以上的影响因素中，（1）～（4）都和软硬件环境、问题本身特点有关。设计算法时，一般无从得知将要使用的机器和数据的具体情况，因此这里的时间消耗分析主要是从算法的设计方案入手，即（5）是设计算法时需要特别考虑的。为了量化时间效率，可以用估计算法的运行时间来度量算法策略的优劣。理论上说，运行时间是算法实现中所有语句执行的时间总和，由于不同机型指令集不同，且不同指令执行时间也不同，所以使用算法中语句执行的次数来度量更合理，语句执行的次数越多，时间花费越长。语句执行次数称时间频度，一组相同的数据可能引起一些语句反复执行，因此一般算法的时间频度和要处理的数据规模有关，故可以表示为数据规模 n 的函数 $T(n)$。以下是一个累加器算法的时间频度计算程序代码块。

```
s = 0;
for (i=0; i<n; i++)
    s = s+ i;
```

分析上述算法，语句 s = 0 执行 1 次，i=0 执行 1 次，i<n 执行 n+1 次，i++执行 n 次，s = s+i 执行 n 次，共计执行 3n+3 次。因此这段算法的时间频度为 $T(n)=3n+3$。

对于各种不同的语句，只要是编程语言中的基本语句，如变量声明、赋值语句、输入语句、输出语句等，都忽略其不同，将其视作一条标准语句，时间频度就是标准语句的执行次数；对于循环语句，需要计算其实际运行的次数，而不是看语句书写的次数；对于分支语句，以执行语句最多的那个分支计算。例如如下代码块。

```
if (n>0)
{   for (i=0; i<n; i++)
        printf("%d ", i);
}
else
    printf("n<=0!");
```

这里语句的执行次数计算 n>0 的情况，为 n 次，而非 n<=0 的 1 次。

当数据规模很大时，算法消耗的时间会是怎样的走势？如果 n 趋于无穷时，$T(n)/f(n)$的极限为一个非零常数，则称 $O(f(n))$为算法的渐进时间复杂度，简称时间复杂度。

即存在 $C\in R$，$N_0\in N$，当 $n>N_0$ 时，$T(n)\leqslant C*f(n)$。

假设有如下表达式。

$$T(n)=3n^2+2n+10$$

$$T(n)\leqslant 3n^2+2n^2+10n^2\leqslant 15n^2$$

显然存在 $N_0=1$，$C=15$，当 $n>N_0$ 时，有 $T(n)\leqslant 15*n^2$，即 $f(n)=n^2$，算法的复杂度为 $O(n^2)$。

同理，当 $T(n)=3n+3$ 时，$T(n)\leqslant 6n$，时间复杂度为 $O(n)$。

可以看出，时间复杂度是一个时间频度表达式中的最高次项，且不带系数。

$T(n)=3n+3$ 的时间复杂度和 $T(n)=n$ 的时间复杂度一样，都是 $O(n)$，这说明和数据规模 n 无关的常数项 3 不影响时间复杂度，最高次项 3n 中的系数 3 也不起作用，因此在计算时间复杂度时，如果语句的执行次数和数据规模 n 的变化没有关系，这样的语句可以不计入内，如累加器示例中的语句“s=0; i=0;”。通常数据规模对执行语句的重复次数的影响都在循环语句中，而循环控制条件和循环变量的变化次数和循环体的执行次数接近一致，故只需要看循环体的执行次数即可。

再看如下示例代码块。

```
s=0;
for (i=0; i<n; i++)
    for (j=0; j<i; j++)
        {   s=s+i+j;
            printf("s=%d", s);
        }
```

这个内循环体执行多少次呢？内循环体执行次数受外循环变量 i 值的控制，也就是说间接和问题规模 n 有关。这种情况可以将外循环打开来算：当 i=0 时，内循环体执行 0 次；当 i=1 时，内循环体执行 1 次；当 i=n−1 时，内循环体执行 n−1 次；所以内循环体一共执行 $0+1+2+\cdots+n-1=n(n-1)/2$ 次，时间复杂度为

$O(n^2)$。而内循环体内有两个语句，执行语句次数变为 $n(n-1)$，但这只是改变了时间频度函数的系数，不影响时间复杂度的结果，故循环体内的语句如果不再含循环，具体条数也不用细算。

时间复杂度的计算方法总结如下：找到算法中和数据规模 n 有关的循环语句，计算循环体的执行次数获得时间频度函数；之后观察时间频度函数中关于 n 的最高次项，去掉其系数，即是时间复杂度函数。

特殊地，如果算法中无执行次数和数据规模 n 相关的语句，即时间频度函数是一个常量，则时间复杂度为 $O(1)$。常见算法的时间复杂度有常量阶 $O(1)$、线性阶 $O(n)$、对数阶 $O(\log_2 n)$、线性对数阶 $O(n\log_2 n)$、平方阶 $O(n^2)$、立方阶 $O(n^3)$、幂阶 $O(2^n)$、阶乘阶 $O(n!)$、N 幂阶 $O(n^N)$。按照这个顺序排列，时间效率由高到低。一般来说，到达立方阶之后，一旦数据规模大些，时间上就已经是不能忍受了，算是一个顽性算法了。

1.3.3 空间复杂度的度量

算法的空间消耗包括 3 个方面，一是实现算法的程序本身需要占据存储空间；二是待处理的数据需要在内存中存储，占据一定的空间；三是在处理数据的过程中需要一些额外的辅助空间。通常一和二是不可避免的，在设计算法时主要关注额外的辅助空间。渐进空间复杂度也称空间复杂度，和时间复杂度类似，是当数据规模 n 趋于无穷时的辅助空间量阶，计为 $S(n)=O(f(n))$。

分析如下两个实现数据序列逆置的算法程序示例。

```
int a[10]={1,6,2,5,8,9,5,4,3,12};
int t, i;
for (i=0; i<5; i++)
{       t=a[i];
        a[i]=a[10-i-1];
        a[10-i-1]=t;
}
```

这个例子中，为了完成 n=10 个元素的逆置，将 a[0]和 a[9]交换，再将 a[1]和 a[8]交换，最后 a[4]和 a[5]交换，期间使用的辅助空间为一个变量 t，故其空间复杂度和元素个数没有关系，为 $O(1)$；算法的时间频度为 $n/2$，时间复杂度为 $O(n)$。

```
int a[10]={1,6,2,5,8,9,5,4,3,12},b[10];
int t, i;
for (i=0; i<10; i++)
        b[i] = a[10-i-1];
for (i=0; i<10; i++)
        a[i] = b[i];
```

这个例子中，为了完成 n 个元素的逆置，使用了具有 n 个元素空间的数组 b 作为辅助空间，最后也能完成逆置，但空间复杂度为 $O(n)$。算法的时间频度为 $2n$，时间复杂度为 $O(n)$。

一般来说，在内存足够大的情况下，算法更加注重时间效率，仅当算法的时间复杂度一致的情况下才比较空间复杂度的优劣。

1.4 小结

数据元素及元素间的关系称作数据结构。数据结构研究具有某种制约关系的一组元素及元素间关系在内存中如何存储、在各种存储方式下关系操作如何实现以及各种数据结构的典型应用，具体研究分为逻辑结构、物理结构、基本操作实现及典型应用 4 个方面。在分析逻辑结构时，要完全脱离计算机，而仅仅依赖现实元素特征，分析元素、元素关系及基本操作，给出用伪代码描述的抽象数据类型。在物理结构分析阶段，讨论元素及元素关系在内存中如何存储，存储可以分顺序存储和链式存储。顺序存储使用一块连续的空间存储元素和元素之间的关系；链式存储使用各自独立的空间存储每个元素，并在每个独立的空间中附加字段以存储元素之间的关系部分。在基本操作实现分析阶段，研究在各种存储结构中基本操作的实现方法和步骤，即算法，对于算法提出了时间复杂度和空间复杂度的概念及计算方法，并以此为依据对不同算法进行性能比较。在典型操作阶段，分析所研究的数据结构最适合的实际应用问题。

1.5 习题

1. 什么是数据结构？数据结构有几种类型？
2. 数据结构的研究对象是什么？
3. 什么是逻辑结构和物理结构？
4. 什么是抽象数据类型？用何种语言描述抽象数据类型？
5. 数据基本操作的实现和逻辑结构、物理结构的关系是什么？
6. 我们在现实社会中解决问题的方法和步骤都能称为算法吗？
7. 继程序设计之后学习数据结构对实际问题的解决有什么帮助？
8. 根据以下时间频度函数分别给出时间复杂度。

   $6x^2+3x+5$，$2n\log_2 n+x^3$，$3+7n^2$，16
9. 设 n 是描述问题规模的非负整数，请分别给出下列程序片段的时间复杂度。

```
(1) sum = 0;
    for (i=0; i<n; i++)
      for (j=0; j<n; j++)
        sum = sum+i*j;
(2) sum = 0;
    for (i=1; i<n; i=2*i)
      for (j=0; j<n; j++)
        sum = sum+i*j;
(3) x=1
    while (x<n/2)
    x=2*x;
```

10. 用递归方法计算求 $n!$，并计算其时间频度函数和时间复杂度。
11. 编程计算 S=1-2+3-4+5-6+…+N，N>0，要求分别用 $O(n)$、$O(1)$时间复杂度来实现。

Chapter 02

第2章 线性表

■ 线性结构是一种简单、常见的数据结构。日常生活中我们经常遇到的，如体育课上学生排成的一列、食堂某个窗口等待买饭的学生排成的一队、教师讲台上的一摞作业本，都呈现出具有线性关系的结构。

线性结构可被确切定义为：一个含有限数量且具有相同特征的元素构成的集合。该集合或者为空，或者仅有一个被称为首元素的元素；仅有一个被称为尾元素的元素；除了尾元素每个元素有且仅有一个直接后继元素；除了首元素，每个元素有且仅有一个直接前驱元素。

常见的几种线性结构有：线性表（List）、时间有序表(Chronological Ordered List)、排序表(Sorted List)、频率有序表（Frequency Ordered List）等。其中线性表，是仅仅通过元素之间的相对位置来确定它们之间相互关系的线性结构。如元素序列 a_1，a_2，a_3，…，a_i，a_{n-1}，a_n，其中 $1 \leq i \leq n$，n 为元素的个数，且 $n \geq 0$。在这个序列中，当 n=5 时，a_1 是首元素，a_5 是尾元素，a_3 的直接前驱元素是 a_2，a_3 的直接后继元素是 a_4。时间有序表、排序表、频率有序表都可以看作线性表的推广。时间有序表是按照元素到达结构的时间先后，来确定元素之间关系的。如，在红灯前停下的一长串汽车，这些汽车构成了一个队列。其中最先到达的为首元素，最后到达的为尾元素；在离开时最先到达的汽车将最先离开，最后到达的将最后离开。后续我们将介绍的栈和队列都是时间有序表。频率有序表是按照元素的使用频率确定它们之间相互关系的；排序表是根据元素的关键字值来加以确定的。其中线性表、栈和队列是最常用的 3 种线性结构，我们将重点加以讨论。排序表和频率有序表将放入以后各章中进行分析和讨论。

2.1 线性表的定义及 ADT

线性表是一种仅由元素的相互位置确定它们之间相互关系的线性结构，可以从首元素开始用一个自然数表示的序号来标识每一个元素，这样每个元素的位置和元素的序号是一一对应的。当在线性表中插入一个元素之后，线性表的元素个数将随之增大，在插入位置之后的所有元素的序号也将增大 1。删除操作是类似的。插入和删除可以在线性表的任何有效位置上进行：如插入可以在首元素和尾元素之间的任何位置上进行，包括插入在首元素之前或尾元素之后；删除可以针对首元素和尾元素之间的任何元素，包括首、尾元素。

线性表

线性表的规模或长度是指线性表中元素的个数。当元素的个数为零时，该线性表称为空表。ADT 2-1 给出了线性表 List 的抽象数据类型，抽象数据类型包括元素、元素之间的关系、日常生活中的各种基本操作，以及进行各种基本操作必须满足的前提和得到的结果。

ADT 2-1：线性表 List 的 ADT。

```
Data: { xi | xi∈ ElemSet, i=1,2,3,…n, n > 0} 或 Φ; ElemSet为元素集合。
Relation: {<xi,xi+1>|xi,xi+1∈ElemSet, i=1,2,3,…n-1}, x1为首元素, xn为尾元素。
Operations:
    initialize
        前提:    无或指定List的规模。
        结果:    分配相应空间及初始化。
    isEmpty
        前提:    无。
        结果:    表List为空返回1，否则返回0。
    isFull
        前提:    无。
        结果:    表List为满返回1，否则返回0。
    length
        前提:    无。
        结果:    返回表List中的元素个数。
    get
        前提:    表List非空且已知元素序号。
        结果:    返回相应元素的数据值。
```

find
    前提：　表List非空，已知元素的数据值。
    结果：　查找成功，返回相应元素的序号，否则返回查找失败标志。
insert
    前提：　已知待插入的数据值及插入位置。
    结果：　插入具有该数据值的元素，表List的元素个数增大1。
remove
    前提：　表List非空，已知被删元素的数据值。
    结果：　首先查找相应元素，查找成功则删除该元素，表List的元素个数将减少1。
clear
    前提：　无。
    结果：　删除表List 中的所有元素。

一般情况下，ADT 中说明的操作，是这种数据结构常见的一些基本操作，其他相关应用的算法可以调用这些基本操作或者用这些基本操作的有序组合来实现，基本操作可视作基本构件。常见的基本操作，有结构操纵类、属性类、数据操纵类、遍历类和典型应用类。几乎每一种数据结构的基本操作都是根据这 5 种类别来定义的。在 ADT 2-1 中定义的基本操作中：initialize 属于结构操纵类；isEmpty、length、isFull、get、find 属于属性操纵类；insert、remove、clear 属于数据操纵类。对每种数据结构而言，各类操作的难易程度是不同的。如遍历类对于线性结构非常简单（对线性表来说，只要从首元素开始逐个访问每个元素直到尾元素，即可以实现对线性表的遍历），对树、图等非线性结构而言就有一定难度。典型应用类也主要在非线性结构的复杂数据结构中才加以讨论。

2.2　线性表的顺序存储结构

待处理的数据首先要存入内存。任何一种数据结构在内存中的存储通常都从两个角度来考虑：顺序存储和链式存储。在顺序存储中元素集中存放在内存中一块连续的空间里，借助存储空间物理上的连续性，线性表中的元素可以按照其逻辑顺序依次存放，即元素存放的物理顺序和它的逻辑顺序是一致的。我们称顺序存储的线性表为顺序表。

顺序结构

2.2.1　顺序表

顺序表（Sequential List）需要存储器中的一块连续的空间，而在高级编程语言的固有数据类型中，数组在存储器中表现为一块连续的空间，因此用数组实现顺序表是合适的。数组中各元素的位置由其下标来表示，它同时也是相应元素的位置序号。我们可以将线性表的 n 个元素，按照序号次序放入下标为 0 到 n-1 的数组元素中去，其特点为连续空间中存储位置的先后和顺序表中元素的先后一一对应。顺序表的存储映像见图 2-1，其中 len 为元素个数，即顺序表长度；maxSize 为 len 的上界；而 initSize 为最大的存储空间数。图 2-1 中用数组 elem 存储线性表，并且将下标为 0 的数组元素 elem[0]用于其他特殊用途，而不是存放顺序表中的元素。这样顺序表就可以从下标为 1 的数组元素开始连续存放元素，这里显然有 maxSize=initSize-1。顺序表及操作的定义见程序 2-1。

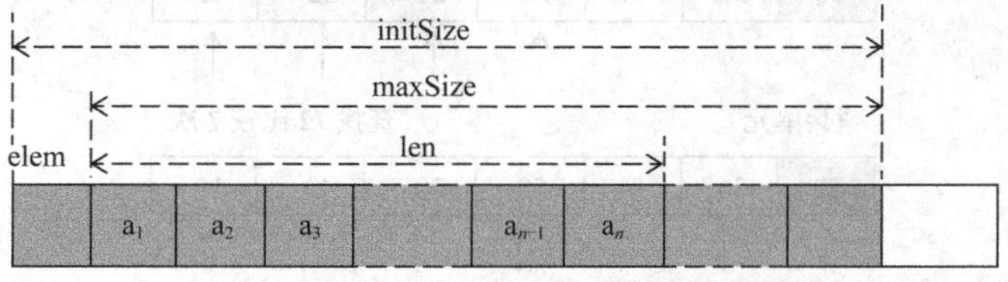

图 2-1　顺序表的存储映像

程序 2-1：顺序表 seqList 及操作的定义（seqList.h）。

```
#ifndef SEQLIST_H_INCLUDED
#define SEQLIST_H_INCLUDED

#include <stdio.h>
#include <stdlib.h>
#define INITSIZE 100

typedef int elemType;
typedef struct
{       elemType *elem;       // 顺序表存储数组，存放实际的数据元素
        int len;              // 顺序表中的元素个数，亦称表的长度
        int maxSize;          // 顺序表最大可能的长度
} seqList;

void initialize(seqList *L); //初始化顺序表
int isEmpty (seqList *L) { return ( L->len == 0 ); }   //表为空返回1,否则返回0
int isFull (seqList *L ) { return (L->len == L->maxSize); }// 表是否已满，满则返回1，否则返回0
int length (seqList *L ) {return L->len;}  // 表的长度，即实际存储元素的个数
elemType get (seqList *L ,int i );// 返回第i个元素的值
int find (seqList *L, elemType e );  // 返回值等于e的元素的序号，无则返回0
int insert (seqList *L, int i, elemType e );
//在第i个位置上插入新的元素（值为e），并使原来的第i个元素至最后一个元素的
//序号依次加1。插入成功返回1，否则为0
int Remove ( seqList *L, int i, elemType *e );
// 若第i个元素存在，删除并将其值放入e指向的空间，函数返回1；若i非法，则删除失败，返回0
void clear(seqList *L) { free(L->elem); }; //释放表占用的动态数组

#endif
```

2.2.2 顺序表基本操作的实现

顺序表的大部分函数都很简单，这里只选取具有代表性的几个函数加以分析和讨论。

1. 查找操作

首先分析查找操作，即函数 find。参见图 2-2，请注意数组元素 elem[0] 并未存储顺序表 seqList 中的元素，我们这里可以把它用作哨兵单元，即查找前，首先将待查数据值 e（见函数 find 中的参数）放入该单元，然后从顺序表的尾元素开始进行查找，这样即使在顺序表中找不到数据值为 e 的元素，最后也可以在下标为 0 的存储单元找到它，阻止了继续向左的查找，故称它为哨兵单元。图 2-2 的上图是成功查找的情况，在进行 4 次比较之后，在 elem[3]处找到了值为 e 的元素。图 2-2 的下图是查找失败的情况，在 elem[0]处找到了值为 e。综合查找失败和成功的情况可知：在数组 elem 中一定可以找到值为 e 的元素，只是有下标是否为 0 的区别。因此在函数 find 的 while 语句中，可以省略掉 $i\geqslant 1$ 的数组下标越界判断，提高了程序运行的速度。

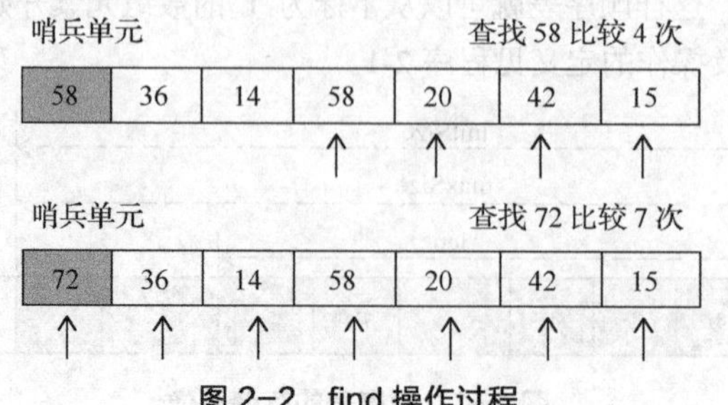

图 2-2 find 操作过程

分析时间代价：在成功查找情况下，主要的时间代价是进行查找时的比较次数。由于待查数据和元素比较是从尾元素开始的，依次逐步向前。如在图 2-2 中，查找 58 的过程中待查数据经历了分别和 elem[6]、elem[5]、elem[4]、elem[3]（其值分别为 15、42、20、58）的比较，由于 elem[3]=58，比较成功，共比较了 4 次。在一般情况下，对于待查数据值，如果和倒数第 1 个元素值相等，需要 1 次比较；如果和倒数第 2 个元素值相等，需要 2 次比较；依次类推，和第 i 个元素值相等，需要 $n-i+1$ 次比较；……；最后如果和第 1 个元素值比较成功，需要 n 次比较。也就是说，可能的比较次数为从 1 到 n 之间的任何整数。假设每个元素的查找概率相同，都是 $1/n$，则查找成功时的平均比较次数可用求数学期望的方法求得：

$$\frac{1}{n}\sum_{i=n}^{1}(n-i+1)=\frac{1}{n}\cdot\frac{n(n+1)}{2}=\frac{n+1}{2}$$

在查找不成功的情况下，因为预先将待查数据值放到了哨兵单元 elem[0] 中，当从表中最后一个元素开始向前比较了 n 次且值都不相等后，最后必然在哨兵单元和元素值比较成功，所以查找不成功时比较次数是 $n+1$。如在图 2-2 中查找 72，在和 elem[6]，elem[5]，…，elem[1]（其值分别为 15、42、20、58、14、36）逐个比较，共计 6 次之后，仍然不成功，最后在哨兵位上和 72 再进行一次比较，结果值相等，此时比较次数是 7。在一般情况下查找失败时，需要进行的比较次数为 $n+1$ 次，它是 $O(n)$的。总之，无论查找成功与否，时间复杂度均为 $O(n)$。

以上的查找函数，基于一个先决条件，即顺序表中元素值各不相同。如果去掉这一条件，那么在查找成功的情况下，可能有两个或两个以上的元素值都和待查数据值相等。那么查找算法将和上述函数 find 有所不同，大家可以作为练习对 find 函数进行修改，但函数的返回结果可能需要改成诸如待查数据出现的次数更合适。

2. 插入操作

顺序表的插入操作，参见函数 insert。如图 2-3 所示，在顺序表中第 3 个位置上插入元素 9，原来的第 3 个及后续所有元素都需要向后移动，而且为了完好保存后续所有元素的值，移动必须从最后一个元素开始，依次向前，每个元素向后移动一个单元位置。从图中可以看出 15、42、20、58 分别依次向后移动了一个单元位置，共移动了 4 个元素。插入位置可以从 $n+1$ 到 1，当插入位置为 $n+1$，需要移动 0 个元素；当插入位置为 n，需要移动 1 个元素；依次类推，当插入位置为 i，需要向后移动 $n+1-i$ 个元素；……；最后当插入位置为 1 时，需要向后移动 n 个元素。所以在 $n+1$ 个位置上插入等概率的情况下，元素的平均移动次数为：

$$\frac{1}{n+1}\sum_{i=n+1}^{1}(n+1-i)=\frac{1}{n+1}\cdot\frac{n(n+1)}{2}=\frac{n}{2}$$

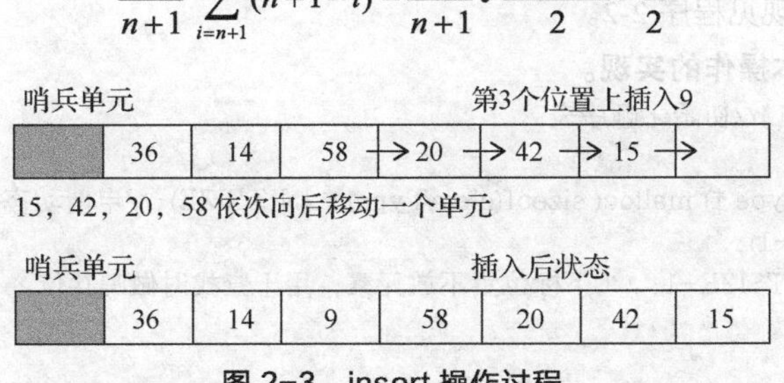

图 2-3　insert 操作过程

在插入操作中，元素移动的代价是最主要的代价，因此在等概率情况下插入操作的时间复杂度为 $O(n)$。

常见错误：为新元素移动位置时，从插入位置开始往后移动。即图 2-3 中先 58 后移一位，再 20 后移一位，最后 15 后移一位，似乎每个元素都后移了一位，但事实上这样做的结果是后面 4 个元素值全部变成了 58。因此要特别注意，一定是最后一个元素先后移，然后依次前推。

3. 删除操作

顺序表的删除操作，请参见函数 remove。如果要在第 i 个位置上删除一个元素，首先将该元素的值读出（可供调用函数使用），然后将该元素后面的所有元素都向前移动一个位置。为保证被删元素的所有后继元素的值不被更改，移动必须从该元素的直接后继元素开始，一直到最后一个元素，依次进行，共需要向前移动 $n-i$ 个元素。如图 2-4 所示中删除第 3 个元素（值为 58），待 58 读出后，20、42、15 依次向前移动一个单元位置，共移动了 3 次。通常情况下，位置 i 可以是 1 到 n 之间的任何整数。如果删除第 1 个元素，需要向前移动 $n-1$ 个元素；如果删除第 2 个元素，需要向前移动 $n-2$ 个元素；……；依次类推；如果删除第 n 个元素，则向前移动 0 个元素。在各个元素被删除的概率相等的情况下，平均移动的次数为：

$$\frac{1}{n}\sum_{i=1}^{n}(n-i)=\frac{1}{n}\bullet\frac{n(n-1)}{2}=\frac{n-1}{2}$$

由于元素移动的代价同样是删除操作的最主要代价，因此在等概率情况下删除操作的时间复杂度为 $O(n)$。这里还要注意，这种移动实际上是把后面的数据向前复制，元素 15 复制到 42 原来所在的存储单元后，出现了 2 个 15，当前元素个数 len 为 5，将不包括第二个 15，由此第二个 15 相当于被废弃掉了。

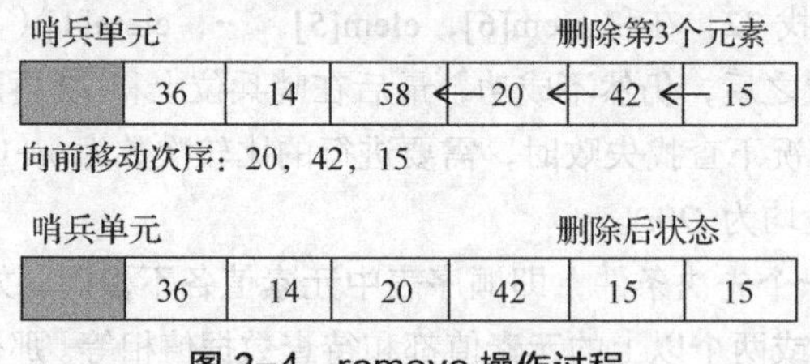

图 2-4 remove 操作过程

另外，还有一点要说明的，上述顺序表是用数组实现的，数组的单元个数在创建数组时就确定了，这给插入操作带来不便。因为，一旦插入新元素可能导致数组中的存储单元用尽，这时可以考虑先生成一个新的更大的数组，将原数组的所有数组元素都复制到新数组中，然后就可以继续进行插入操作了。这种处理方法将保证在计算机系统还有存储空间可用的情况下，程序的运行不至于中断，因此更加合理。有的文献，将这种空间的利用方法称之为“分期付款式”，建议大家课后用该方法改造 insert 函数，并且以后注意应用这种方法。

常见错误：当元素向前移动位置时，从尾部位置开始往前移动。即图 2-4 中先 15 前移一位，再 42 前移一位，20 前移一位，似乎每个元素都前移了一位。但事实上这样做的结果是后面 3 个元素值全部变成了 15。因此要特别注意，一定是从前面的元素开始前移，然后依次后推。

顺序表基本操作的实现见程序 2-2。

程序 2-2：顺序表基本操作的实现。

```
void initialize(seqList *L)//初始化顺序表
{
    L->elem = (elemType *) malloc( sizeof(elemType) * INITSIZE);//申请动态数组
    if (!L->elem) exit(-1);
    L->maxSize = INITSIZE-1; //0下标位置不放元素，用于查找时做哨兵位
    L->len = 0;
}

elemType get (seqList *L ,int i )// 返回第i个元素的值
{
    if ((i<1)||(i>L->len)) exit(1);
    return L->elem[i];
}

int find (seqList *L, elemType e )  // 返回值等于e的元素的序号，无则返回0
{
```

```
    int i;
    L->elem[0] = e;   //哨兵位先置为待查元素
    for (i=L->len; i>=0; i--)
        if (L->elem[i]==e) break;
    return i;
}

int insert (seqList *L, int i, elemType e )
{
    int k;
    if ((i<1)||(i>L->len+1)) return 0; //插入位置不合理
    if (L->len==L->maxSize-1) return 0; //空间满了，无法插入元素
    for (k=L->len+1; k>i; k--)
        L->elem[k]=L->elem[k-1];
    L->elem[i]=e;
    L->len++;
    return 1;
}

int Remove ( seqList *L, int i, elemType *e )
{
    int k;

    if ((i<1)||(i>L->len)) return 0;
    *e=L->elem[i];

    for (k=i; k<L->len; k++)
        L->elem[k]=L->elem[k+1];

    L->len--;
    return 1;
}
```

常见错误：

（1）混淆 len 和 maxSize 的含义，前者是实际元素的个数，后者是存储空间的大小，也是最多能存多少元素的限制。

（2）seqList 类型作为函数参数，直接用结构变量形式而不用结构指针变量形式 seqList *L, 这样会浪费空间并引起一系列其他问题。

（3）seqList *L 后，L 所指向的结构体中的各个字段应使用如 L->len 形式，而不能用 L.len 形式，原因在于 L 是结构类型的指针而非结构类型的变量。

（4）写出的算法不完整。如 int insert (seqList *L, int i, elemType e)函数实现方法忘记检查 i 的合法性，忘了检查表中是否有空间可以支持插入一个新的元素等，造成算法不完整。我们可以试着使用分析参数、空间检查、核心操作、对其他属性的影响、正确返回的“五步操作法”，通常就可以设计出一个相对完整的程序。

下面程序 2-3 将说明顺序表的使用，也可以利用它测试以上完成基本操作的函数实现是否正确。同学们在测试时，最好编写一个简单的应用，尽量使得每一个函数都得到调用，以达到测试每一个函数的目的。

例 2-1：已知两个正整数集合，求其交集。

程序 2-3：求两个正整数集合的交集。

```
#include <stdio.h>
#include <stdlib.h>
#include "seqlist.h"
```

```
//求两个正整数集合的交集
int main()
{
    seqList list1,list2,list3;
    int i, j, x;
    int len1, len2, len3;

    initialize(&list1);
    initialize(&list2);
    initialize(&list3);

    //输入第一个整数集合中的元素，输入零结束
    i=1;
    printf("输入第一个正整数集合，以零为结束标志：");
    scanf("%d",&x);
    while (x!=0)
    {
        if (insert(&list1,i,x)==0) exit(1);
        i++;
        scanf("%d",&x);
    }

    //输入第二个整数集合中的元素，输入零结束
    i=1;
    printf("输入第二个正整数集合，以零为结束标志：");
    scanf("%d",&x);
    while (x!=0)
    {
        if (insert(&list1,i,x)==0) exit(1);
        i++;
        scanf("%d",&x);
    }

    //求list1,list2的交集，结果存入list3
    len1 = length(&list1);
    len2 = length(&list2);
    j=1;
    for (i=1; i<=len1; i++)
    {
        x=get(&list1,i);
        if (find(&list2,x)!=0)
        {
            insert(&list3,j,x);
            j++;
        }
    }

    //显示list3中的元素
    printf("两个集合的交集元素为：");
    len3 = length(&list3);
    for (i=1; i<=len3; i++)
```

```
	{
		x=get(&list3,i);
		printf("%d ",x);
	}
	printf("\n");

	clear(&list1);
	clear(&list2);
	clear(&list3);

	return 0;
}
```

在上述程序中，我们使用了 C 语言 stdlib.h 库中的 exit 函数来处理异常。

2.3 线性表的链式存储结构

通过以上对顺序表插入、删除时间代价的分析，可以看出其时间代价是线性阶的。对于有频繁插入或删除操作的序列来说，如果用顺序表来存储，会造成时间代价大且引起大量已存储元素的位置移动。能否改善这一点呢？答案是肯定的，这就是采用链式存储结构来存储线性表。

链式结构

在链式存储结构中，各个元素的物理存放位置在存储器中是任意的，不一定连续。元素间你先我后的线性关系需借助额外的信息来指示，通常使用的方法是在元素上附加指针。具体做法是将每个元素放在一个独立的存储单元中，元素间的逻辑关系依靠存储单元中附加的指针来给出。这种采用链式存储结构存储的线性表，我们称之为链表。而对于存储单元中由元素值和指针组成的结构体，以下称之为结点。

初始化时，链表为空。每当有一个新的元素需要加入链表时，必须向系统动态地申请一个结点所需的存储空间，可以将数据值先存入结点，之后将该结点从逻辑上插入到链表中。当有一个结点需要删除时，首先将该结点从链表中取下，然后释放结点所占用的空间。在 C 语言中，函数 malloc 和 free 分别用来实现结点所用空间的动态申请和释放。

链表中结点的存储单元在物理位置上可以相邻，也可以不相邻，这由系统来决定，我们的程序无法设定。线性表中某结点的直接后继结点和直接前驱结点可由本结点中存储的指针来指示，因此在找到了线性表的首结点的存放地址之后，就可以顺次找出线性表中的所有结点，包括尾结点。

在具体实现时，为了方便，通常在首结点之前额外增加一个相同类型的特殊结点，我们称之为头结点。另外，设置头指针 head 用于指向头结点。头结点的出现，使得在首结点位置上进行插入和删除与在其他结点位置上的操作完全一致，都是在某个结点之后进行，从而使得插入和删除算法得到简化。但是必须注意的是，头结点并不是线性表中的组成部分，不存储线性表中的元素。

链表是由结点构成的。链表中的结点包含两部分：数据字段和指针字段。数据字段可以是任何类型的数据，这里仍然用 elemType 表示；指针字段用于存放其他相关结点的地址值。根据指针字段设定的不同，一般可将链表分成以下几种。

（1）单链表

链表中每个结点只附加了一个指针字段，如 next，该指针指向它的直接后继结点，最后一个结点的 next 字段为空，这种链表称为单链表。稍作变化，使最后一个结点的 next 字段指向头结点，这种链表称为**单向循环链表**。

（2）双链表

每个结点附加了两个指针字段，如 prior 和 next，其中 prior 字段给出直接前驱结点的地址，next 给出直接后继结点的地址。头结点中 prior 字段为空，它的 next 字段给出线性表中的首结点的地址，尾结点中 next 字段为空，这种形式的链表称为双链表。稍作变化，头结点中 prior 字段给出尾结点的地址，尾结点中 next 字段给出头结点的地址，这种链表称为**双向循环链表**。

单链表的存储映像如图 2-5 所示，其中符号∧为空，在 C 语言中用 NULL 表示。从单链表的存储映像图中可以体会到结点的存储位置的随意性，结点间的线性关系全靠结点中的指针字段中的值来表示。为了更加清楚地看到单链表中结点间的线性关系，图 2-6 给出了表示单链表结点间逻辑关系的示意图，以后所有表示链表或链表操作的图，如果不加说明，均为逻辑关系图。双向链表和双向循环链表示例如图 2-7 所示。

（3）空链表

仅有头结点，线性表中的元素都不存在，这种链表称为空链表。图 2-8 给出了单链表、双向循环链表为空时的情形。

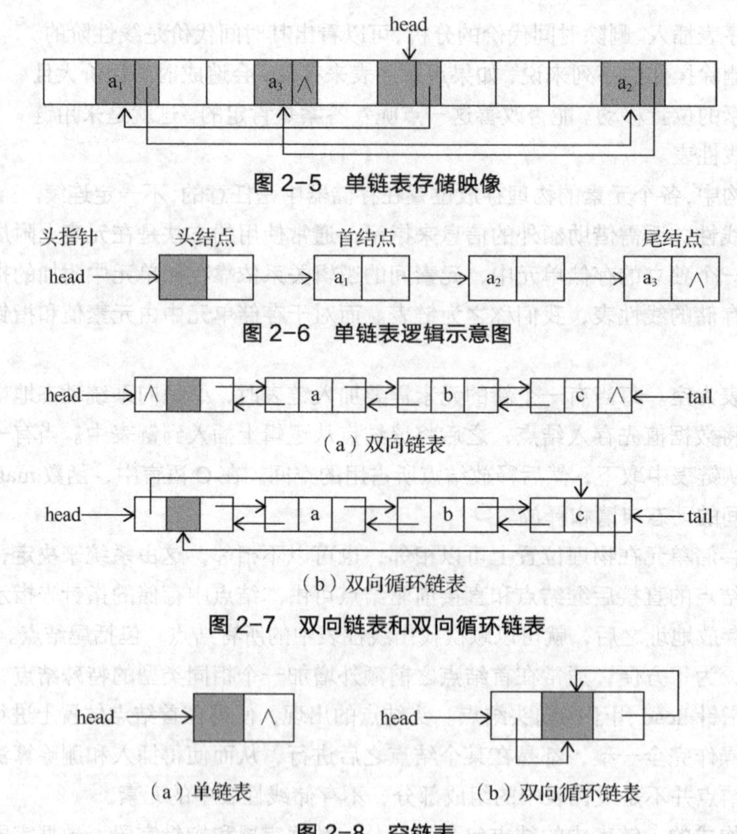

图 2-5 单链表存储映像

图 2-6 单链表逻辑示意图

（a）双向链表

（b）双向循环链表

图 2-7 双向链表和双向循环链表

（a）单链表

（b）双向循环链表

图 2-8 空链表

以上从一般意义上分析了链式结构的存储方法。在链表的定义时，我们将重点放在单链表的定义及实现上面，循环链表、双向链表的定义和实现过程大部分是和单链表类似的。对于循环链表、双向链表，我们只将重点放在它的特点的介绍和分析上面。

2.3.1 单链表

单链表的特点：它的任何一个结点包含了一个存储结点数据的字段和一个存储本结点的直接后继结

点地址的指针字段，因此设计单链表时需要先设计一个结点结构类型。该类型中包含结点的数据字段和指针字段。而对一个单链表，通过图 2-6 可以看出，只需要一个指针变量存储头结点的地址，这个指针就是头指针。单链表结点类型定义、单链表类型定义及单链表基本操作函数的声明参见程序 2-4。

程序 2-4：单链表。

```
typedef int elemType;
typedef struct
{
    elemType data;
    struct Node* next;
}Node;

typedef struct
{
    Node* head;
}linkList;

void initialize(linkList *L);                //初始化单链表
int isEmpty (linkList *L);                   //表为空返回1，否则返回0
int isFull (linkList *L );                   // 表是否已满，满则返回1，否则返回0
int length (linkList *L );                   // 表的长度
elemType get (linkList *L ,int i );          // 返回第i个元素的值
int find (linkList *L, elemType e );         // 返回值等于e的元素的序号，无则返回-1
int insert (linkList *L, int i, elemType e );
// 在第i个位置上插入新的元素（值为e），并使原来的第i个元素至最后一个元素的
//序号依次加1。插入成功返回1，否则为0
int Remove (linkList *L, int i, elemType *e   );
// 若第i个元素存在，删除并将其值放入e指向的空间，函数返回1；若i非法，则删除失败，返回0
void clear (linkList *L); //清空表，使其为空表
```

在用单链表表示线性表时，头指针指向了头结点，而头结点并不是线性表中的一部分，它的指针字段 next 给出了首结点的地址。线性表的尾结点的指针字段 next 的值为 NULL。在单链表中用头指针 head 指向头结点。有了 head 之后，就可以方便地逐个访问单链表中的所有结点，如根据 head->next 就可以得到首结点的地址。

2.3.2 单链表基本操作的实现

在给出基本操作的具体实现代码之前，我们首先分析一下在单链表中结点的插入和删除操作。由于附加了一个特殊结点，即头结点，因此在单链表中的任何位置插入结点的过程都是类似的，包括新结点插入在首结点之前（即头结点之后）和插入在尾结点之后，任何一种情况新插入结点前面都有一个结点。参见图 2-9，结点值为 x 的新结点要插入到链表中某个结点（这里不妨用一个结点指针 p 指向它）之后：首先，创建新结点，给这个新结点 data 字段赋值 x，并使新结点的 next 字段指向 p 指针指向的结点的直接后继结点，最后使新结点成为指针 p 指向的结点的直接后继结点。这样，就完成了插入操作。图 2-9 给出了插入的全过程。

使用 C 语言实现的语句，如下所示：

```
tmp=(Node*)malloc(sizeof(Node));
```

```
tmp->data = e;
tmp->next = p->next;
p->next = tmp;
```

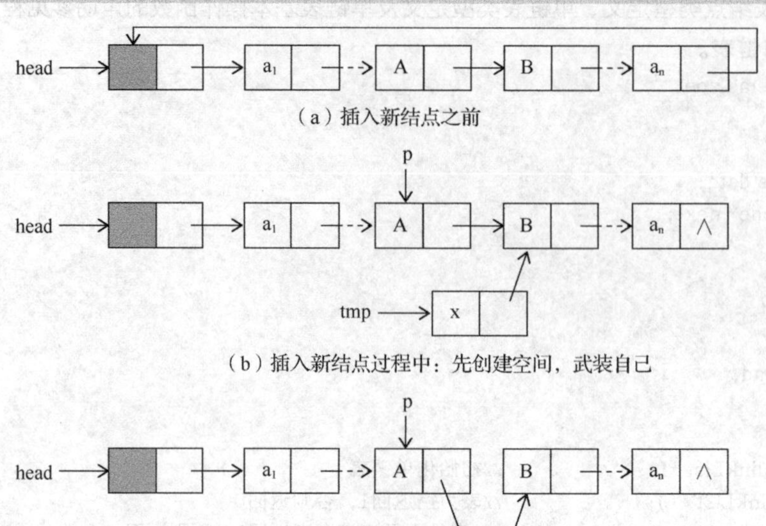

（a）插入新结点之前

（b）插入新结点过程中：先创建空间，武装自己

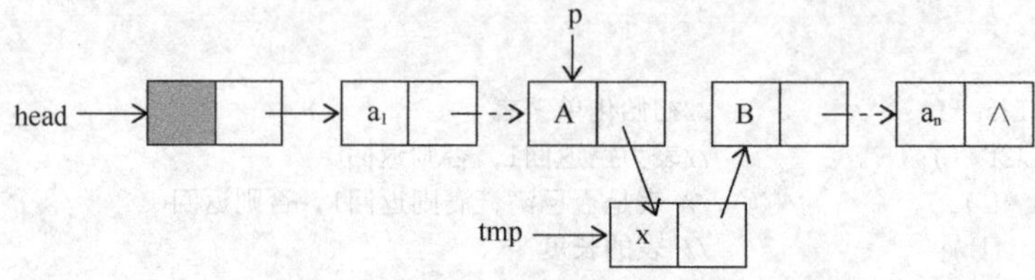

（c）插入新结点过程中：融入到队伍中

图 2-9　插入操作

常见错误：上面语句顺序颠倒为“tmp=(Node*)malloc(sizeof(Node));p->next = tmp; tmp->data = e; tmp->next = p->next;”，此时，指针 p 在执行完 p->next = tmp 时就不再记忆原本指向的结点，最后的 tmp->next = p->next 只能使得 tmp->next 指向了 tmp 自己，无法正确完成插入的操作。

一般来说，新插入的结点先武装好自己（给新插入的结点各个字段上都赋好值），再将新结点融入到链表中，即遵循“先武装自己，再融入队伍”的原则。图 2-9 所示的插入操作完成之后，值为 A 的结点之后是值为 x 的新结点，而不再是值为 B 的结点。

特别地：当需要将新结点插在首结点前时，可以首先让 p 指向头结点；当需要将新结点插入到尾部时，可以首先让 p 指向尾结点。可以看出，无论新结点的插入位置在何处，都是将一个新结点插在前面的结点之后，因此操作是类似的。假如没有头结点，head 直接指向存储第一个结点的首结点，当有新结点要加在首部位置时，head 则需要指向新结点，由此需要修改 head 指针，显然和其他位置上的插入处理不一样。这就是为什么我们要浪费一个结点的空间作为头结点，是为了简化算法。

删除操作的完成方法是类似的。例如想删除指针 p 指向的结点的直接后继结点，即值为 x 的结点，那么值为 x 的结点的直接后继结点（值为 B）将成为指针 p 指向的结点的直接后继结点。可以用下述语句完成：

```
p->next=p->next->next;
```

该语句虽然正确地完成了删除操作，相当于只是将值为 x 的结点旁路掉了。但是，并没有使计算机系统及时回收原本存储 x 的无用的结点存储空间，这会引起内存泄漏。为了能及时回收这些存储空间，我们可以设立一个指针 tmp，在旁路即删除前先记住被删结点的地址。

```
Node *tmp=p->next;
p->next = tmp->next;
free(tmp);
```

特别地：当要删除的结点是首结点时，先让 p 指向头结点，利用上面的语句也是正确的，不需另外写语句。可以看出附加头结点对删除算法也可以起到简化作用。图 2-10 给出了删除的全过程。

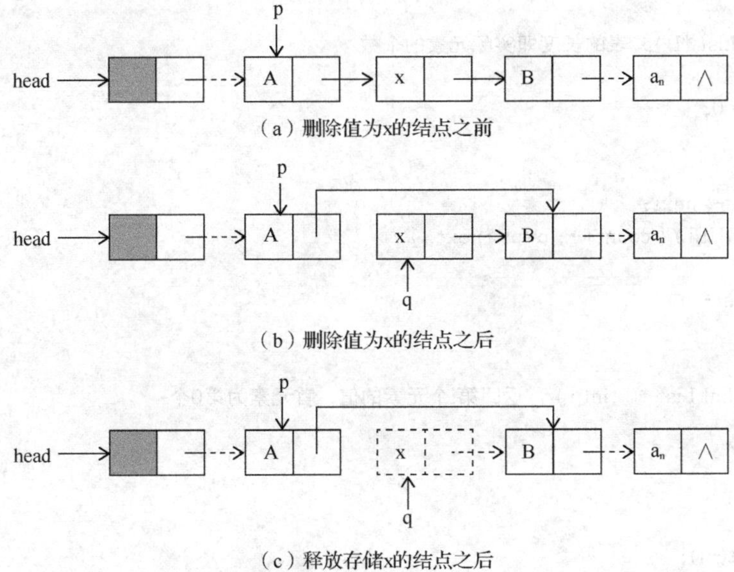

图 2-10　删除操作

无论是插入还是删除，仅用几个语句便完成了相应的操作，在 p 已经指向了前一结点的条件下，它们的时间代价都是 $O(1)$，可以看出无论是插入还是删除，都不再引起后面结点存储位置的移动。因此，单链表通常用于有频繁插入和删除操作的线性结构，即动态表。要使 p 指向结点值为 x 的结点，时间复杂度是 $O(n)$，而顺序表中找结点值为 x 的结点，时间复杂度也是 $O(n)$，在这种情况下花费的时间代价是一样的。但是，要使 p 指向第 k 个结点，则查找第 k（$1 \leqslant k \leqslant n$，$n$ 为结点个数）个结点在最坏情况下和平均情况下的时间代价都为 $O(n)$，因此时间代价上反而不如在顺序表中找第 k 个结点花费的代价小（顺序表查找第 k 个结点，代价为 $O(1)$）。

其他的基本操作，如初始化后得到的单链表如图 2-8（a）所示。单链表的成员函数 isFull 用于测试线性表是否满，假定计算机系统有足够的内存，则总是返回 0。另一个成员函数 isEmpty 测试线性表是否空，在仅有一个头结点时，返回 1。函数 clear 的作用是删除并释放整个单链表。下面程序涉及序号时，我们假定首结点放第 0 个元素或者说第 0 个元素就是首结点中存放的元素。单链表基本操作的实现见程序 2-5。

程序 2-5：单链表基本操作的实现。

```
void initialize(linkList *L) //初始化单链表3
{
    L->head = (Node *)malloc(sizeof(Node));
    L->head->next = NULL;
}

int isEmpty (linkList *L)//表为空返回1，否则返回0
{
    if (L->head->next==NULL) return 1;//仅有头结点时为空
    return 0;
}

int isFull (linkList *L )// 表是否已满，满则返回1，否则返回0
{
```

```
    return 0; //每次仅申请一个独立的结点空间，通常内存都能满足，故判为不满
}

int length (linkList *L ) //表的长度即实际元素的个数
{
    int count = 0;
    Node *p;

    p=L->head->next;
    while (p!=NULL) { count++; p=p->next; }

    return count;
}

elemType get (linkList *L ,int i )// 返回第i个元素的值，首元素为第0个
{
    int j=0;
    Node *p;

    if (i<0) exit(-1);

    p=L->head->next;
    while (p &&(j<i)) { j++; p=p->next;}

    if (!p) exit(-1); //表中不足i个元素，故第i个元素不存在
    return p->data;
}

int find (linkList *L, elemType e )// 返回值等于e的元素的序号，无则返回-1
{
    Node *p=L->head->next;
    int i=0;

    while (p)
        if (p->data == e) return i;
        else
        {
            p=p->next;
            i++;
        }
    return -1;
}

int insert (linkList *L, int i, elemType e )
// 在第i个位置上插入新的元素（值为e），并使原来的第i个元素至最后一个元素的
// 序号依次加1。插入成功返回1，否则为0。假设首元素为第0个元素
{
    int j; Node *p,*tmp;

    if (i<0) return 0;
```

```
    j=0;
    p=L->head;
    while (p && (j<i))
    {
        p=p->next;
        j++;
    }

    if (!p) return 0; //表中不足i-1个元素

    tmp=(Node*)malloc(sizeof(Node));
    tmp->data = e;
    tmp->next = p->next;
    p->next = tmp;

    return 1;
}

int Remove ( linkList *L, int i, elemType *e)
// 若第i个元素存在，删除并将其值放入e指向的空间，函数返回1；若i非法，则删除
// 失败，返回0
{
    int j;
    Node *p,*tmp;

    if (i<0) return 0;

    j=0;
    p=L->head;

    while (p && (j<i))
    {
        p=p->next;
        j++;
    }

    if (!p) return 0; //表中不足i-1个元素
    if (!p->next) return 0; //表中不足i个元素

    *e = p->next->data;

    tmp=p->next;
    p->next = tmp->next;
    free(tmp);

    return 1;
}

void clear (linkList *L)//清空表，使其为空表
{
```

```
    Node* p;

    while (L->head->next!=NULL)
    {
        //每次摘下首结点
        p=L->head->next;
        L->head->next = p->next;
        free(p);
    }
}
```

2.3.3 单向循环链表

在单链表的基础上，将尾结点的 **next** 指针指向头结点，而不是置空，就形成了单向循环链表。它的优点是从表中任何一个结点出发，都可以顺着 **next** 指针方便地访问到链表中其他所有结点。带头结点的单向循环链表的构造如图 2-11 所示。和单链表的操作类似，带头结点的单向循环链表的插入和删除操作比较简单，因为它统一了非空表和空表的两种情况。不带头结点的单向循环链表的构造如图 2-12 所示。但是，在有些操作中需要注意头结点和其他结点的区别，不能混淆。若当前结点的指针指向头结点，即：**p->next = = head**，则意味着当前结点为尾结点；如果链表不带头结点则尾结点的下一个结点应是首结点，而不是头结点。

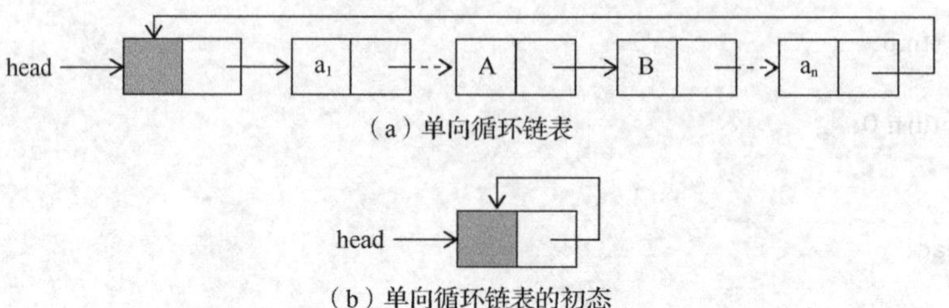

（a）单向循环链表

（b）单向循环链表的初态

图 2-11　带头结点的单向循环链表及空表的构造

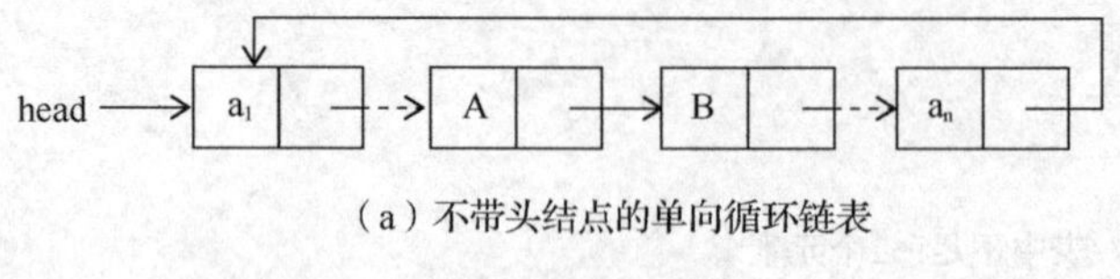

（a）不带头结点的单向循环链表

head ⟶ NULL

（b）不带头结点的单向循环链表的初始化：空表

图 2-12　不带头结点的单向循环链表

不带头结点的单向循环链表的插入和删除操作比较麻烦，因为插入和删除发生在首结点和尾结点处时必须单独进行处理。例如，新结点插入在首结点之前的位置，则必须先找到尾结点，使得尾结点的 **next** 指针指向新结点，而新结点的 **next** 指针指向首结点才行，之后 **head** 指针被修改为指向新结点。图 2-13 给出了插入过程的实现。这个问题可以解决吗？我们发现在单向循环链表中如果取消首结点指针，设立尾结点指针反而更加方便。尾结点指针既方便找到链表的首部又方便找到链表的尾部，在首部和尾部插入新结点都很方便。单向循环链表类的设计和单链表是类似的。

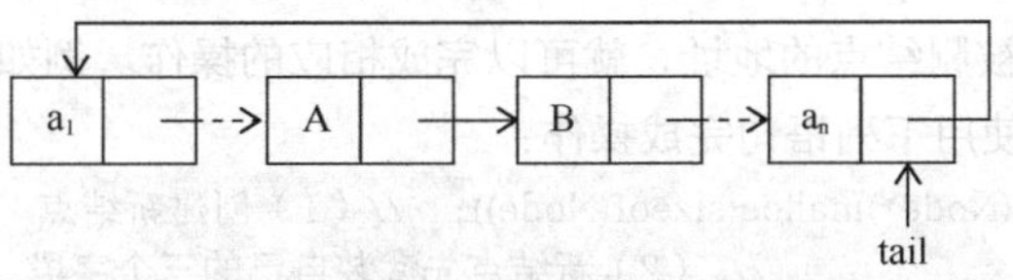

（a）带有指向尾结点指针的单向循环链表

NULL ⟵ tail

（b）带有指向尾结点指针的空的单向循环链表

图 2-13　带有指向尾结点指针的单向循环链表

2.3.4　双链表、双向循环链表

单链表和单向循环链表虽然可以方便地找到下一个结点，但是要想得到前一个结点并不方便，必须从头结点开始，逐个进行查找。这在经常需要寻找前驱结点的情况下，是非常麻烦的。解决这一问题的方法是在链表的结点中添加另一个指针字段 prior，用 prior 指出当前结点的直接前驱结点的地址。由此就可以借助指针 prior 和 next，在链表的前后两个方向上进行移动，这样得到的链表称为双链表。带头结点的双链表的一种实现形式可参看图 2-14（a），其中指针 head 和 tail 分别给出头结点和最后一个结点的地址。

注意：头结点和最后一个结点都是额外增加的结点，分别位于表的首结点之前和尾结点之后。在双链表初始化时，应执行语句“head->next = tail; head->prior = NULL; tail->prior = head; tail->next=NULL;,”参看图 2-14（b）。由于有效结点都位于头结点和最后一个结点之间，因此从表中任何一个结点出发向前遇到头结点，或者向后遇到最后一个结点，都意味着遍历的结束。

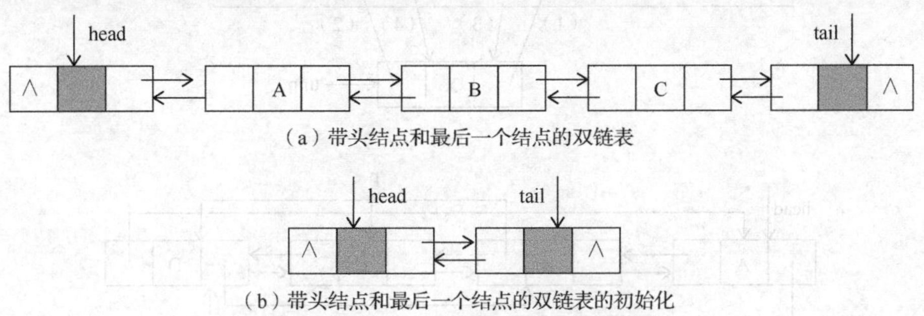

（a）带头结点和最后一个结点的双链表

（b）带头结点和最后一个结点的双链表的初始化

图 2-14　双链表的一种实现方案

双向循环链表可以看作两个单向循环链表的组合。它的一种实现形式可参看图 2-15。从它的任何一个结点出发，无论向前还是向后，都可以将所有的结点访问一遍。

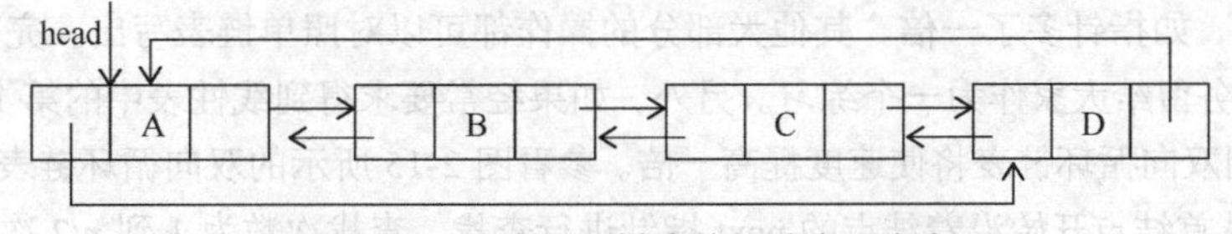

图 2-15　双向循环链表的一种实现方案

在双链表和双向循环链表中执行查找当前结点的直接前驱结点很方便，设 p 是指向当前结点的指针，则 p->prior 即前驱结点的地址。而且，下式成立：

```
p->prior->next = =p
p->next->prior = =p
```

在执行插入和删除操作时，由于每一个结点的直接前驱结点和后继结点的地址都可以方便地获得，因此知道了结点的插入点和被删结点的地址，就可以完成相应的操作。例如，将新结点插入在 p 结点之后的操作 insertAfter，可以使用下列语句完成操作：

```
Node *tmp = (Node*)malloc(sizeof(Node));   //（1）创建新结点
tmp->data = x;              //（2）新结点先武装自己的三个字段
tmp->prior = p;
tmp->next =p->next;
//新结点加入到链表队伍中
tmp->prior->next =tmp;  //（3）新结点的前驱结点的后继结点为新结点
tmp->next->prior =tmp;  //（4）新结点的后继结点的前驱结点为新结点
```

其实现过程，如图 2-16（a）所示，注意图中的（1）、（2）、（3）、（4）表示执行的次序，也可以是（1）、（2）、（4）、（3）。

由于删除操作是插入操作的逆运算，因此我们仍然可以通过图 2-16 完成这项操作。参看图 2-16（b），设值为 x 的结点是将要被删除的结点（由指针 p 指向它）。由于修改的指针涉及 p 所指结点的前驱结点和后继结点，而它们的地址可以很方便地从 p 所指结点的 prior、next 指针得到，因此下列语句可以完成这个任务：

```
p->prior->next = p->next; // 重置结点B的后继结点指针
p->next->prior = p->prior; // 重置结点D的前驱结点指针
free(p);
```

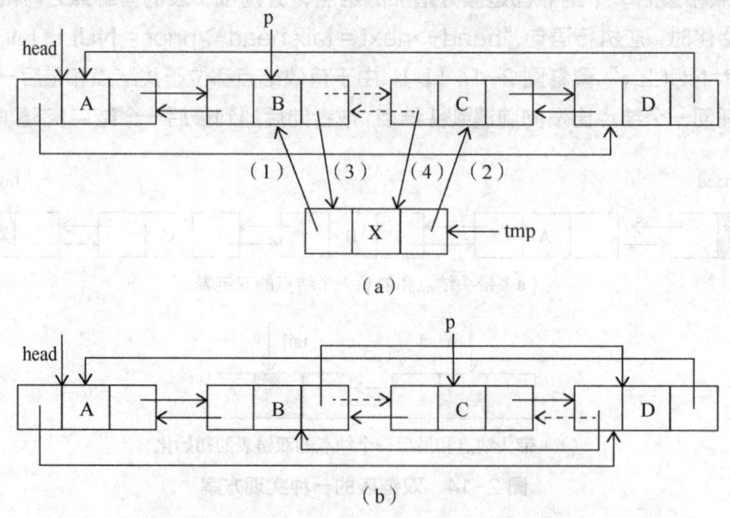

图 2-16　双向循环链表的插入、删除操作

除插入操作和删除操作，其他的操作和单链表及单向循环链表都是类似的。除了一些技术上的细节必须注意修改之外，如指针多了一倍，其他大部分的操作都可以对照单链表写出。完整地写出双链表相关定义及实现的任务留给大家作为一个练习。另外，如果经常要求得到线性表中的第 1 到第 *n* 个结点（*n* 为结点总数），采用双向循环链表将使速度提高一倍。参看图 2-15 所示的双向循环链表，若查找第 1 到第 *n*/2 个结点，可以从首结点开始沿着结点的 next 指针进行查找，查找次数为 1 到 *n*/2 次。如果，要查找第 (*n*+1)/2 到第 *n* 个结点，那么首先找到第 *n* 个结点（尾结点），然后沿着结点的 prior 指针向前寻找要查找的结点，查找次数也为 1 到 *n*/2 次，和原先的单链表相比节约了许多。

常见错误：

（1）指针 p 未被初始化或者为空，读取其指向的字段如 p->data，这在循环中常常容易忽略并出错。建议在用 p->前想一想，p 此时可能出现为空的情况吗？如果可能，可以在循环条件前加 if(p!=NULL)。

如循环检查 p 所指的结点中值是否 x，可以用 while (p && p->data!=x) p=p->next。按照逻辑运算短路的特点，判断 p 不空要放在条件表达式的前面，即这里 p 和 p->data!=x 就不能调换前后位置。

（2）另外一种情况是 p 原本指向了一个结点，但其指向的结点空间已经释放，仍要读取其所指结点的字段。如“p=head; free(p); p=p->next;”，虽然经过 free(p)后 p 的值不为空，后面的 p->next 也会出错，因为 p 指向的空间已经释放了，p->next 非法访问了不能访问的内存空间。

2.4 线性表的应用

2.4.1 一元多项式的加法

一元多项式中的各项通常按照升幂排序。在数学上，一般表示为如下形式：

$$p_n(x) = p_0 + p_1x + p_2x^2 + \cdots + p_nx^n$$

一元多项式

在计算机内实现时，可以用线性表来表示，即 $p = (p_0, p_1, p_2, \cdots, p_n)$，其中结点 $p_i(0 \leqslant i \leqslant n)$表示幂为 i 的项的系数。从前面几节内容知道，线性表可以采用顺序结构或链接结构，现在分析一下这两种存储结构在实现一元多项式时的利弊。

如果采用顺序结构，多项式中各系数依次存放到一个一维的数组中，为了表示系数和项的对应关系，i 次幂项的系数 p_i 应存放在下标为 i 的数组结点中，即使 p_i 为 0，相应的数组结点也不能挪作它用。这样，一元多项式在计算机中的表示非常直观，而且两个多项式相加时只要将其相应的两个数组下标相同的数组元素的值相加，算法非常简单。但是，由于系数为 0 的项全部得以保留，当多项式存在大量系数为 0 的项时，空间的浪费很大。如 $1+3x^{100}$ 采用顺序存储，占用的数组元素个数多达 101 项，而实际有用的只有两项。也就是说，系数为 0 的项占用了大量的空间。另外当多项式的项数动态增长时，还有可能因为预留空间不够而产生溢出问题，而预留空间太大则会造成存储空间的浪费。

采用链接结构，每个结点存放一元多项式中的一项的信息，信息包括该项的系数和幂，而 0 系数项是不需要存储的。这样做的好处是有效地表示了多项式，又省去了 0 系数项占用的大量空间。多项式的项数可以动态地增长，顺序结构中的存储溢出问题也很容易地得到了解决。但多项式相加算法，实现起来稍微麻烦一些，另外每一项多了一个指针字段。

以下用一个单链表表示一元多项式。在存储实现时，按照幂由小到大的原则进行，这样该单链表便成为幂有序的单链表。链表中的结点包含两个部分：数据部分和指针部分。数据部分又包含了系数 coef 和幂 exp 两个字段，而指针部分 next 字段给出下一个结点的地址，如图 2-17 所示。

coef	exp	next
7	0	→

图 2-17　多项式中的结点结构 term

下面举例说明如何实现多项式的求和。假如有如下两个多项式：

$$A=7+3x+9x^8+5x^{17}$$

$$B=8x+22x^7-9x^8$$

多项式的链式表示如图 2-18 所示。

在表示多项式时，我们仍然采用带有头结点的单链表，参见图 2-18。初始时用两个结点指针 pa 和 pb 分别指向多项式 A 和 B 的幂指数最小的结点，在两个多项式相加时，反复执行如下操作，直至其中一个单链表中的结点全部搜索结束为止。

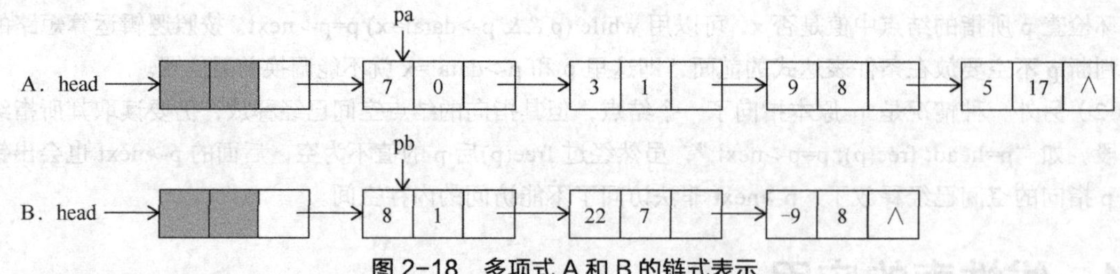

图 2-18　多项式 A 和 B 的链式表示

比较指针 pa 和 pb 指向的结点的幂指数，这里共有三种情况需要处理。

（1）幂指数相等：如果这两个结点的系数之和为零，则多项式的和式中并不存在等于该幂指数的一项，指针 pa、pb 分别后移，指向相应单链表的下一个结点。否则将相加后的系数以及相应幂指数形成一个新结点，作为保存多项式和式的单链表 C 的尾结点，pa、pb 同样后移。

（2）指针 pa 指向的结点的幂指数小：由 pa 指向的结点的系数以及幂指数形成一个新结点作为单链表 C 的尾结点，pa 指向多项式 A 的单链表的下一结点，pb 不变。

（3）指针 pb 指向的结点的幂指数小：由 pb 指向的结点的系数以及幂指数形成一个新结点作为单链表 C 的尾结点，pb 指向多项式 B 的单链表的下一结点，pa 不变。

最后，将非空多项式单链表（可能是 A 的单链表，也可能是 B 的单链表）的剩余结点，按序形成一个个新结点插入在单链表 C 的尾部，算法结束，如图 2-19 所示。在以上算法中，并没有破坏多项式 A、B 的链表。

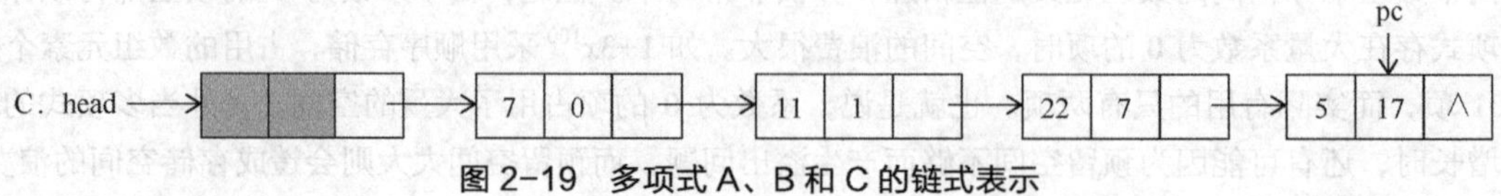

图 2-19　多项式 A、B 和 C 的链式表示

在具体实现时（见程序 2-6），我们将系数和幂打包定义了一个 elemType 类型、一个结点类型 Node 和一个多项式类型 Polynomial，Polynomial 类型中包含了一个头指针和一个输入停止标志，当用户输入该停止标志时意味着输入结束。在基本操作中，我们定义了获取停止标志、初始化、读入一个多项式、显示一个多项式、两个多项式相加和释放该多项式在内存中占用的空间的操作。事实上，一种成熟且能使用的数据结构在定义其基本操作时，应该涵盖生活中这类数据所有的基本操作，才能方便用户使用。我们这里只是介绍了部分基本操作，用于训练和培养基于这种存储方式下基本操作实现算法的设计思路和手法。同学们可以再思考一下除了我们本节介绍的几种，还有其他哪些基本操作，可以在课后加以思考和练习。后面章节也是本着这样的宗旨，对每种数据结构选择部分典型的基本操作加以声明、实现和讨论。

程序 2-6：多项式 Polynomial 及其部分基本操作的声明、定义实现。

```
typedef struct
{
    int coef; // 系数
    int exp;  // 幂指数
}elemType;

typedef struct
{
    elemType data;
    struct Node* next;
}Node;
```

```
typedef struct
{
    Node* head;
    elemType stop_flag; // 用于判断多项式输入结束
}Polynomial;

void getStop(elemType *stop);//从用户处获取结束标志
void initialize(Polynomial *L,elemType *stop); //初始化多项式
void getPoly(Polynomial *L); //读入一个多项式
void addPoly(Polynomial *L3,Polynomial *L1,Polynomial *L2); // L3=L1+l2
void dispPloy(Polynomial *L);//显示一个多项式
void clear(Polynomial *L);//释放多项式空间

void getStop(elemType *stopFlag)//从用户处获取结束标志
{
    int c,e;
    printf("请输入系数、指数对作为结束标志，如(0,0): ");
    scanf("%d%d",&c,&e);
    stopFlag->coef = c;
    stopFlag->exp = e;
}

void initialize(Polynomial *L,elemType *stop)//初始化多项式
{
    L->head = (Node *)malloc(sizeof(Node));
    L->stop_flag.coef = stop->coef;
    L->stop_flag.exp = stop->exp;
}

void getPoly(Polynomial *L) //读入一个多项式
{
    Node *p, *tmp;
    elemType e;

    p=L->head;
    printf("请按照指数从小到大输入系数、指数对，最后输入结束标志对结束：\n");
    scanf("%d%d",&e.coef,&e.exp);

    while (1)
    {
        if ((e.coef==L->stop_flag.coef)&&(e.exp==L->stop_flag.exp)) break;

        tmp = (Node *)malloc(sizeof(Node));
        tmp->data.coef = e.coef;
        tmp->data.exp = e.exp;
        tmp->next = NULL;
        p->next = tmp;
        p=tmp;
```

```
        scanf("%d%d",&e.coef,&e.exp);
    }
}

void addPoly(Polynomial *Lc,Polynomial *La,Polynomial *Lb)// Lc=La+Lb
{
    Node *pa, *pb, *pc;
    Node *tmp;

    pa = La->head->next; //pa指向第一个多项式中的第一项（首结点）
    pb = Lb->head->next; //pb指向第二个多项式中的第一项（首结点）
    pc=Lc->head; //pc指向第三个多项式中的头结点，待插入相加后结点

    while (pa&&pb) //两个多项式都未加完
    {
        if (pa->data.exp==pb->data.exp)
        {
            if (pa->data.coef+pb->data.coef == 0) {pa=pa->next; pb=pb->next; continue;}
            else
            {
                tmp = (Node *)malloc(sizeof(Node));
                tmp->data.coef = pa->data.coef + pb->data.coef;
                tmp->data.exp = pa->data.exp;
                tmp->next = NULL;
                pa=pa->next; pb=pb->next;
            }
        }
        else if (pa->data.exp>pb->data.exp)
            {
                tmp = (Node *)malloc(sizeof(Node));
                tmp->data.coef = pb->data.coef;
                tmp->data.exp = pb->data.exp;
                tmp->next = NULL;
                pb=pb->next;
            }
            else
            {
                tmp = (Node *)malloc(sizeof(Node));
                tmp->data.coef = pa->data.coef;
                tmp->data.exp = pa->data.exp;
                tmp->next = NULL;
                pa=pa->next;
            }


        pc->next = tmp;
        pc=tmp;
    }

    //两个多项式中未加完的项抄到结果链上去
```

```
    while (pa) //第一个多项式未加完
    {
        tmp = (Node *)malloc(sizeof(Node));
        tmp->data.coef = pa->data.coef;
        tmp->data.exp = pa->data.exp;
        tmp->next = NULL;

        pa=pa->next;
        pc->next = tmp;
        pc=tmp;

    }
    while (pb) //第二个多项式未加完
    {
        tmp = (Node *)malloc(sizeof(Node));
        tmp->data.coef = pb->data.coef;
        tmp->data.exp = pb->data.exp;
        tmp->next = NULL;

        pb=pb->next;
        pc->next = tmp;
        pc=tmp;
    }
}

void dispPloy(Polynomial *L)//显示一个多项式
{
    Node *p;
    p=L->head->next;

    if (!p) { printf("多项式为空\n"); return;}
    printf("多项式为(系数指数对): ");
    while (p)
    {
        printf("(%d,%d) ",p->data.coef, p->data.exp);
        p=p->next;
    }
    printf("\n");
}

void clear(Polynomial *L)//显示一个多项式
{
    Node *p, *q;
    p=L->head->next; //p指向首结点

    while (p) //释放从首结点开始的链中所有结点
    {
        q=p;
        p=p->next;
        free(q);
    }
    free(L->head); //释放头结点
}
```

在定义及实现了多项式 Polynomial 之后，主程序反倒是非常简单的。参看程序 2-7，我们实现了幂指数为正整数时的多项式的求和运算。实现多项式的乘法运算同样是简单的。这个例子说明一些有规律的符号运算，借助链表实现是一种解决问题的途径。例如，初等函数求导数之类的操作都可以考虑采用这种方法。

程序 2-7：多项式 Polynomial 求和的主程序。

```
int main( )
{
    elemType stop_flag;
    Polynomial L1, L2, L3;

    getStop(&stop_flag);   //读入停止标志对
    //初始化各个链表，使其均为空表
    initialize(&L1,&stop_flag);
    initialize(&L2,&stop_flag);
    initialize(&L3,&stop_flag);

    getPoly(&L1); //读入第一个多项式
    getPoly(&L2); //读入第二个多项式

    addPoly(&L3,&L1,&L2); //L1 = L2 +L3
    dispPloy(&L3); //显示多项式L3的内容

    //释放各个多项式
    clear(&L1);
    clear(&L2);
    clear(&L3);
    return 0;
}
```

2.4.2 字符串的存储和实现

字符串

字符串作为一种典型的非数值型数据，在实际应用中很常见。如姓名、地址、身份证号码等都可以作为字符串处理。字符串是由若干个字符按照一定的顺序组合而成的，如果把单个字符看作一个个结点，整个串看作结点组成的有序序列，则和前面的线性表很相似，但又存在很大的差异。线性表中强调的是单个结点，字符串中除了单个结点外，更强调的是一组连续的结点，因此字符串基本操作有一定的特殊性。除此之外，字符串中结点限定为简单的字符，而线性表中结点为任意类型，甚至可以是复杂的结构。以下我们将字符串简称为串。

串（String），由 0 个或多个字符组成的有限序列，一般记为 s="a_0 $a_1a_2\cdots a_{n-1}$"，（$n\geqslant0$）。其中 s 称作串名，用双引号括起来的字符序列是串的值。字符 a_i（$0\leqslant i\leqslant n-1$）可以是字母、数字或其他字符，$n$ 为串的长度。注意，这里字符的序号是从 0，而不是从 1 开始的。

如：a="SHANGHAI"，a 为串名，串值为 SHANGHAI，串的长度为 8。

1. 串的相关概念

（1）空串：串的长度为零，但仍然为一个串。

（2）空格串：由一个或一个以上的空格组成的串，串的长度为空格的个数。

（3）单字符串：串中只有一个字符，串长度为 1。

（4）串相等：当且仅当两个串长度相同，且对应位置上的字符完全相同。

（5）子串：一个串中任意个连续的字符组成的子序列称为该串的子串，子串在主串中的位置则以子串的第一个字符在主串中的字符位置来表示。

（6）主串：包含子串的串称为主串。

如：""为空串；" "为长度为 1 的空格串；如果 a ="SHANGHAI JIAOTONG UNIVERSITY"、b ="JIAOTONG"中，那么，b 是子串，a 为主串，b 在 a 中的位置为 9。

2. 串的存储

串的存储也可以从顺序及链式两种存储方式来考虑。顺序方式：字符序列在连续的存储空间中依次连续地存放，链式方式：串中每个字符作为一个结点独立地存放在不连续的存储空间中。分析后者，在链式存储中，由于结点为单一的字符，为了得到下一个字符结点，还必须有一个指向下一个字符的指针。通常一个字符占用一个字节，一个指针通常却要占用 4 个字节，显然从空间利用的角度，这种存储非常不合算。还有些其他方法，比如将字符序列分成若干等长的组，每个组占据一个结点，但由于串操作常常是对连续的字符子序列进行，故并不方便。考虑以上因素，在多数情况下，串的存储采用顺序存储最为方便。

串的顺序存储，一般又分静态存储和动态存储两种方式。静态存储中，用一组地址连续的存储单元存储串中的字符序列，该存储空间的大小须预先定义，即使用静态数组，一些串操作结果会因预设空间不够而自动截断。比如，当结果串存储空间大小为 10 时，若将“SHANGHAI JIAOTONG”赋值给结果串，则结果串串值为“SHANGHAI J”，串长度为 9，最后 1 个空间还要留给结束符'\0'。在动态存储中，同样可以用一组地址连续的存储空间存放字符串，但空间大小可以在程序执行过程中由用户输入，空间在程序运行时动态分配得来，即使用动态数组。经过串操作之后得到的结果字符串全部可以保留。

常见错误：对于字符串"ok"的存储，两个字符加上一个结束标志字符'\0'，共占用了 3 个字节，同学们常常说这个字符串长度为 3，其实是 2，结束符不算。

3. 串的基本操作

（1）串的长度：求串中字符的个数，如"SHANG HAI"长度为 9。

（2）串相等操作：判断两个字符串是否长度相等，且对应位置上的字符也相等。若两者均满足，则返回 1，若有一样不等，返回 0。如

```
"SHANGHAI"= ="SHANGHAI"
"SHANGHAI"!= "SHANGHAAI"
```

（3）赋值操作：将一个字符串赋值给另一个串。如 t ="SHANGHAI", s="UNIVERSITY"，将 s 的值赋给 t，则 t 的值变为"UNIVERSITY"。

（4）连接操作：将一个字符串中的字符序列，连接在另一个串字符序列之后，形成一个新的串。如 t ="SHANGHAI", s="JIAOTONG"，连接 t 和 s，即操作 t+=s 之后，得到字符串 t ="SHANGHAIJIAOTONG"；而连接 s 和 t，即 s+=t 之后得到字符串 t ="JIAOTONGSHANGHAI"。

（5）定位操作：对于一个字符或字符串，求其在另一个字符串中指定字符位置之后首次出现的首字符位置。如 t ="SHANGHAI", s = "HA"，则 s 在 t 的第 3 个字符及其之后首次出现的位置序号为 5。

（6）求子串操作：在一个主串中，从指定的位置序号开始，取得一定长度的字符序列。如 t ="SHANGHAI"，对 t 取第 2 个字符开始的 4 个字符长度的子串为"ANGH"。当要求的子串长度过长，超出了主串在指定字符位置后的长度限制时，则以主串所能提供的最大长度为准。如 t ="SHANGHAI"，对 t 取第 2 个字符开始的 10 个字符长度的子串，实际变为取第 2 个字符开始的 6 个字符长度的子串，结果为"ANGHAI"。

（7）插入操作：在字符串指定的位置上插入另外一个字符串。如 t ="SHANGHAI"，在第 5 个位置上插入字符串"123"后得到字符串"SHANG123HAI"。

（8）删除操作：对于一个字符串，从指定的字符位置开始，删除一定长度的字符子序列。如"SHANG123HAI"，从第 5 个字符开始，删除 3 个字符后为"SHANGHAI"。

实际上 C 的字符串库 string.h 已经提供了许多实现串操作的函数，其功能和上面提供的基本操作略有不同，这里再次给出字符串结构的定义、基本操作和其实现，就是为了使大家进一步体会串数据结构的处理本质。

4. 部分串操作的具体实现

字符串结构的定义见程序 2-8。在程序 2-8 中，类型 sstring 中字段 str 是用于保存字符串的数组，声明为指针，就说明要用动态数组；另一个字段 maxSize 给出了预先为字符串申请的空间大小。初始化函数有 3 种，便于在各种条件下为字符串赋初值。其他函数基本涵盖了以上分析的串的基本操作。

程序 2-8：字符串结构体及基本操作函数。

```
#include <stdlib.h>

typedef struct
{
    char *str; //动态数组，存储字符串
    int   maxSize; //数组的尺寸
}sstring;

void init1(sstring *s, int size); //创建动态空间，数组长度size，字符串长度为0
void init2(sstring *s, const char *t); //用字符串t初始化s
void init3(sstring *s, const sstring *t); //用t初始化s
int   length(sstring *s); //s中实际存储的字符串长度
void disp(sstring *s) {printf("%s\n",s->str);}; //显示s中的字符串
int equal(const sstring *s, const sstring *t);
    //判断s,t中存储的字符串是否内容一样。是，则返回1，否，则返回0
void assign(sstring *s,const sstring *t); //赋值操作，将t中字符串赋值给s
sstring *subString( sstring *s,int pos, int len); //求s中从pos开始，长度为len的子串
int find(sstring *s, sstring *t, int start );
    //从串的第start个字符起，向后查找字符串t第一次在
    //串中出现的位置，找到返回位置序号，未找到返回-1
int insert(sstring *s, int pos, sstring *t);
    // 在串的第pos个字符位置上，插入串t的字符串
    // 插入成功返回1，否则返回0
int Remove( const sstring *s, int pos, int n);
    // 从串的第pos个字符位置起，删除长度为n的子串
    // 如果长度不够length，以实际长度为准。删除成功返回1，否则返回0
void clear(sstring *s);//释放动态空间
```

在串的基本操作函数实现中，稍微复杂一点的是连接、插入、删除和查找子串的操作，下面给出了部分函数的实现。字符串部分操作的实现见程序 2-9。

程序 2-9：字符串部分操作的实现。

```
void init1(sstring *s, int size)//创建动态空间，数组长度size，字符串为空串
{
    if (size <= 0) exit(1);
    s->str = (char *)malloc(sizeof(char)*size); //动态申请数组空间
    if (!s->str) exit(1);
    s->maxSize = size;
    s->str[0]='\0';
}
```

```
void init2(sstring *s, const char *t) //用字符串t初始化s
{
    int i, len;

    len=0;
    while (t[len]!='\0')len++; //t串的长度

    if (len == 0) exit(1);

    s->maxSize = len+1;
    s->str = (char *)malloc(sizeof(char)*s->maxSize);

    i=0;
    while (t[i]!='\0')
    { s->str[i]=t[i];
      i++;
    }
    s->str[i]='\0';
}

void init3(sstring *s, const sstring *t) //用t初始化s
{   int i;
    s->maxSize = t->maxSize;
    s->str = (char *)malloc(sizeof(char)*s->maxSize);
    for (i=0; i<s->maxSize; i++) //当i取s->maxSize-1时，t->str[i]的值为'\0'。
        s->str[i] = t->str[i];
}

int length(sstring *s) //s中实际存储的字符串长度
{   int i=0;
    while (s->str[i]!='\0') i++;
    return i;
}

int equal(const sstring *s, const sstring *t)
//判断s,t中存储的字符串是否内容一样。是，则返回1，否，则返回0
{
    int i=0;
    if (length(s) !=length(t)) return 0;
    while (s->str[i]!='\0')
        if (s->str[i]!=t->str[i]) return 0;
        else i++;
    return 1;
}

void assign(sstring *s,const sstring *t) //赋值操作，将t中字符串赋值给s
{
    int i, len = length(t);

    if (s->maxSize<=len)
```

```
    {
        free(s->str);
        s->maxSize = len+1;
        s->str = (char *) malloc (sizeof(char)*s->maxSize);
        if (!s->str) exit(1);
    }

    for (i=0; i<=len; i++) //当i取len时，t->str[i]的值为'\0'
        s->str[i] = t->str[i];
}

sstring *subString( sstring *s,int pos, int len) //求s中从pos开始，长度为len的子串
{   int i;
    if (pos<0) exit(1);
    sstring *tmp = (sstring *)malloc(sizeof(sstring));
    init1(tmp, len+1);//放置子串的数组空间
    for (i=0; i<len; i++)
        if (s->str[pos+i]=='\0') break;
        else tmp->str[i]=s->str[pos+i];
    tmp->str[i]='\0';

    return tmp;
}

int insert(sstring *s, int pos, sstring *t)
    // 在串的第pos个字符位置上，插入串t的字符串
    // 插入成功返回1，否则返回0
{
     int i, len1 = length(s), len2 = length(t);
     //printf("%d\n",len);

     if ((pos<0)||(pos>len1))   return 0;
     if (len1+len2>s->maxSize-1) return 0;

     for (i=len1; i>=pos; i--)
        s->str[i+len2]=s->str[i];//当i取len1时，s->str[i]为结束符'\0'

     for (i=0; i<len2; i++)
        s->str[pos+i]=t->str[i];
     return 1;
}

int Remove( const sstring *s, int pos, int n )
    // 从串的第pos个字符位置起，删除长度为n的子串
    // 删除成功返回1，否则返回0
{
    int i, len = length(s);
    if ((pos<0)) return 0;

    for (i=pos; i+n<=len-1; i++)
        if (s->str[i+n]=='\0') break;
        else s->str[i] = s->str[i+n];
```

```
        s->str[i]='\0';
        return 1;
    }

    void clear(sstring *s)
    {
        free(s->str);
    }
```

下面分别讨论提取子串和插入操作，这里注意：我们保持和 C 语言相同的惯例，最前面的字符的序号（或下标）为 0，而不是 1。

求子串 **sstring *subString(sstring *s,int pos, int len)**：即从调用该函数的串 s 的第 pos 个字符起，连续提取 len 个字符，函数返回提出来的子串，如果不足 len 个，则以实际长度为准。参见图 2-20，这是当 pos=2, len=6，即有足够的字符可供截取的情况。这时，被提取的最后一个字符的序号或下标为 pos+len-1 ≤size-1，在将 len 个字符逐个复制到子串之后，提取操作结束。

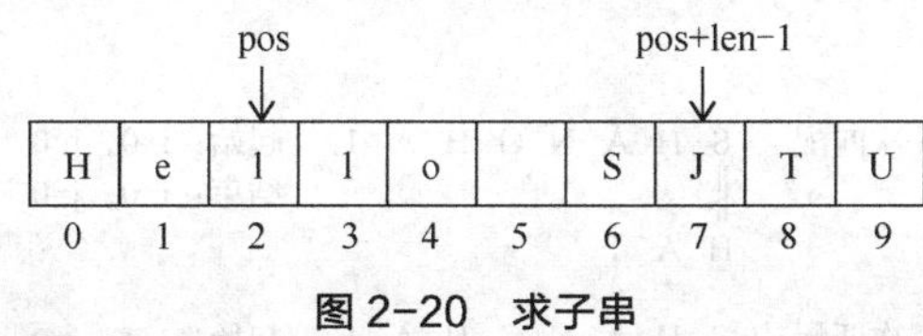

图 2-20　求子串

插入串 **int insert(sstring *s, int pos, sstring *t)**：即将串 t 插入到 s 串中，插入位置为串的第 pos 个位置。参见图 2-21，这是将"Shanghai"插入到"Hello SJTU"中的情况，其中 pos=5。操作时先为插入后的结果串创建空间，之后将原串 pos 位置之后的字符逐个抄入新的位置，再从 pos 位置抄入欲插入串，注意尾部保证用'\0'关闭结果串，插入操作结束。以上只是实现了部分成员函数，除了函数 find（const String &t, int start）我们会在下面继续讨论，其余的请作为练习自行完成。

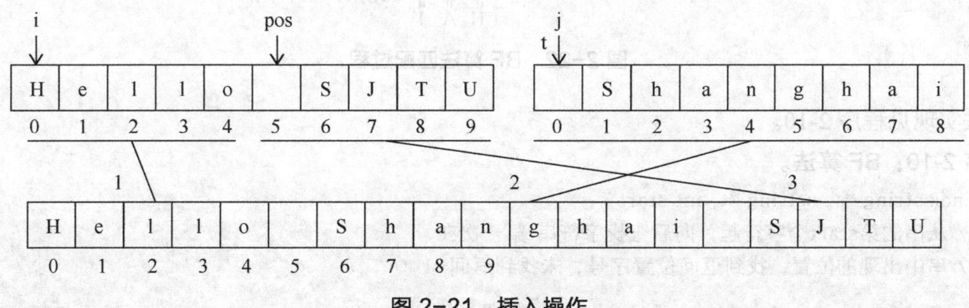

图 2-21　插入操作

常见错误：对于字符串的相互赋值，有些同学会使用 t->str=s->str，这并非我们的真正意图，应该是用循环将 s->str 指向的数组中所有元素抄写到 t->str 指向的数组中，即 t->str[i]=s->str[i]。

5．串的模式匹配

模式匹配

前面提到的 int find(sstring *s, sstring *t, int start)，是从字符串（以下称主串）s 的第 start 个位置的字符起，向后查找字符串 t 第一次在主串中出现的位置。如果在主串中找到该子串，返回其首次出现的位置，否则返回-1。该操作相当于在主串的所有子串集合中匹配待查找的子串，因此该操作也被称作模式匹配。模式匹配（亦称样品匹配）是各种串处理中最具有代表性的操作。一般被匹配串 s 称为主串，匹配串 t 称为模式。不失一般性，可设主串 s 和模式 t 的串长度分别为 n 和 m；主串值为"$s_0s_1s_2s_3\cdots s_{n-1}$"，模式串值为"$t_0t_1t_2t_3\cdots t_{m-1}$"，起始位置 start = 0。以下介绍和分析模式匹配的两种算法：Brute-Force 和 KMP 算法。

（1）Brute-Force 算法（BF 算法）

BF 算法实现模式匹配的思路为：从主串 s="$s_0s_1s_2s_3\cdots s_{n-1}$"的第 0 个字符出发，与模式 t= "$t_0t_1t_2t_3\cdots\cdots t_{m-1}$"的第 0 个字符比较。若不等，从主串的第 1 个字符开始重新与模式 t 的第 0 个字符比较；若相等，则主串与模式的下标指针均向后移动一个字符位置继续比较后续字符，如此不断继续。当模式中每个字符和主串的一个连续字符序列逐个比较相等，称匹配成功，结果返回模式中第 0 个字符在主串中相应字符的位置；若主串与模式逐个字符的比较过程中，遇到字符不等，模式的指针指向模式的第 0 个字符位置，主串下标指针返回本轮和模式第 0 个字符进行比较的字符的下一个字符位置，如此继续。当因主串长度的缘故，使得主串中剩余字符序列不够模式进行一轮完整的比较时，则可断定模式匹配失败，函数返回-1。

下面以 s="SHANGHAI"，t="HAI"为例，说明如何在主串 s 中查找子串 t，此时 n=8，m=3。从 s 的第 0 个字符开始查找 t 出现的位置，用 i 指示主串当前字符的下标，j 指示模式当前字符的下标。图 2-22 说明算法的操作过程。

图 2-22　BF 算法匹配过程

算法实现见程序 2-10。

程序 2-10：BF 算法。

```
int find(sstring *s, sstring *t, int start )
    //从串的第start个字符起，向后查找字符串t第一次在
    //串中出现的位置，找到返回位置序号，未找到返回-1
{
    int i=start;
    int k,j=0;
    int pos=-1;//匹配不成功返回-1
    int slen = length(s), tlen = length(t);

    while (i<=(slen-tlen))//剩余主串结点长度大于等于模式串长度
    {
        k=i;
        while ((j<tlen)&&(s->str[k++]==t->str[j++]))
        if (j==tlen) {pos=i; break;} //匹配成功返回位置
        i++;
```

```
            j=0;
        }
        return pos;
    }
```

我们来分析 BF 算法的时间复杂度：当匹配成功时，最好的情况为第一次匹配就成功，比较次数为 m，而最差的情况为每次匹配都是模式的最后一个字符比较不等，直到最后一次匹配即第 $n-m+1$ 次匹配成功，比较次数为$(n-m+1)$*m；当匹配不成功时，最好的情况是每次匹配模式的第 1 个字符就不等，则每次匹配比较 1 次，需 $n-m+1$ 次匹配，共比较 $n-m+1$ 次，而最差的情况是 $n-m+1$ 次匹配，每次都是模式最后一个字符不等，共需（$n-m+1$）$*m$ 次。用大 O 表示法，则匹配成功时，最好情况为 $O(m)$，最差情况为 $O((n-m+1)*m)$；匹配不成功时，最好的情况为 $O(n-m+1)$，最差情况为 $O((n-m+1)*m)$。

BF 算法有一个明显的特点：当每次匹配不成功时，主串中的下标就要回退到本次模式匹配开始字符的下一个字符位置，这无疑会使主串中匹配成功位置及其前面的每一个字符都和模式中的第一个字符来一次比较，尤其当模式的匹配过程中常常出现当且仅当模式最后一个字符比较时不同，算法显得效率非常低下，见图 2-22 的例子。在最坏情况下，BF 算法的时间复杂性为 $O(n*m)$，即和主串、模式的字符个数的乘积成正比，这个代价太大了。BF 算法的另外一个问题是主串指针（见程序 2-10 中的指针 i）的回退。在主串存放于外存之中时，指针 i 的回退意味着寻找已经比较过的字符，这些字符可能在内存缓冲区中已经被覆盖掉了，这样就必须重新从外存上读取这些字符，这也是不利的。有什么办法能够解决这些问题吗？答案是肯定的。

下面我们就介绍一种新的算法：Knuth-Morris-Pratt 算法，简称 KMP 算法，它是由 D.E.Knuth、V.R.Pratt 和 J.H.Morris 同时发现的。其出发点就是在 BF 算法的基础上进行改进，使得主串的指针回退不再必要。20 世纪 70 年代，S.A.cook 从理论上证明了该算法可在 $O(n+m)$内完成，算法的效率也大大地得到了改善。

（2）KMP 算法

通过两个例子来理解 KMP 算法。先看例 1，图 2-23 中有主串和模式串，在主串“large pear”中匹配模式串“largt”。

主串和模式串的前 4 个字符相比较，均相同，但第 5 个字符相比较时失败，见图 2-23（a）。因模式串中的 5 个字符均不一样，模式串中的第 1 个字符是不可能和主串的第 2、3、4 个字符中的任何一个相同的，因此第 5 个字符比较失败时，下一次匹配主串不需要回退，模式串回到首字符，直接和主串的第 5 个字符开始比较，见图 2-23（b）。

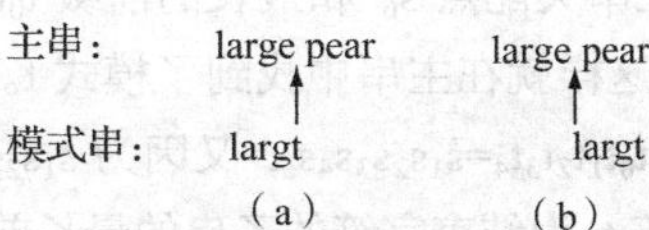

图 2-23 模式匹配例一

例 2，在主串 s =“abcabcabcd”中匹配模式 t =“abcabcd”。先用 BF 算法进行模式匹配。首先，让 s_0 同 t_0 进行比较，发现它们相等：$s_0=t_0$。所以，接下来让 s_1 同 t_1 进行比较，发现它们同样也相等：$s_1=t_1$，如此类推。当发现主串和模式的相对应的字符相等时，则顺次比较下一个字符。这样，一直进行到 s_6 同 t_6 比较时，发现它们不等：$s_6 != t_6$（即：'a' !='d'，见图 2-24（a））；按照 BF 算法，必须将 s_1（即'b'）同 t_0（即'a'）重新开始进行比较，如图 2-24（b）所示。由于 $s_1 != t_0$，因此只能将 s_2（即 c）同 t_0（即 a）再进行比较，见图 2-24（c）。依次类推，最后我们在 s_3 开始的一串字符中找到了模式 t，如图 2-24（d）所示的情况，查找是成功的。

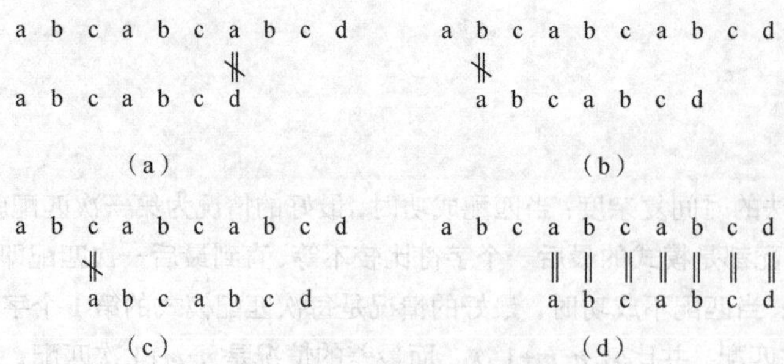

图 2-24 BF 算法匹配过程

按照 BF 算法，我们知道 i 和 j 分别是主串 s 及模式的指针，初始时 i=j=0。分析图 2-24 的匹配过程可知，第一次匹配中主串和模式中字符 $s_0=t_0$、$s_1=t_1$、$s_2=t_2$、$s_3=t_3$、$s_4=t_4$、$s_5=t_5$，当 $i=6$、$j=6$ 时相应字符不等，即 $s_i != t_j$。为了叙述简单起见，在下面的叙述中我们将把 s_i 和 t_j 分别称为主串和模式失配点字符。第二次匹配（见图 2-24（b））时，主串和模式的指针回溯，$i=1$、$j=0$。下面我们来看这次回溯是否必要？由于 $t_0t_1t_2$ 三个字符不等，而 $t_0t_1t_2$ 和 $s_0s_1s_2$ 相同，所以 s_1 和 s_2 都不可能和 t_0 相同，故第二次甚至第三次匹配（见图 2-24（c））中必然 $s_1 \neq t_0$、$s_2 \neq t_0$，由此看来这两次匹配过程是不必要的。再来看第四次匹配（见图 2-24（d）），由于 $t_0t_1t_2$ 和 $t_3t_4t_5$ 相同，而 $s_3s_4s_5$ 和 $t_3t_4t_5$ 相同，故必然 $t_0t_1t_2$ 和 $s_3s_4s_5$ 相同、匹配，此三位字符的比较也可以省去，这意味着第四次匹配一开始就可以是 s_6 和 t_3 比较，而 s_6 就是第一次比较中主串失配点字符。在这个例子中，可以看出，主串的指针 i 没有回溯，直接从失配点位置开始，而模式串也不是从 t_0 开始比较，而是从中间的某个字符开始。那么，在图 2-24（a）所示发生失配的情况下，能否直接进行图 2-24（d）所示的匹配，省去 5 次比较？从图 2-24 的例子中可以看出，这完全取决于模式串中的字符情况。这样做是否具有一般性呢？即在一般情况下，这样做的正确性能否得到保证呢？

为了叙述的方便，我们先来定义一个概念：前缀。所谓一个串的前缀，是指从第 0 个字符开始到它的任意一个字符为止的子串。对上述的模式 t 而言，$t_0t_1t_2$ 就是它的长度为 3 的前缀，$t_0t_1t_2t_3t_4$ 就是它的长度为 5 的前缀。在实际应用中，主串通常比模式长得多，因此在模式匹配开始之前，值得将模式中的字符匹配的情况完全分析清楚（如：$t_0t_1t_2=t_3t_4t_5$ 等）。而做这件事情，时间代价是有限的。

下面让我们重新审视图 2-24（a）。当发生失配时，$s_6 \neq t_6$。观察以模式失配点 t_6 的前一字符 t_5 为结束字符的子串，$t_0t_1t_2$ 是它的一个前缀，而失配点 t_6 前的两个子串 $t_3t_4t_5=t_0t_1t_2$，我们则称 $t_0t_1t_2$ 为该子串的最长前缀。再看一个例子，假如模式串为 r="abcdsjtuabf"，则对 f 前的子串来说，最长前缀为 r_0r_1 即“ab”。回到前面的模式 t，我们可以直接将主串失配点 s_6 和最长的前缀 $t_0t_1t_2$ 的后一字符 t_3 进行比较就可以了。由于 $t_3=s_6$，$t_4=s_7$，$t_5=s_8$，$t_6=s_9$，这样就在主串中找到了模式 t。不妨假设，用 BF 算法，下次比较仍然是主串从 s_1、模式串从 t_0 开始，且有 $t_0t_1t_2t_3t_4=s_1s_2s_3s_4s_5$，又因为 $s_1s_2s_3s_4s_5=t_1t_2t_3t_4t_5$，所以 $t_0t_1t_2t_3t_4=t_1t_2t_3t_4t_5$。这就意味着以模式失配点 t_6 的前一字符 t_5 为结束字符的子串的最长前缀的字符个数为 5，而不是 3，这点矛盾。因此，不必担心图 2-24（b）、图 2-24（c）所示的情况可能是正确的匹配位置，即不进行图 2-24（b）、图 2-24（c）所示的比较是没有关系的。最后，由于 $t_0t_1t_2=s_3s_4s_5$，这 3 次比较同样也可以省略，一共节约了 5 次比较，而且同样是正确的。

将上述结论可以推广到一般情况。假设主串 s 和模式 t 在匹配过程中发生了失配，即 t_j 和 s_i 不等。由于以模式失配点的前一字符 t_{j-1} 为结束字符的子串的最长前缀具有 k 个字符，即：$t_0t_1\cdots t_{k-1}=t_{j-k}t_{j-k+1}\cdots t_{j-1}$，则主串 s 的失配点 s_i 下一步只需要和 t_k 继续比较下去就可以了。若 $t_k=s_i$，则继续比较 t_{k+1} 和 s_{i+1}，如此继续进行，直至找到该模式，或者断定该模式不存在为止。这里特别注意 $t_0t_1\cdots t_{k-1}$，$t_{j-k}t_{j-k+1}\cdots t_{j-1}$ 之间并不需要 $k-1<j-k$，两者之间可能有重复部分，但不允许 $j-k=0$。如 t_3= aaaaa，对最后一个 a 而言，最长前缀是 aaa，长度是 3，而不是 2。

从上述分析可知，这里主串 s 中的位置不需要回溯，关键是看模式串的下次比较位置滑行到哪里，而决定该位置的是模式串自身的字符分布情况。我们的任务是在模式的任何位置上，发现模式串从开始到该位置前一字符形成的子串的最长前缀。下面不妨用一个整型数组 next[j]表示模式中第 j 个字符与主串第 i 个字符失配时，在模式串中需要和主串中第 i 个字符进行比较的字符的位置，在这里其实就是最长前缀，next 下面称为失配函数。对 next[j]，有：

next[j] = k(j>k>=0) 当模式串 $t_0t_1\cdots t_{j-1}$ 的最长前缀长度为 k 时，模式串 t_k 需要和 s_i 进行比较。特别地，为 k=0 时，是 t_0 和 s_i 进行比较。

next[j] = −1　　　当 j=0 时，模式串 t_0 需要和 s_{i+1} 进行比较。

例 2-2：求模式 t_1 = abcabcd、t_2 = abaabcac 和 t_3= aaaaa 的 next 数组的值。

解：j = 0 1 2 3 4 5 6　　j = 0 1 2 3 4 5 6 7　　j = 0 1 2 3 4

　　a b c a b c d　　a b a a b c a c　　a a a a a

next[j]=−1 0 0 0 1 2 3　　−1 0 0 1 1 2 0 1　　−1 0 1 2 3

以上从模式 t_3=aaaaa 可以看出不计 $t_0t_1\cdots t_{4=}$ $t_0t_1\cdots t_4$ 的情况。再看模式 t_2=abcabcd，则 next= {−1,0,0,0,1,2,3}。计算 next 的值并实现 KMP 算法见程序 2-11。

程序 2-11：计算 next 的值并实现 KMP 算法。

```
int find(sstring *s, sstring *t, int start )
    //从串的第start个字符起，向后查找字符串t第一次在
    //串中出现的位置，找到返回位置序号，未找到返回-1
{
    int slen = length(s), tlen = length(t);
    int *next=(int *)malloc(tlen);
    int i,j,k, len;
    int pos=-1;

    //为模式t计算next数组的值
    /*----*/ //计算过程省略，由同学课后讨论并完成

    //根据next数组中的值在主串中查找模式
    i=start; j=0;
    while (i<=(slen-tlen))
    {   k=i;
        while (str[i]==t.str[j]){i++;j++;}
        if (j==tlen)
        {
            pos=k;
            break;
        }
        else
        {
            if (next[j]==-1) {i++; j=0;}
            else {j=next[j];}
        }
    }

    free(next);
    return pos;
}
```

分析 KMP 算法，已知模式串的失配函数，算法的运行时间复杂度分析如下：首先，观察主串的指针 i，该指针开始为 0，每次比较之后，i 不会减少，它或者不变或者增大 1，直至 $n-m$(n 为主串的字符数，m 为模式串的字符数)。下面看看 i 不变的次数共有多少：如果本次开始匹配时 i 和上次匹配的 i 一样，保持不变，本次比较中如果第 i 个字符和模式串中待比较的字符相等，则 i 增加 1；如果不等，本次模式匹配结束，下次模式匹配时 i 也增加 1，故主串中每个 i 最多用 2 次，故最多有 2（$n-m$）次比较。特殊地，如果模式串的第一个字符和主串的第一个字符比较时总是不等，则比较次数达到最少，为 $n-m$ 次。一般情况下，m 远远小于 n，故在已知失配函数的条件下，模式匹配的时间复杂度为 $O(n)$。

下面讨论计算失配函数 next 的过程，对模式串 $t_0t_1t_2t_3\cdots t_{m-1}$，next[$m$−1]的计算要通过观察 $t_0t_1t_2t_3\cdots t_{m-2}$ 的最长前缀。对于求最长前缀，这里可以利用贪婪法，从最长子串开始，先比较 $t_0t_1t_2\cdots t_{m-3}$ 和 $t_1t_2\cdots t_{m-2}$ 是否相等，如果相等则最长前缀长度为 m−3，否则继续 $t_0t_1t_2\cdots t_{m-4}$ 和 $t_2\cdots t_{m-2}$ 的比较，最差比到 t_0 和 t_{m-2}，由此获得 next[m−1]的值，可以看出最差比较次数为$(m-2)+(m-3)+\cdots+1$，时间复杂度为 $O(m^2)$。要算出模式串中所有位置的匹配函数值，时间复杂度在 $m^2+(m-1)^2+\cdots+1^2$，即 $O(m^3)$数量级上。另一种方法是把模式串求最长前缀的方法也看作是一个主串为模式串，模式串的子串为新的模式串的过程。

事实上，因为 m 远远小于 n，求失配函数的时间常常可以忽略不计，因此 KMP 模式匹配算法时间为 $O(n)$。

在 KMP 算法中，主串指针 i 不会变小（即不回溯），是一个很大的优点，尤其是在硬盘当中寻找模式的时候。为了简化问题的讨论，我们设每次读入一个扇区的字符，并设内存缓冲区的一部分用于保存模式和存放 next 数组，另一部分只能保存硬盘的一个扇区包含的字符串。假设第一个扇区的字符串同模式的相应字符串完全匹配了，那么下一步将读入第二个扇区的字符串到内存缓冲区，将第一个扇区的字符串覆盖掉。如果这时已在内存缓冲区中的第二个扇区的字符和模式进行匹配时发生失配，那就麻烦了。如果采用 BF 算法，这时要将第一个扇区的字符串重新读入到内存缓冲区才可以继续匹配下去，这是因为主串的指针必须指向第一个扇区的字符串，而这要等到硬盘中的第一个扇区重新转回到磁头下面，才可以重新将第一个扇区的字符串读入到内存缓冲区，这是非常费时的。而 KMP 算法则完全避免了这个缺点，所以是一个很好的算法。

2.4.3 稀疏矩阵

在多数高级编程语言中，都支持多维数组，可以存储并处理矩阵。但在现实应用中常会遇到一个矩阵中的非零元素个数远远小于矩阵元素总的个数，并且非零元素的分布没有规律。如果这样的矩阵（以下称稀疏矩阵）中的每个元素都加以存储，显然空间浪费太大。对于稀疏矩阵存储的一个直观的压缩方法是，只存储其中的非零元素和非零元素所在的位置。

稀疏矩阵

这里以一个二维矩阵为例，每个非零元素 a_{ij} 可以用一个三元组来表示：(i, j, a_{ij})，然后将此三元组按照一定的次序排列，如先按照行序再按照列序排列。以下为一个例子：一个二维矩阵可以用一组三元组(0,2,5)，(0,3,8)，(1,0,6)，(2,1,5)，(2,4,−5)表示。这组三元组既可以在内存中用顺序结构来表示，也可以用链式结构来表示。

可以首先定义一个结构体来表示三元组：

```
typedef struct
{    int row,col;
     int data;
} triple;
```

将三元组作为 elementType 放在顺序表或者链表中。利用两种不同结构存储稀疏矩阵，并分别完成矩阵的加法、乘法、转置任务，希望作为课后练习完成。

2.5 小结

本章介绍了一种最基本的数据结构——线性结构，并推出了线性表作为处理线性结构的一种数据结构。对于线性表，从逻辑结构、物理结构、基本操作实现、线性结构典型应用四个方面展开了讨论，这四个方面也是后续讨论任何一种数据结构的方法、脉络。

在逻辑结构分析中，采用伪代码书写的抽象数据类型来描述结构中结点、结点关系和日常生活中线性结构的常见基本操作。至于有哪些常见基本操作则源自于我们在生活中的观察和积累，一般分为结构构造类、属性类、数据操纵类、遍历类和典型应用类基本操作。

在物理结构分析中，分别讨论了将数据存储在内存中相邻空间，并利用存储位置的先和后来体现元素关系先后的顺序存储法；讨论了将元素存储在内存中不连续的地方，通过对每个元素附加指针的方法存储元素间关系的链式存储法。详细讨论了两种结构的不同特征描述，并给出了两种结构的类型描述。在这一阶段，学习者需对本书采用的C语言的语法进行回顾和复习。

在基本操作实现分析中，对数据分别在顺序结构和链式结构存储时的常见典型操作进行了算法设计实现和算法复杂度分析。掌握利用分析参数、空间检查、核心操作、对其他属性的影响、正确返回的“五步操作法”，设计一个相对完整的程序。通过对算法的复杂度分析，我们进一步讨论了两种不同存储结构的优缺点和适用场合。

在线性表的典型应用中，或详细或粗略地讨论了一元多项式、字符串和稀疏矩阵的存储和运算。显然在现实生活中，具有线性关系的数据远远不止这些，但通过这三方面的例子，我们可以体会到：通过调用本章分析和建立的线性表（顺序表、链表），将这些表作为工具或者利用其存储和处理思路，可以非常方便地处理类似的问题，

后面章节讨论的栈和队列可以看作是某些操作受限的线性表，因为栈和队列在生活和计算机系统中较常用，有必要单独拿出来进行深入的讨论。

2.6 习题

1. 描述一个顺序结构需要哪些要素？为什么需要当前元素个数这一要素？

2. 描述一个链式结构需要哪些要素？为什么不需要元素个数这一要素？

3. 顺序结构已经能很好地存储和处理线性关系，为什么还要用更复杂及费空间的链式结构？

4. 试描述链式结构中的头指针、头结点、首结点、尾结点、尾指针，它们各自的类型是什么？在内存中的存储结构是怎样的？

5. 顺序表中如果每个结点除了存储元素的值，也要存储下一个元素的地址，那么这个地址可以是怎样的？是否有必要存在？

6. 建立一个工程文件，创建 seqList.h 文件，在其中定义 seqList 结构体并声明各个基本操作函数；创建 seqList.cpp 文件，实现 seqList.h 中声明的函数；创建一个 test.cpp 文件，定义一个 main 函数，设计使用 seqList 结构变量并测试 seqList.h 中声明的所有基本操作，验证其正确性。

7. 改造习题 6 中的 find 函数，使函数返回待查数据 x 在线性表中出现的次数。

8. 如习题 6，设计、测试 linkList 结构及基本操作函数。

9. 分别分析顺序结构和链式结构所有基本操作的时间复杂度。

10. 设计一个不带头结点的单链表，分析其插入、删除操作和在带头结点的单链表中进行插入、删

除操作有什么不同?

11. *n* 个人围成一个圈，从 1、2、3 开始报数。当报到 *m* 时，第 *m* 个人出列，并从原来的第 *m*+1 人重新开始 1、2、3 报数。如此循环，直到圈中只剩下一个人，这个圈称作约瑟夫环。试用单向循环链表实现该游戏，并输出最后剩下的那个人的姓名。

12. *n* 个元素存储在一个顺序表中，试用最小的空间代价实现就地逆置。如原来的顺序是 agrtuy，逆置后的顺序为 yutrga。

13. *n* 个元素存储在一个单链表中，试用最小的空间代价实现就地逆置。

14. 利用链式结构分别实现集合运算 C=A∪B、C=A−B，并分析其时间复杂度。要求运算结束后在内存中的 A、B 两个集合中元素不变。

*15. 受数据类型限制，计算机存储整数的范围是有限的。在实际应用中，如果需要用到很大或很小的整数，可以采用以下方法解决：建立一个单链表，每个结点存储一个 0～9 之间的数字字符，头结点中存储 0、1 分别表示正数和负数。由于单链表中结点是逐个动态申请的，因此原则上该单链表可以存储任意大小的整数，如+357 可在单链表中如下所示：

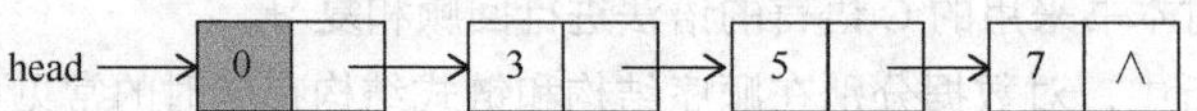

试编写完成两个大整数加法的程序。

16. 在 2.4.1 节定义的基本操作中增加一个函数，完成两个一元多项式的乘法并在 main 函数中加以测试。

17. 利用 2.4.3 节的方法在内存中存储稀疏矩阵，试编写算法实现稀疏矩阵的逆置运算。

*18. 利用与 18 题同样的方法存储稀疏矩阵，试编写算法实现两个稀疏矩阵的乘法运算。

**19. 讨论 KMP 算法中求数组 next 元素值的算法，对该方法进行编程实现并讨论其时间复杂度。

Chapter 03

第3章 栈和队列

■ 线性表是一种最常见的线性结构，线性表中元素之间的关系是由其相互位置决定的。但在实际问题中，有时元素之间的关系并不是由相互位置决定的，而是由到达和离开线性结构的时间决定的。如果元素到达线性结构的时间越晚，离开的时间就越早，则这种线性结构称为栈（Stack）或堆栈；类似地，如果元素到达线性结构的时间越早，离开时间就越早，这种线性结构称为队（Queue）或者队列。因为元素之间的关系是由到达和离开的时间决定的，因此栈和队列通常被称为时间有序表。而到达和离开的含义就是插入和删除操作，因此栈和队列可以看作是插入和删除操作位置受限的线性表。

3.1 栈

观察图 3-1 中乒乓球盒的进球和出球，它遵循了最后进盒的球反而最先出去的规律，即所谓的后进先出（Last In First Out，LIFO）或先进后出（First In Last Out，FILO）结构。最先（晚）插入结构的元素将最晚（先）被删除，且插入和删除总是在结构的同一端进行，这种操作位置受限的线性结构即栈。计算机软件系统中高级编程语言编译器对表达式的语法分析、系统对递归算法的实现都要使用到栈。

栈

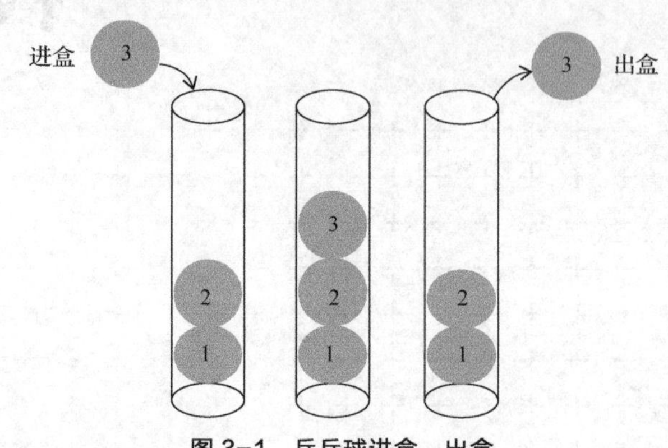

图 3-1 乒乓球进盒、出盒

3.1.1 栈的定义和抽象数据类型

栈是一种先进后出或者后进先出的线性结构。通常栈的首部（元素最早到达的部分）称为**栈底**（bottom），栈结构的尾部（元素最晚到达的部分）称为**栈顶**（top）。为了保证栈的先进后出或后进先出的特点，元素的插入和删除操作都必须在栈顶进行。元素从栈顶删除的行为称为**出栈**或者**弹栈**操作（pop）；元素在栈顶位置插入的行为称为**进栈**或者**压栈**操作（push）。取栈顶元素数据值的操作称为**取栈顶**内容操作（top）。当栈中元素个数为零时，称为**空栈**。

栈的抽象数据类型的定义见 ADT3-1。

ADT 3-1：栈 Stack 的 ADT。

Data：{ x_i | $x_i \in$ ElemSet，i=1,2,3,…,n，n > 0} 或 Φ；ElemSet为元素集合。
Relation：{<x_i, x_{i+1}>| x_i, $x_{i+1} \in$ElemSet，i=1,2,3,…,n−1}，x_1为栈底，x_n为栈顶。
Operations：

initialize
  前提：　无。
  结果：　分配相应空间及初始化。
isEmpty
  前提：　无。
  结果：　栈Stack为空返回1，否则返回0。
isFull
  前提：　无。
  结果：　栈Stack为满返回1，否则返回0。
Top
  前提：　栈Stack非空。
  结果：　返回相应栈顶元素的数据值，栈顶元素不变。
push

前提：　　栈Stack非满，已知待插入的数据值。
　　结果：　　将该数据值的元素压栈，使其成为新的栈顶元素。
pop
　　前提：　　栈Stack非空。
　　结果：　　将栈顶元素弹栈，该元素不再成为栈顶元素。
clear
　　前提：　　无。
　　结果：　　删除栈Stack中的所有元素。
destroy
　　前提：　　无。
　　结果：　　释放栈Stack占用的动态空间。

ADT 3-1 给出了栈的一些基本操作。其中构造类函数有 initialize、destroy；属性操纵类操作有 isEmpty、isFull、Top；数据操纵类的操作包含 push、pop、clear 等。

3.1.2　栈的顺序存储及实现

顺序栈

1. 栈的顺序存储

栈的顺序存储即使用连续的空间存储栈中的元素，绝大多数高级编程语言都可利用数组来使用内存中的连续空间。由于进栈和出栈总是在栈顶一端进行，因此不会引起类似顺序表中的大量数据的移动。加之数组中数据操作的便利性，在实际应用中，栈的顺序存储结构是比较常见的。采用顺序存储方式的栈称**顺序栈**。

用数组实现栈结构时，栈底 bottom 可取下标为 0 的数组元素。假定用 top 给出栈顶元素的下标地址，即栈顶指针，那么初始化时栈顶指针 top=−1，即 top=−1 可作为栈空的标志。设数组元素的个数为 maxSize，则栈的容量 stackSize（即栈容纳的结点数量）最大可以达到 maxSize。栈满时，top = stackSize−1。图 3-2 显示了顺序栈栈空、栈满和非空非满的情况。

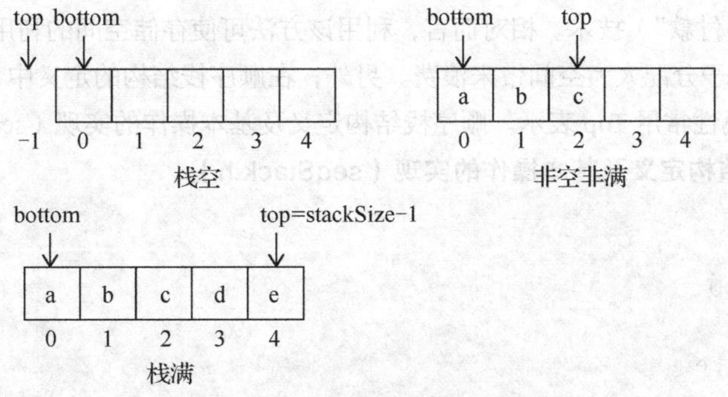

图 3-2　顺序栈的几种形态

另外一种常用的方案是不将 top 定义为实际栈顶，而是定义为下一个元素进栈的位置，这样栈空的条件改变为 top = bottom; 栈满的条件为 top=stackSize。这种方案的好处是，栈空时只需要 top 和 bottom 一致，脱离了具体的值。这一优点使得在一个数组中同时存放两个或多个堆栈时，更为合适。为了使大家熟悉各种用法，本书在一个数组中存放一个栈时使用第一种方案。

2. 顺序栈的定义

程序 3-1 给出了顺序栈的定义。在这个类的定义中用一个数组来存储栈元素，确定了栈的物理结构，下一步的任务是描述这种物理结构。毫无疑问，首先需要创建一个数组，为了这个结构能处理各种数据规模，数组的大小应该由具体使用这个结构的用户根据实际问题的需要来确定，这个任务交由 initialize

函数来完成比较合适。从上述分析可知，描述该数组需要两个元素，一个是指向数组的指针变量，另一个是数组规模变量。另外，栈元素的个数会因为出栈和进栈操作而时刻变化，因此还需要一个变量描述栈元素的个数，即数组中实际存储元素的个数。考虑到进栈和出栈都在 top 端进行，而栈元素个数通过读 top 位置就可算出（top=-1 时元素个数为 0，top≥0 时元素个数为 top+1），因此可以再加一个变量 top 来描述该栈。综上所述，顺序栈可以用 3 个属性描述，即指针 array、数组大小 maxSize、栈顶下标 top，如图 3-3 所示。

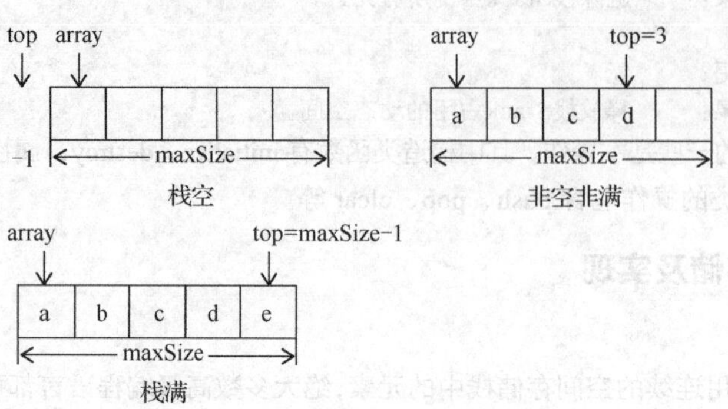

图 3-3　顺序栈中属性和栈的几种形态

3．顺序栈的基本操作分析

顺序栈的基本操作中，比较复杂一点的是进栈操作，一旦栈满，即空间耗尽（top = maxSize-1），将调用函数 doubleArray。该函数要求系统分配比当前数组的规模大的新数组作为栈的存储结构（通常大一倍），把原先堆栈中的元素复制到新的数组中去，之后释放原先的数组占用的存储单元，就可以继续进行进栈操作了。这样做的优点是程序的“健壮性”好，在计算机系统中尚有存储单元可用时，不会造成程序运行的中断；缺点是时间复杂度增大为 $O(n)$，因为必须将所有元素移入新数组。有的文献将这种技术称为 Amoritization（即“分期付款”）技术。相对而言，利用该方法可使存储空间的利用率更加合理，“用多少，就给多少”，避免了一下子分配太大空间带来浪费。另外，在顺序栈结构的定义中，为了避免属性 top 和成员函数 top 命名冲突，属性常用 Top 表示。顺序栈结构定义及基本操作的实现（seqStack.h）见程序 3-1。

程序 3-1：顺序栈结构定义及基本操作的实现（seqStack.h）。

```
#include <stdio.h>
#include <stdlib.h>
#define INITSIZE 100

typedef char elemType;
typedef struct
{       elemType *array;              //栈存储数组，存放实际的数据元素
        int Top;                      //栈顶下标
        int maxSize;                  //栈中最多能存放的元素个数
} stack;

void initialize(stack *L ); //初始化顺序栈
int isEmpty (stack *L) { return ( L->Top == -1 ); } ; //栈为空返回1，否则返回0
int isFull (stack *L ) { return (L->Top == L->maxSize-1); } ;//栈满返回1，否则返回0
elemType top (stack *L );// 返回栈顶元素的值，不改变栈顶
void push (stack *L, elemType e );//将元素e压入栈顶，使其成为新的栈顶
void pop ( stack *L); //将栈顶元素弹栈
void clear(stack *L) { L->Top=-1; }; //清除栈中所有元素
```

```
void destroy(stack *L) { free(L->array); }; //释放栈占用的动态数组

void initialize(stack *L)//初始化顺序栈
{
    L->Top=-1;
    L->maxSize=INITSIZE;
    L->array = (elemType *)malloc(sizeof(elemType)*INITSIZE);
    if (!L->array) exit(1);
}

elemType top (stack *L )// 返回栈顶元素的值，不改变栈顶
{
    if (isEmpty(L)) exit(1);
    return L->array[L->Top];
}

void push (stack *L, elemType e )//将元素e压入栈顶，使其成为新的栈顶
{
     int i;
     if  (isFull(L)) //栈满时重新分配2倍的空间，并将原空间内容复制进来
     {
         elemType *oldarr = L->array;
         L->array = (elemType *) malloc(sizeof(elemType)*2*L->maxSize);
         for(i= 0; i<=L->Top; i++ ) L->array[i] = oldarr[i]; // 逐个复制结点
         L->maxSize = 2*L->maxSize;
         free(oldarr);
     }
    L->array[++L->Top] = e;          // 新结点放入新的栈顶位置
}

void pop ( stack *L)//将栈顶元素弹栈
{
    if (L->Top==-1) exit(1);
    L->Top--;
}
```

分析顺序栈的基本操作，除了 **push** 因需扩大空间而有可能使得时间复杂度达到 $O(n)$，**isEmpty**、**isFull**、**top**、**pop**、**clear**、**destroy** 的时间复杂度均为 $O(1)$。

掌握了顺序栈的定义及实现，就可以在解决实际问题时把它作为一个工具来使用。例如这样一个实际的问题：编写程序，从键盘上依次输入 8 个字符，实现输入结束后将该 8 个字符按照输入顺序的逆序在屏幕上输出。在程序中可以建立一个顺序栈，将输入的字符依次入栈，最后再将其从栈中依次出栈，便能得到想要的逆序结果，具体实现见程序 3-2。

程序 3-2：顺序栈结构的应用（main.cpp）。

```
#include <stdio.h>
#include <stdlib.h>
#include "seqStack.h"

int main()
{
    stack s;// 声明一个stack类型的变量
```

```
    char ctemp;
    int i;

    initialize(&s);//初始化栈

    //从键盘输入8个字符，依照输入次序分别进栈
    printf("Input the elements:");
    for ( i=1; i <= 8; i++)
    {     ctemp = getchar();
          push(&s, ctemp);
    }

    //将栈中的结点逐个出栈，并输出到屏幕上
    printf("output the elements in the stack one by one:");
    while ( !isEmpty(&s) ) {
        ctemp = top(&s);
        pop(&s);
        printf("%c",ctemp);
    }
    printf("\n");
    return 0;
}
```

该程序的运行结果为：

```
Intput the elements: iahgnahS
Elements popped from stack: Shanghai
```

4. 共享栈

在实际应用中，有时需要同时使用多个栈，如果单独为每一个栈申请一块连续空间，每个栈按照最大可能来分配，就会需要大量的空间。栈中的内容因进栈和出栈而呈动态变化，在使用过程中的同一时刻并不一定所有栈都满，有时一些栈满而另外一些栈可能尚余空间，为了提高空间使用效率，可以在同一块连续的空间中设置多个栈，形成共享栈。共享栈在初始化时，可以根据每个栈可能使用的最大空间的情况，按照比例给每个栈分配空间大小，而不必每个栈都设置最大可能空间。如果难以估计每个栈可能使用的最大空间，也可以将共享栈空间平均分配给每个栈，这样做的好处是：当其中的某个栈满时，可能其他栈尚余许多空间，这时可以让其他堆栈进行左右移动，使已满的栈继续获得一些新的空间，从而可以继续进行进栈活动。为了在一个数组中表示多个栈，可以另外再设置两个小数组，其中一个数组 **bottom** 用来存放每个栈的栈底指针，另外一个数组 **top** 则用来存放每个栈的栈顶指针。图 3-4 所示为 4 个栈平均共享一个栈空间时初始化时的状态。

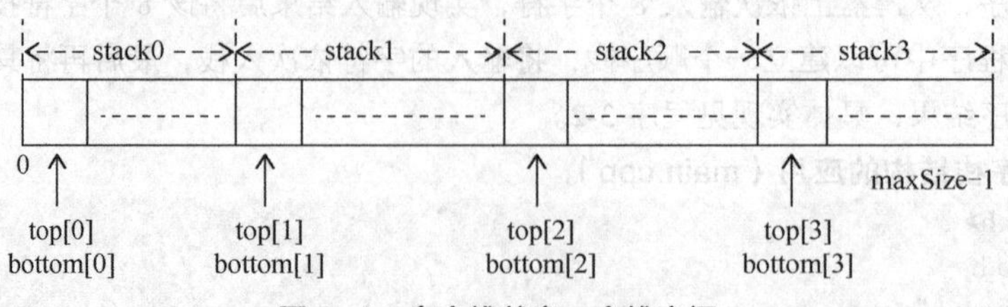

图 3-4　多个栈共享一个栈空间

共享栈的特点是每个栈拥有一个连续的小空间，共享栈拥有一个大的连续空间，让栈顶 **top[*i*]**指向下一个元素将要进栈的位置。每个栈的使用过程中，栈空栈满的条件都是特殊的。假设有 ***m*** 个栈，***m*** 个栈

空的条件为 top[*i*]=bottom[*i*]；而 *m* 个栈的栈满条件为当 $i<m-1$ 时，top[*i*]=bottom[*i*+1]，当 $i=m-1$ 时，top[*i*]=maxSize。图 3-5 呈现了 4 个栈分别为正常、满、正常、空的情况。

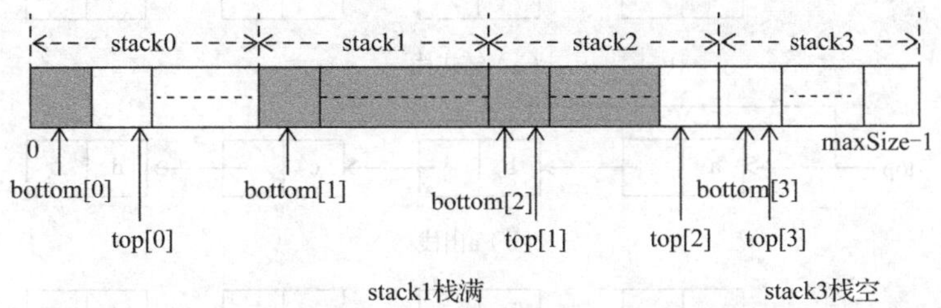

图 3-5　共享栈中栈的不同状态

两个栈共享一个栈空间是共享栈的一个特例，为了避免某个栈因为栈满而可能造成另外一个栈的移动，可以将两个栈相向设置，即两个栈的栈底分别设置在连续空间的两个端点位置。每个栈甚至可以不再分配大小，只要整个栈空间不满，其中任何一个栈都可以继续进行进栈操作。两个栈共享栈空间的情况如图 3-6 所示，栈空的条件为 top[*i*]=bottom[*i*]，*i*=0 或 1，两个栈不一定同时为空；栈满的条件为 top[0]=top[1]，即两个栈当中只剩下一个空位置的时候栈满，两个栈必定同时栈满。

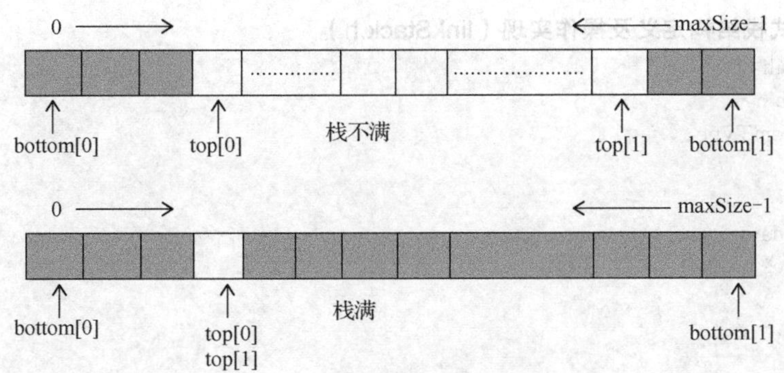

图 3-6　两个栈共享一个栈空间

3.1.3　栈的链式存储及实现

栈的链式存储同线性表的单链表方式是类似的，用不连续的空间和附加指针来存储元素及元素间的关系，也称为链式栈。如图 3-7 所示，每个结点存储了元素和指针，栈顶指针 top 用于指向处于栈顶的结点，即单链表中的首结点。由于链式栈的进栈和出栈总是在首结点位置进行，因此没必要再设置头结点。链式栈虽然不受预设空间的限制，但因带有附加的指针字段而增加了一定的空间，所以相对于顺序栈而言，链式栈的使用情况较少。

链式栈的各种形式及出栈、进栈操作如图 3-7 所示。链式栈结构的定义及操作实现如程序 3-3 所示。结点结构仍采用单链表中的 Node，其 data 字段保存元素，next 字段给出其直接后继结点的地址。这样，在执行进栈操作 push 时，首先申请新的结点空间，然后武装新结点，再将新结点链入链表中，这样即可将存新元素的结点置为栈顶结点，而它的直接后继结点为原栈顶结点；出栈操作 pop 和取栈顶值的操作 top 同样用两个函数加以实现，top 函数便于经常查看栈顶结点中元素的值的情况。出栈操作 pop 实现时应遵循的原则包括记住栈顶结点的地址、将原栈顶的直接后继设为新的栈顶、释放原来栈顶结点空间。clear 函数用于将栈中的所有结点清除，使栈变为空栈，其作用和 destroy 相同。可以看出除 clear 操作的时间复杂度为 $O(n)$，isEmpty、isFull、top、push、pop 的时间复杂度与顺序栈一样均为 $O(1)$。若要测试链式栈的结构，建议仍然使用程序 3-2，将其中的顺序栈改为链式栈即可。

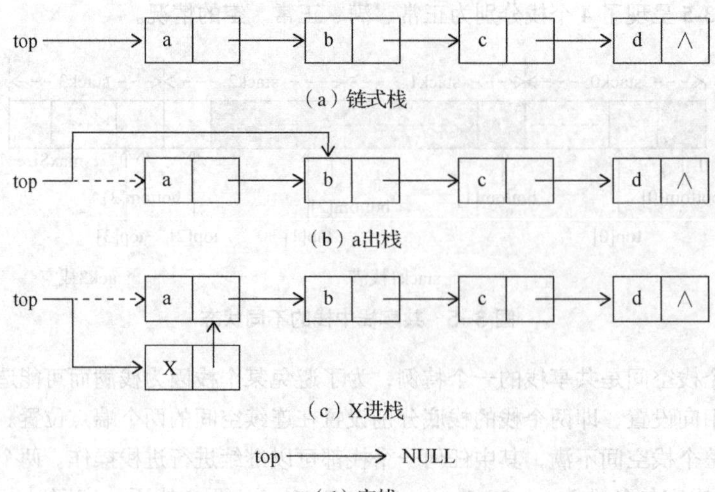

图 3-7　链式栈的形式及其操作

程序 3-3：链式栈结构定义及操作实现（linkStack.h）。

```
#include <stdio.h>
#include <stdlib.h>
typedef char elemType;
typedef struct
{
    elemType data;
    struct Node* next;
}Node;

typedef struct
{
    Node* Top;
}linkStack;

void initialize(linkStack *s){s->Top=NULL;}; //初始化栈，使其为空栈
int isEmpty (linkStack *s){return (s->Top==NULL);}; //栈为空返回1，否则返回0
int isFull (linkStack *s ){return 0;}; //栈满1，否则0。结点空间不连续，故总能满足
elemType top(linkStack *s );
void push(linkStack *s, elemType e);
void pop(linkStack *s);
void clear(linkStack *s);
void destroy(linkStack *s){clear(s);};

elemType top(linkStack *s )
{
    if (!s->Top) exit(1);//栈空
    return s->Top->data;
}

void push(linkStack *s, elemType e)
{
```

```
    Node *tmp = (Node *)malloc(sizeof(Node));

    //先武装自己
    tmp->data = e;
    tmp->next = s->Top;

    s->Top = tmp; //链入栈
}

void pop(linkStack *s)
{
    Node *tmp;
    if (!s->Top) exit(1);//栈空

    tmp = s->Top; //用tmp记住原栈顶结点空间，用于弹栈后的空间释放
    s->Top = s->Top->next; //实际将栈顶结点弹出栈

    free(tmp);//释放原栈顶结点空间
}

void clear(linkStack *s)
{
    Node *tmp;
    tmp = s->Top;

    while (tmp)
    {
        s->Top = s->Top->next;
        free(tmp);
        tmp = s->Top;
    }
}

int main()
{
    linkStack s;  // 声明一个linkStack类型的变量
    char ctemp;
    int i;

    initialize(&s); //初始化栈

    //从键盘输入8个字符，依照输入次序分别进栈
    printf("Intput the elements:  ");
    for ( i=1; i <= 8; i++)
    {   ctemp = getchar();
        push(&s,ctemp);
    }

    //将栈中的结点逐个出栈，并输出到屏幕上
    printf("Elements popped from stack: ");
    while ( !isEmpty(&s) ) {
        ctemp = top(&s);
```

```
        pop(&s);
        putchar(ctemp);
    }
    putchar('\n');

    return 0;
}
```

3.2 栈的应用

3.2.1 括号配对检查

括号配对

要运行 C 语言程序，必须首先将源程序交由编译器进行编译。编译器的任务之一是检查源程序中是否存在语法错误，如果存在错误，必须首先将这些语法错误进行改正，之后再编译并生成目标代码。而语法检查的任务之一就是检查括号是否配对，如括号(、[和{后面必须依次跟随相应的)、] 及 }。由于源程序中的两个括号（如{和}）之间可能相距几百行，目测并不容易，所以必须采用一些有效的手段帮助编译器发现这些错误。

栈是用于解决这个问题的最有效的一种数据结构。当扫描到开括号时（如[)，如果语法正确，后面就要出现和它相匹配的闭括号（如]）。在检查符号是否匹配时，借助栈是最有效的手段，具体算法如下。

（1）首先创建一个空栈。

（2）从源程序中读入符号。

（3）如果读入的符号是开括号，就将其进栈。

（4）如果读入的符号是一个闭括号但栈是空的，出错。

（5）将栈中的符号出栈。

（6）如果出栈的符号和和读入的闭括号不匹配，出错。

（7）继续从文件中读入下一个符号，非空则转向（3)，否则执行（8)。

（8）如果栈非空，报告出错，否则括号配对成功。

步骤（4）中，如果空，则说明少了一个开括号（或是多了一个闭括号）；步骤（8）中，如果栈非空，说明多了开括号；步骤（6）判断了常规的不匹配。如图 3-8 所示，利用栈来分析括号串 ((})。当读入}时，出栈元素不是{，这说明该串中符号不匹配，发生了语法错误。

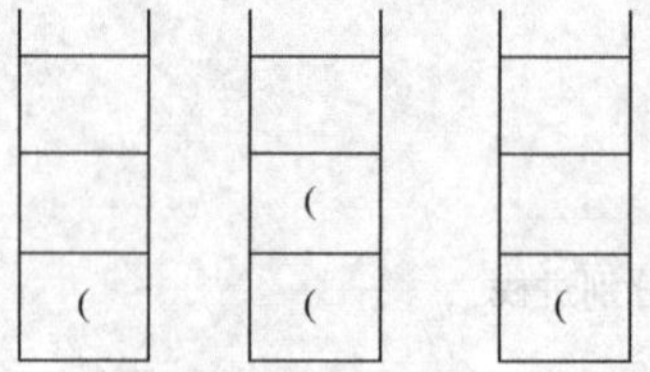

图 3-8　检查符号是否匹配的过程

程序 3-4 展示了一个简单且核心的算术表达式符号匹配检测程序，用它可以检测表达式(3+6)*(5+1))和（3+6）*（(5+1）的符号匹配情况。

程序 3-4：核心且简单的算术表达式符号匹配检测程序。

```
#include <stdio.h>
#include <stdlib.h>
```

```
#include "seqStack.h"

int main()
{    char str[20];
     stack s;   //建立一个字符栈
     char ch;
     int i;

     initialize(&s); //栈初始化
     printf("Input the string: ");
     scanf("%s", str);

     //printf("%s\n",str);
     i=0;
     ch=str[i++];
     while (ch!='\0')
     {    switch(ch)
          {
               case '(':
                         push(&s,ch);
                         break;
               case ')':
                         if (isEmpty(&s))
                         {   //读入一个闭括号，栈空，找不到匹配的开括号
                              printf("An opening bracket '(' is expected!\n");
                         }
                         else
                              pop(&s);
                         break;
          }
          ch=str[i++];
     }
     if (!isEmpty(&s)) //表达式读入结束，发现栈中还有多余的开括号
        printf("A closing bracket ')' is expected!\n");

     return 0;
}
```

3.2.2 表达式计算

1. 表达式转换

表达式计算

在高级编程语言中，算术表达式是最基本的组成元素，它由操作数、运算符及括号构成。为了叙述方便，这里限定运算符为加、减、乘、除、乘方等 5 种，括号仅有小括号。算术表达式中，运算符常常出现在两个操作数之间，这种形式通常称为中缀式。中缀式有利于人的理解，但不便于计算机处理。因此在编译时，编译器会首先把中缀式转换成后缀式，即操作数在前、运算符在后的形式，如中缀式 A+B 转换为后缀式为 AB+。后缀式也称为逆波兰式，此名字源于一位波兰数学家，1951 年该数学家首先使用了这种标记。例如表达式 5*(7-2*3)+8/2 转换为后缀式为 5 7 2 3*-*8 2/+，为了不至于把 5723 看作一个数，这里给每个操作数的下面加了一个下划线以示区别。而在计算机中处理时，一个操作数不管大小，都占一个整数应该占有的字

节数，因此在计算机内处理时不会混淆。后缀式和中缀式在求值时是完全等价的，但后缀式中没有括号。

当一个算术表达式为后缀形式时，编程计算其值就非常简单了，具体做法为：首先声明一个栈，然后依次读入后缀式的操作数和运算符，若读到的是操作数，则将其进栈；若读到的是运算符，则将栈顶的两个操作数出栈，后弹出的操作数为被操作数，先弹出的为操作数；将得到的操作数完成运算符所规定的运算，将结果进栈，然后继续读入操作，直到后缀式中的所有操作数和运算符读入并完成如上操作。以上所有操作完毕后，栈中应该只剩一个操作数，弹出该操作数，它就是表达式的值。表 3-1 给出了后缀式表达式求值的整个过程。以上假定所有操作均为二元操作，请思考如有一元操作该如何处理？

表 3-1　计算后缀式表达式 5 7 2 3*−*8 2/+值的全过程

步骤	读剩的后缀式	栈中内容	步骤	读剩的后缀式	栈中内容
1	5 7 2 3*−*8 2/+		7	*8 2/+	5 1
2	7 2 3*−*8 2/+	5	8	8 2/+	5
3	2 3*−*8 2/+	5 7	9	2/+	5 8
4	3*−*8 2/+	5 7 2	10	/+	5 8 2
5	*−*8 2/+	5 7 2 3	11	+	5 4
6	−*8 2/+	5 7 6	12		9

虽然后缀式具有非常明显的优点，但是在源程序中用的还是中缀式。如何将一个中缀式的表达式转化为后缀式的表达式？下面仍以表达式 5*(7−2*3)+8/2 为例，它的后缀式为 5 7 2 3*−*8 2/+。仔细观察后可知，在这两种形式中，操作数的相对位置是相同的，运算符位置因为优先级不同发生了变化，后缀式中虽然去掉了括号，但运算符出现的位置已经考虑了运算优先级问题，因此次序仍然正确。算术运算优先级为最高是括号，其次是乘法和除法，最后是加法和减法，如果相邻的两个运算符同为加、减、乘、除四种算符之一，它们的优先级相同，虽然在数学中先计算谁都可以，但计算机中每一步都要求无二义性，因此可以遵循先到先计算（即左结合）的原则。例如表达式 2+3−4 中可以认为前面的+优先级高，因此此式和(2+3)−4 的计算过程是一样的。

同理分析表达式 5*(7−2*3)+8/2，由于 2*3 是同一括号内的子表达式(7−2*3) 中级别最高的，因此它必须首先被计算，即将其变为 2 3*。经过这样变换之后，2 3*在地位上就相当于一个操作数，子表达式(7−2*3)中的−运算就可以继续运算了，且该子表达式也只剩下了这种运算了，所以子表达式 (7−2*3)转换成了后缀式 7 2 3*−且去掉了括号。注意，由于子表达式 (7−2*3)转换成后缀式 7 2 3*− 之后，在地位上已相当于一个先计算出的操作数，已体现出了括号的作用。继续取运算符，由于*号的优先级高于+号，所以+等待，*运算进行，即此时的后缀式变成了 5 7 2 3*−*的形式；再把 5 7 2 3*−*看作一个操作数，继续类似的处理过程，最后得到后缀式 5 7 2 3*−*8 2/+。

图 3-9 所示即一个将中缀式 5*(7−2*3)+8/2 变为后缀式 5 7 2 3*−*8 2/+的全过程，栈的下边是读入的运算符、操作数，栈的右边是当前的输出。

2．算法

编译程序处理表达式时，将自左至右顺序读入表达式的各个操作数、运算符。当读入的是操作数时，可以直接输出（如输出到屏幕或输出到某一数组中）；当读入的是操作符时，因为操作符的读入顺序和后缀式中操作符的出现顺序通常并不一致，后面运算符的优先级可能更高，所以操作符要先暂存起来，根据后面读入的情况看其是否可以输出。当后面读入的运算符和在这之前最后读入的运算符相比优先级低时，才可输出已经保存起来的运算符。由于读入一个运算符后总是和在这之前刚刚保存的运算符进行比较，若新读入的运算符优先级低，则将在这之前刚刚保存的运算符输出，完成后缀式的转换；否则将新读入的运算符保存，可以看出，这种结构实际上是一种堆栈。由于在表达式中可能有多重括号，所以严格地讲应为：在同一对括号内，处于栈顶的运算符的优先级最高。对于括号，开括号有着两面性，即将进入栈的开括号优先级最高，已经在栈顶的开括号优先级最低。括号在后缀式中最终是要消失的，这要依赖于闭括号，读入一个闭括号，才能消除已经进栈的开括号。

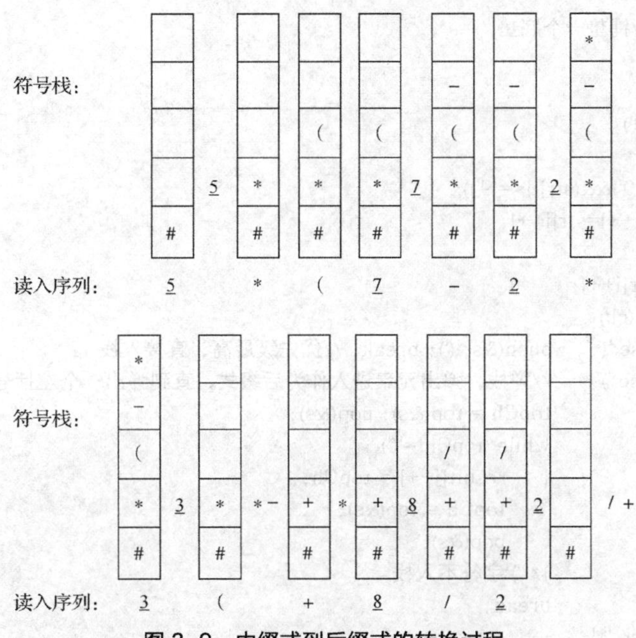

图 3-9　中缀式到后缀式的转换过程

3. 表达式计算

设立一个用于保存运算符的堆栈，自左至右依次读入中缀式的运算符和操作数，然后执行以下操作。

（1）先将一个底垫“#”压栈，设其优先级为最低。

（2）若读入的是操作数，立即输出。

（3）若读入的是闭括号，则将栈中的运算符依次出栈，并将其放在操作数序列之后。出栈操作一直进行到遇到相应的开括号为止，并将开括号出栈。开、闭括号均不放入输出序列。

（4）若读入的是开括号，则进栈。

（5）若读入的是运算符，如果栈顶运算符优先级高，则栈顶运算符出栈；出栈操作一直要进行到栈顶运算符优先级低为止，然后将新读入的运算符进栈保存。

（6）在读入操作结束时，将栈中所有剩余运算符依次出栈，并放在操作数序列之后，直至栈中只剩一个底垫“#”为止。

程序 3-5 至程序 3-7 实现了将一个算术表达式转换为一个后缀式表达式和计算一个后缀表达式的值。为了易于理解，假定输入的算术表达式合法，运算符都是二元的，运算数都是一位的。读者可以试着输入 9-3*2+（7-2）*2 或者 5*(7-2*3)+8/2。需要特别注意的是要保证表达式中参与运算的操作符和任何一步运算结果都限定为一位数字，如果不限定为一位数字，算法需要改变。此任务可作为课后作业进行练习。

程序 3-5：一个算术表达式转换为一个后缀式表达式。

```
char *inToPost(char *str)
{
```

```
    stack s; //用字符栈
    int i,j;
    char ch,topCh;
    char *result;

    result = (char *)malloc(sizeof(char)*80);
    initialize(&s);
    push(&s, '#'); //铺垫一个底垫

    i=0;j=0;
    while (str[i]!='\0')
    {
        if ((str[i]>='0')&&(str[i]<='9'))
            result[j++]=str[i++];
        else
        {   ch = str[i++];
            switch (ch)
            {   case '(':   push(&s,'('); break; //优先级最高，直接入栈
                case ')':   //弹栈，弹出元素进入作为后缀式，直到弹出一个左括号
                            topCh = top(&s); pop(&s);
                            while (topCh!='(')
                            {   result[j++] = topCh;
                                topCh = top(&s);
                                pop(&s);
                            }//')'字符不入栈
                            break;
                case '*':
                case '/':   topCh = top(&s);
                            while ((topCh=='^')||(topCh=='*')||(topCh=='/'))
                            //*、/为左结合，后来者优先级低
                            {
                                pop(&s);
                                result[j++] = topCh;
                                topCh = top(&s);
                            }
                            push(&s,ch);
                            break;
                case '+':
                case '-':   topCh = top(&s);
                            while ((topCh!='(')&&(topCh!='#'))
                            //只有左括号和底垫优先级比+、-低
                            {
                                pop(&s);
                                result[j++] = topCh;
                                topCh = top(&s);
                            }
                            push(&s,ch);
                            break;
            }
        }
    }
```

```
    //将栈中还没有弹出的操作符弹空
    topCh = top(&s);
    while (topCh!='#')
    {    result[j++] = topCh;
         pop(&s);
         topCh = top(&s);
    }

    result[j]='\0'; //后缀字符串加结束符'\0'
    return result;
}
```

程序 3-6：计算一个后缀式表达式的值。

```
int calcPost(char *str)
{
    int op1, op2, op;
    stack s;
    int i;

    initialize(&s);
    i=0;
    while (str[i]!='\0')
    {
        if ((str[i]>='0')&&(str[i]<='9')) //数字进栈
            push(&s, str[i]);
        else
        {
            op2 = top(&s)-'0'; pop(&s); //栈顶数字字符转数字，‘3’转为3
            op1 = top(&s)-'0'; pop(&s);

            switch (str[i])
            {
                case '*': op = op1*op2; break; //如果是运算符'*'，则做*运算
                case '/': op = op1/op2; break;
                case '+': op = op1+op2; break;
                case '-': op = op1-op2; break;
            };
            push(&s, op+'0'); //每一步计算结果进栈
        }
        i++;
    }
    op = top(&s)-'0';
    pop(&s);

    return op;
}
```

程序 3-7：计算表达式的值。

```
#include <stdio.h>
#include <stdlib.h>
#include "seqstack.h"
```

```
char *inToPost(char *str);
int   calcPost(char *str);
int main()
{
      char inStr[80];
      char *postStr;
      int result;

      printf("Input the expression:");
      scanf("%s", inStr);
      postStr = inToPost(inStr); //获得表达式的后缀式
      result = calcPost(postStr); //计算表达式的值

      printf("%s\n", postStr);//在屏幕上输出后缀式
      printf("the result of the expression is: %d\n", result); //输出表达式结果
      free(postStr);
      return 0;
}
```

3.3 队列

队列是另外一种常用的线性结构，到达这种结构的元素越早，离开该结构的时间也越早，所以队列通常称为先进先出(First In First Out，FIFO)队列。在日常生活中，例如，在银行窗口前排队存取款，计算机系统中打印管理器对打印队列的处理等，都采用这种先来先服务的方式。对于这种方式，用户可以将队列想象为一段管道，元素从一端流入，从另一端流出，流入端通常称为队尾，而流出端称为队首，其示意图如图 3-10 所示。

队列

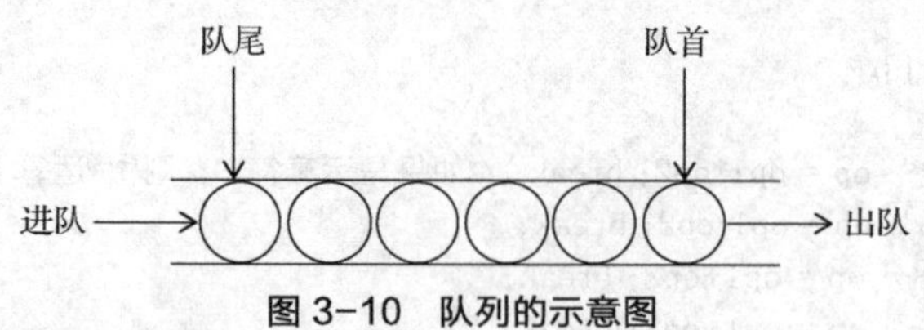

图 3-10 队列的示意图

3.3.1 队列的定义和抽象数据类型

队列可以看作是插入删除位置操作受限的线性表，它的插入和删除分别在表的两端进行。队列的删除操作只能在队首(front)进行，而插入操作只能在队尾（rear）进行，从而保证了队列的先进先出特点。把元素从队首删除的操作称为出队（deQueue），将元素在队尾位置插入的操作称为进队（enQueue）。队列的抽象数据类型如 ADT3-2 所示。除进、出队之外，队列的基本操作还包括判队空 isEmpty、队满 isFull、将队列清空 makeEmpty 以及取队首元素数据值的操作 front 等。这些操作的含义和 ADT 3-1 中的堆栈的相应操作是类似的。

ADT 3-2：队列的抽象数据类型。

Data：{ x_i | $x_i \in$ ElemSet，i=1,2,3,…,n，n > 0} 或 Φ；ElemSet为元素集合。
　　Relation：{<x_i,x_{i+1}>|x_i,$x_{i+1} \in$ElemSet，i=1,2,3,…,n−1}，x_1为队首，x_n为队尾。
　　Operations:

initialize
　　前提：　　无。
　　结果：　　分配相应空间及初始化。
isEmpty
　　前提：　　无。
　　结果：　　队列Queue为空返回1，否则返回0。
isFull
　　前提：　　无。
　　结果：　　队列Queue为满返回1，否则返回0。
front
　　前提：　　队列Queue非空。
　　结果：　　返回相应队首元素的数据值，队首元素不变。
enQueue
　　前提：　　队列Queue非满，已知待进队的数据值。
　　结果：　　将该数据值的元素队进队，使其成为新的队尾元素。
deQueue( )
　　前提：　　队列Queue非空。
　　结果：　　将队首元素出队，该元素不再成为队首元素。
clear
　　前提：　　无。
　　结果：　　删除队列Queue中的所有元素。
destroy
　　前提：　　无。
　　结果：　　释放队列Queue占用的动态空间。

3.3.2 队列的顺序存储及实现

存储队列的最简单的办法是使用数组，即所谓队列的顺序存储，用一组连续的空间存储队列中的元素及元素间关系。如果队列中的元素个数最多为 maxSize，那么存储该队列的数组应有 maxSize 个分量，其下标的范围从 0 到 maxSize-1。另外，可以使用队首指针 Front 和队尾指针 Rear 分别指示队首元素和队尾元素存放的下标地址，用于删除队首元素和指示到何处去排队。在初始化队列时，可使其队尾指针 Rear = 0，表示下标为 0 的数组元素将存放第一个进队的元素。然而这时可否将队首指针 Front 同样设置为 0 呢？这样会不会出现什么矛盾呢？

顺序队列

一般情况下，为了简化操作，通常依据队首指针 Front 和队尾指针 Rear 的关系来判断队空或队满。如果采用惯例，队首指针 Front 给出的是实际队首元素的地址，而队尾指针 Rear 给出的是实际队尾元素的地址。在初始化队列时，如果设 Front=Rear（都为 0），那么当第一个元素进队后，根据上述约定，Front=0，Rear=0，同样有 Front=Rear，如图 3-11 所示，这就意味着 Front=Rear 作为队空的标志是不可行的，那么如何避免这个矛盾呢？解决这个矛盾的办法有 3 个，一个是让 Front 指向真正的队首元素，而 Rear 指向真正存放队尾元素的后一数组单元，这样初始化时，将 Front 和 Rear 都置为 0，由于 Front 和 Rear 相等，意味着队列是空的，第一个元素进队后，队列非空，队首指针 Front 仍为 0，而队尾指针 Rear 为 1；第 2 个是让 Front 指向真正的队首元素的前一数组单元，而 Rear 指向真正的队尾元素，这样初始化时，将 Front 和 Rear 都置为 0，Front 和 Rear 相等同样意味着队列是空的，第一个元素进队后，被放置在下标为 1 的数组单元，队首指针 Front 仍为 0，而队尾指针 Rear 为 1；第 3 个方法是另外设立队空标志。第 1 种和第 2 种处理方式是类似的，这里仅对第 1 种方式加以讨论，第 3 种方式同样是可行的，但为了避免设置标志带来的麻烦，通常不予采用。

参看图 3-12，（a）、（b）分别是初始化及第 1 个元素 A 进队后的情况；（c）是元素 B 进队后的情况，这时真正的队尾元素为 B，队尾指针 Rear 指向队尾元素的后一数组单元，它的值为 2；（d）、（e）分别是队首元素出队后的情况，（e）表示在经过二次出队之后队首指针 Front 和队尾指针 Rear 的值相等，都为 2，意味着队空；（f）表示元素 C 进队后的情况，队尾指针 Rear 指针为 3，已经达到了数组单元下标的最大值。当元素 D 继续要求进队时，出现了一个矛盾。可以将元素 D 放入下标为 3 的最后一个数组元素之内，但根据惯例，队尾指针 Rear 将变为 4，显然是不合理的，因为它不在合理的下标范围之内。解决这个矛盾的方法有两种，第一种是将现有队列向数组左端移动，即将元素 C 放入下标为 0 的数组单元，而将新元素 D 放入下标为 1 的数组单元，最后将队尾指针 Rear 设置为 2，这种方法虽然解决了问题，但是时间代价太大，会引起全部数据的移动，一般不予采用；第二种是从逻辑上认为下标为 0 的单元是下标为 3 的单元的后一单元，即认为存储队列的数组是环形的，这样在元素 D 被放入下标为 3 的数组单元之后，队尾指针 Rear 的值将为 0，而不是为 4，从而解决了矛盾，这种处理方法通常称为"循环技术"，因此，顺序存储的队列通常称为循环队列。图 3-12（g）所示是元素 D 进队后的情况。元素 E 进队后的情况如图 3-12（h）所示。在图 3-12（h）所示的情况之后，如果元素 F 继续进队，会出现什么情况呢？显然，如果允许元素 F 进队，那么根据惯例，队尾指针 Rear 和队首指针 Front 又相等了，这和队空的条件是完全一样的，因此这种情况必须避免。在不增加队满标志的条件下，进队之前可以将队尾指针 Rear"后移一步"（但当队尾指针 Rear 为 3 时，后移一步应为 0，所以不能笼统地称为将指针加 1），之后再看是否和队首指针 Front 相等，如果相等，则认为队列的空间已经用完——队满，无法执行进队操作，要想继续执行进队操作，必须将队列的存储空间增大，这样就以最多牺牲一个单元的代价圆满地解决了队满标志和队空标志矛盾的问题。

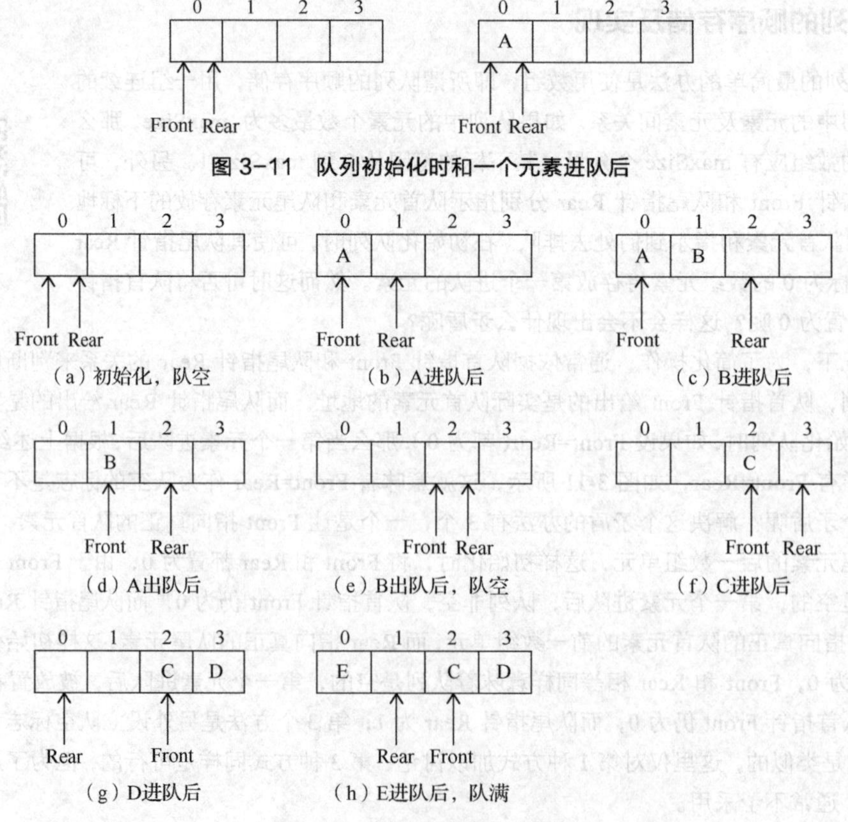

图 3-11 队列初始化时和一个元素进队后

图 3-12 循环队列进出队分析

根据以上分析可以得出，在 Front 为实际的队首元素的下标地址，队尾 Rear 为实际队尾元素的下一数组单元的下标地址的情况下，队空的条件为 Rear = Front，队满的条件为(Rear + 1) % maxSize = Front。注意，队满条件中包括了 Rear 为 maxSize-1 的情况，这时队尾指针 Rear 的值将为 0；如果 Rear 不等于 maxSize-1，那么取模后效果依然是 Rear 只简单加 1。在执行进队操作 enQueue 时，如果发现满足了队满条件，则执行操作 doubleQueue，将创建比当前数组的单元个数多一倍的新的数组作为队列的存储结构，再将原队列中的所有元素复制到新的数组中去，重新设置队首指针 Front、队尾指针 Rear，其实现过程类似于顺序栈的相应过程。操作 increment 完成“后移一位”的功能，如果 Front 或 Rear 指针的当前值为 maxSize-1，后移一位之后其值为 0，完成“循环”功能，否则仅简单加 1 即可。

顺序存储的队列结构 Queue 的实现如程序 3-8 所示。

程序 3-8：顺序存储的队列结构、基本操作函数及其实现。

```
#include <stdio.h>
#include <stdlib.h>

typedef int elemType;

typedef struct
{
    int Front, Rear;
    int maxSize;
    elemType *array;
}Queue;

void initialize(Queue *que, int size); //初始化队列元素的存储空间
int isEmpty(Queue *que); //判断队空否，空返回1，否则为0
int isFull(Queue *que); //判断队满否，满返回1，否则为0
elemType front(Queue *que); //读取队首元素的值，队首不变
void enQueue(Queue *que, elemType x); //将x进队，成为新的队尾
void deQueue(Queue *que); //将队首元素出队
void doubleSize(Queue *que); //扩展队列元素的存储空间为原来的2倍
void clear(Queue *que); //将队列中所有元素清空，成为空的队列
void destroy(Queue *que); //释放队列元素所占据的动态数组

void initialize(Queue *que, int size) //初始化队列元素的存储空间
{
    que->maxSize = size;
    que->array = (elemType *)malloc(sizeof(elemType)*size); //申请实际的队列存储空间
    if (!que->array) exit(1);
    que->Front = que->Rear = 0;
}

int isEmpty(Queue *que)   //判断队空否，空返回1，否则为0
{return que->Front == que->Rear;}

int isFull(Queue *que) //判断队满否，满返回1，否则为0
{return (que->Rear+1)%que->maxSize == que->Front;}

elemType front(Queue *que) //读取队首元素的值，队首不变
{
```

```
    if (isEmpty(que)) exit(1);
    return que->array[que->Front];
}

void enQueue(Queue *que, elemType x)    //将x进队，成为新的队尾
{
    if (isFull(que)) doubleSize(que);
    que->array[que->Rear]=x;
    que->Rear = (que->Rear+1)%que->maxSize;
}

void deQueue(Queue *que) //将队首元素出队
{
    if (isEmpty(que)) exit(1);
    que->Front = (que->Front+1)%que->maxSize;
}

void clear(Queue *que) //将队列中所有元素清空，成为空的队列
{ que->Front = que->Rear = 0;}

void destroy(Queue *que)    //释放队列元素所占据的动态数组
{   free(que->array);}

void doubleSize(Queue *que) //扩展队列元素的存储空间为原来的2倍
{
    elemType * newArray;
    int i,j;

    newArray = (elemType* )malloc(sizeof(elemType)*2*que->maxSize);
    if (!newArray) exit(1);

    for (i=0, j=que->Front; (i<que->maxSize) && j!=que->Rear; i++,j=(j+1)%que->maxSize)
        newArray[i]=que->array[j];

    que->Front = 0;
    que->Rear = j;
    que->maxSize = 2*que->maxSize;
}
```

3.3.3 队列的链式存储及实现

用链表存储队列中的元素的情况如图 3-14 所示，队首指针 Front 指向队首结点，队尾指针 Rear 指向队尾结点，队空的条件为 Front=Rear=NULL；队列中的结点各自占据内存中独立的空间，不需要连续的一大块空间，当计算机系统的存储单元足够多时，可以认为不存在队满的情况。由于进队和出队总是分别在队首和队尾进行，因此不必设置头结点，其操作示意图如图 3-13、图 3-14 所示。程序实现如程序 3-9 所示。

链式队列

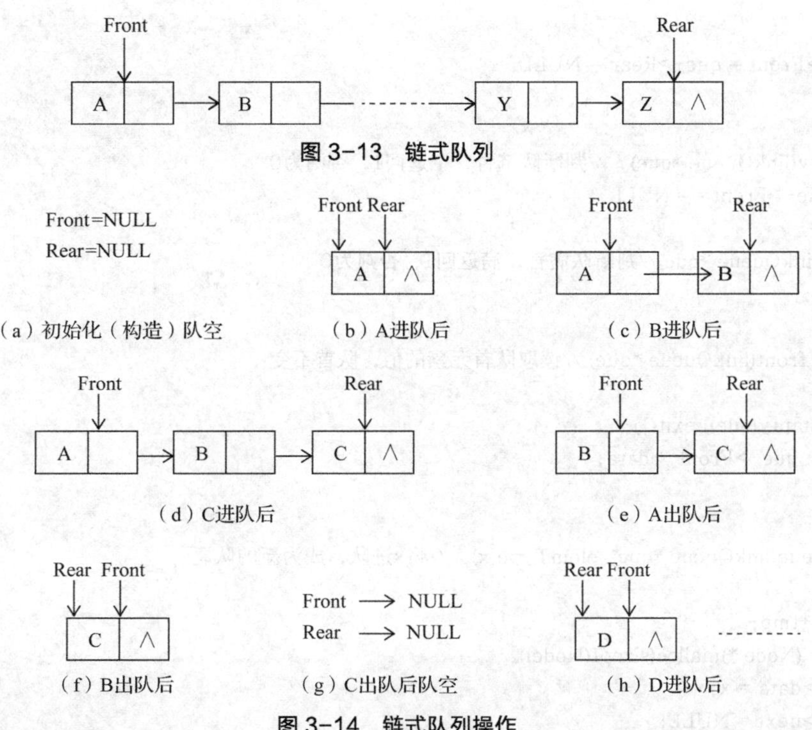

图 3-13 链式队列

图 3-14 链式队列操作

程序 3-9：链式队列的队列结构、基本操作函数及其实现。

```
#include <stdio.h>
#include <stdlib.h>

typedef int elemType;

typedef struct
{
    elemType data;
    struct Node *next;
} Node;

typedef struct
{
    Node *Front,*Rear;
}linkQueue;

void initialize(linkQueue *que); //初始化为一个空队
int isEmpty(linkQueue *que); //判断队空否，空返回1，否则为0
int isFull(linkQueue *que); //判断队满否，满返回1，否则为0
elemType front(linkQueue *que); //读取队首元素的值，队首不变
void enQueue(linkQueue *que, elemType x); //将x进队，成为新的队尾
void deQueue(linkQueue *que); //将队首元素出队
void clear(linkQueue *que); //将队列中所有元素清空，为空的队列
void destroy(linkQueue *que); //释放队列元素所占据的动态空间

void initialize(linkQueue *que) //初始化为一个空队
```

```
{
    que->Front = que->Rear = NULL;
}

int isEmpty(linkQueue *que)   //判断队空否，空返回1，否则为0
{return que->Front == NULL;}

int isFull(linkQueue *que)//判断队满否，满返回1，否则为0
{ return 0;}

elemType front(linkQueue *que) //读取队首元素的值，队首不变
{
    if (isEmpty(que)) exit(1);
    return que->Front->data;
}

void enQueue(linkQueue *que, elemType x)   //将x进队，成为新的队尾
{
    Node *tmp;
    tmp = (Node *)malloc(sizeof(Node));
    tmp->data = x;
    tmp->next = NULL;

    if (isEmpty(que))
        que->Front = que->Rear = tmp;
    else
    {
        que->Rear->next = tmp;
        que->Rear = tmp;
    }
}

void deQueue(linkQueue *que) //将队首元素出队
{
    Node *tmp;
    if (isEmpty(que)) exit(1);

    tmp = que->Front;
    que->Front = que->Front->next;
    free(tmp);
}

void clear(linkQueue *que) //将队列中所有元素清空，成为空的队列
{
    Node *tmp;
    tmp = que->Front;

    while (tmp)
    {
        que->Front = que->Front->next;
```

```
        free(tmp);
        tmp=que->Front;
    }

    que->Front = que->Rear = NULL;
}

void destroy(linkQueue *que)    //释放队列元素所占据的动态空间
{   clear(que);}
```

3.3.4 优先队列

队列是以先进先出的原则处理其元素的线性结构，元素之间的关系是由到达队列的时间决定的。但有时要求进入队列中的元素具有优先级（可用优先数表示元素优先级的高低，比如优先数越小优先级越高），队列中元素优先级越高，出队越早，优先级越低则出队越晚，优先级相同者按先进先出的原则处理。元素之间的关系是由元素的优先级决定的，这种队列称为优先队列。优先级最高的元素是首元素；优先级最低的元素是尾元素。现实生活中，个人手头事务的处理通常采取这样的策略，操作系统中进程的调度、管理也是采用优先队列进行控制的。

优先队列

优先队列有多种实现方式，其中，采用顺序存储结构实现是最常用的一种，称为顺序优先队列；其次也可以采用链式结构。另外还有采用有序表或最小化堆来实现优先队列的情况。本节主要讨论顺序优先队列，对采用链式存储的优先队列稍加介绍，为便于理解，忽略队列中元素有相同优先级的情况，假设每个元素的优先级都不一样（图 3-15）。

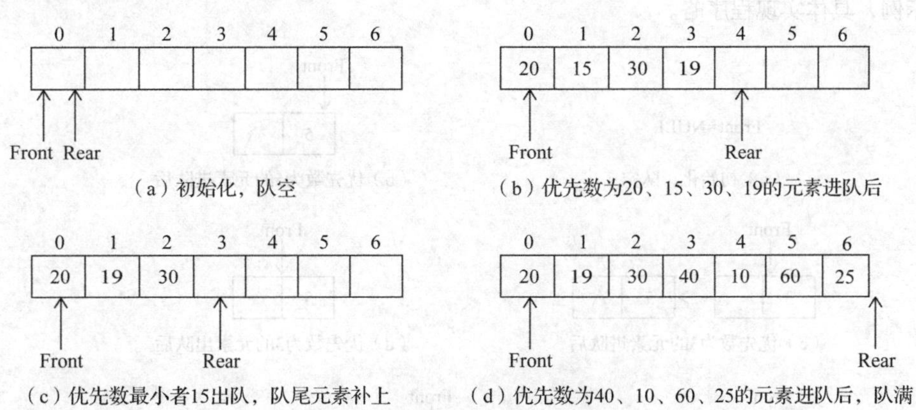

图 3-15 顺序优先队列进出队情况

优先队列中，元素进队仍然插入到队尾；元素出队时，是将队列中优先级最高的元素出队。顺序优先队列中用数组存放这些元素，进队时，按照下标由小到大的顺序存放元素；出队时，从所有元素中找到优先级最高的元素删除。为了避免整个队列的后移，造成空间的浪费，当有元素出队时将队列中最后一个元素移到出队元素所在的存储位置，这样队列始终从 0 下标开始到某个下标终止，中间不会出现空隙。又因为队列元素始终从 0 下标开始，所以不需要使用循环。设 Front 为实际的队首元素下标，队尾 Rear 为实际队尾元素的后一单元的数组元素的下标，队空的条件为 Rear = Front，队满的条件为 Rear = maxSize。

下面进行算法分析。

1. 顺序优先队列的出队、进队操作

假设队列中有 *n* 个元素，队首下标不变，队尾下标为 $k(k>=0$ 且 $k<n)$，新进队的元素直接放到下标为 *k* 的数组单元中，时间复杂度为 $O(1)$。出队时需要先在该数组中找到优先级最高的元素，删除该元素，将尾元素移动到出队元素所在的数组单元，因此出队操作的时间复杂度为 $O(n)$。

顺序优先队列进队和出队示例如图 3-15 所示，其中 maxSize =7，初始时 Front=Rear=0。

顺序优先队列也可以采取另外一种策略：元素按照优先数由小到大排列，当元素进队时需要找到合适的插入位置，移动后面的元素，将新进元素插入，时间复杂度为 $O(n)$；当元素出队时只需删除队首元素，为了避免后面元素的移动，可以采用顺序循环队列，时间复杂度为 $O(1)$。

2. 链式优先队列

如果用单链表实现优先队列，单链表中的结点按照元素优先级别递减（即优先数增大）的次序排成一个有序链表，假设采用没有头结点的单链表表示优先队列，那么因为元素优先级最高的结点就是首结点，所以结点出队即删除首结点，当然进队时会因为新元素可能在也可能不在队首而使得具体操作有所不同。

分析进队操作，进队结点首先要查找插入位置，比较从首结点开始，逐个进行，当找到第一个结点的优先数大于新结点的优先数时，将新结点插入该结点前面；如果队首结点的优先数就大于新结点的优先数，则新结点直接插入在队首结点之前，并成为新的队首结点。由于插入涉及逐个查找，进队的时间复杂度为 $O(n)$。

出队操作，由于队首为优先级最高的结点，因此出队即直接删除队首结点，而队首指针 head 已知，因此时间复杂度为 $O(1)$。

从上面的分析还可以看出，因为出队是删除队首结点，进队是从队首结点开始沿着 next 指针向后逐个比较结点中元素的优先数，所以单链表表示优先队列时可以省掉队尾指针。图 3-16 所示是链式优先队列的一个示例，具体实现程序略。

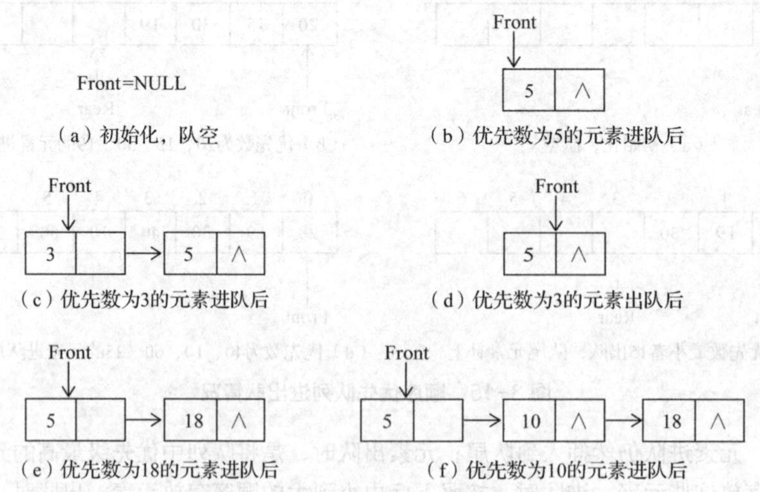

图 3-16 链式优先队列的进队出队

3.4 小结

栈只是在线性表操作基础上限制了插入删除的位置，使得插入删除操作只能在表的同一端进行，可以看作是一种操作受限的线性表。在计算机系统中，栈是一种非常重要的数据结构，除了 3.2 节介绍的符号匹配、表达式计算，系统在函数调用、递归中也都是以栈结构为基础的。栈有着非常独特的一组常见操作，包括进栈、出栈、求栈顶元素、判栈空等。在物理实现上虽然可以有顺序和链式两种存储方式，但鉴于其常见操作都在一端进行，因此顺序存储是栈最常使用的存储结构。

队列可看作是限制了插入删除操作位置的另外一种线性表，元素的插入删除分别在表的两个端点进行。除了日常生活中很多实际队列采用这种处理方式，计算机操作系统中许多对象的管理也都采用队列的机制，如打印队列、进程队列等，因此队列也是一种重要的数据结构。队列的常见操作包括进队、出队、求队首元素、判空、判满等。队列的顺序循环存储和链式存储的时间复杂度都是 $O(1)$，因为链式存储每个结点需要额外的空间开销，所以顺序循环队列是最常用的存储结构。

3.5 习题

1. 写出算术表达式((3+5)*2^3+8−7)/5 的逆波兰式。

2. 如果一个字母序列的入栈顺序为 abcd，且假设在进栈的过程中，任何时候只要栈内有字母都可以选择出栈，则以下序列哪些不可能是出栈序列？为什么？

（1）dcba　（2）badc　（3）dbca　（4）cabd　（5）bacd　（6）abcd

3. 利用顺序存储结构设计并实现一个共享栈，该共享栈为两个栈共享一段连续的存储空间。

4. 写出求 n!的非递归和递归算法。要求:

（1）非递归算法中设计一个栈，不断压入整数 n，n−1，…，1，当遇到 0 时，不断弹出并得到最终结果。

（2）从中体会递归算法中内部栈的原理。

5. 编程实现顺序存储和链式存储结构的优先队列。

6. 一个算术表达式中可能含有各类括号，如小括号( )、方括号[]、大括号{}，试写出算法判断该表达式中括号是否匹配。

*7. 在一个栈中，输入序列为 1，2，3，4，…，n，输出序列为 p1，p2，p3，p4，…，pn。试证明在输出序列中不可能出现当 $i<j<k$ 时，有 $pk<pi<pj$ 的情况存在。

**8. 背包问题。有 n 个物件（重量分别为 g1，g2，…，gn）及一个书包（能容物体的总重量为 g），请分别设计递归和非递归算法判断是否能从这 n 个物件中选取若干个装满一个书包。

Chapter 04

第4章

树及二叉树

■ 在一个元素集合中，如果每个元素都有唯一的前驱，但可以有多个后继，这样的结构就叫树结构。树结构是一种非线性的结构，在现实生活中很常见，如单位组织机构、家族的家谱、编译中的语法树、文件管理中的目录树、人工智能中的决策树等。

4.1 树的定义、术语和结构

树是有限个(n>0)元素组成的集合，在这个集合中，有一个结点称为根，如果有其他的结点，这些结点又被分为若干个互不相交的非空子集，每个子集又是一棵树，称为根的子树，每个子树都有自己的根，子树的根为根结点的孩子结点。

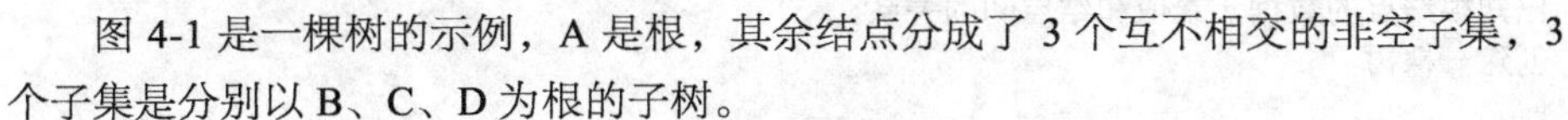

图 4-1 是一棵树的示例，A 是根，其余结点分成了 3 个互不相交的非空子集，3 个子集是分别以 B、C、D 为根的子树。

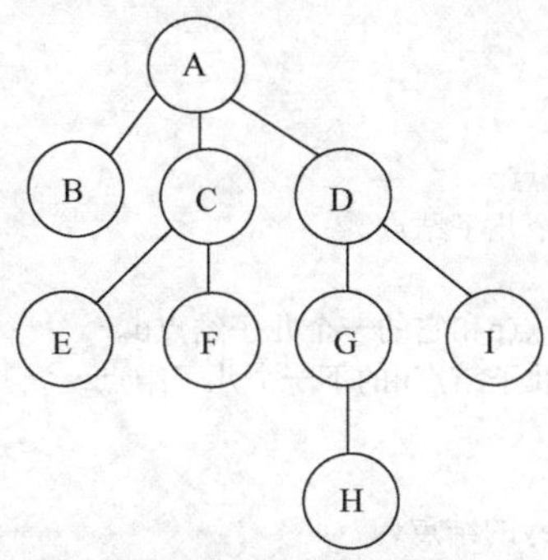

图 4-1　一棵树

一个结点的子树的根称为该结点的孩子结点或儿子结点，反之，相对于孩子结点，该结点称为父结点。父结点的父结点称祖父结点，从根到树中某个结点的路径上经过的所有结点，包括根结点，都称为这个结点的祖先结点。相对于其祖先结点，这些结点称为子孙结点。同一个父结点的结点互为兄弟结点，同一个祖父结点但不同父结点的结点互称为堂兄弟结点。在图 4-1 中，A 为 B、C、D 的父结点；B、C、D 为 A 的孩子结点；除了 A 自身，树中所有其余结点都称为 A 的子孙结点；G、I、H 是 D 的子孙结点；对结点 G 来说，D 是它的父结点，A 是它的祖父结点，而 A 和 D 都是 G 的祖先结点；E、F 互为兄弟结点；F 和 G 互为堂兄弟结点。

树结构中每个结点拥有的孩子结点的个数称为该结点的度，度为 0 的结点称叶子结点或终端结点，度不为 0 的结点称非叶子结点或中间结点或非终端结点。树的度是树中每个结点的度的最大值。在图 4-1 中，A 的度为 3，G 的度为 1，树的度为 3，A、G 是中间结点，H 是叶子结点。

根的层次数通常规定为 1，其余结点的层次数是其父结点的层次数加 1。树中所有结点的层次数的最大值就是树的高度（注意：在有些教科书中，定义树高为结点的最大层次数减 1）。在图 4-1 中，A 的层次数为 1；F、I 的层次数为 3；H 的层次数为 4；树的高度为 4。

对树中的任意一个结点，如果其孩子结点都被规定了一定的顺序，如谁是第一个孩子、谁是第二个孩子等，这棵树就称有序树。在表示有序树的图中，孩子结点的顺序沿用左边大、右边小的原则，为原本平等的兄弟关系设置了哥、弟之分。如果结点的孩子没有规定顺序，称为无序树。在图 4-1 中，如果这是一棵有序树，D 有两个孩子，其中 G 就是 D 的第一个孩子，I 就是 D 的第二个孩子。

在树中，父结点可以看作是孩子结点的前驱、孩子结点可以看作是父结点的后继，前驱是唯一的，后继可以不唯一。

有限棵互不相交的树(n≥0)构成的集合称为森林（Forest）。森林在形式上和树有很大的关系：如果删除一棵树的根结点，就得到了该树的所有子树构成的森林。反之，如果将构成森林的各棵树之上增加一个根结点，使得这些树的根结点都作为新增根结点的孩子结点，那么就得到了一棵树。因此，在数据结构的研究中，通常会把重点放在对树的研究上，树的许多性质和算法思路都可以很方便地推广到森林。

ADT4-1 给出了树结构的抽象数据类型描述。

ADT 4-1：树的 ADT。

数据及关系：

有限(n>0)个相同类型的元素组成的集合，其中一个元素称为根，如果还有其他元素，则这些元素被分为若干个互不相交的非空子集，每个子集又是一棵子树，每棵子树又有自己的根。

操作：

Constructor：
前提：已知根结点的数据元素值和结点间的关系。
结果：创建一棵树。

Getroot：
前提：已知一棵树。
结果：得到树的根结点。

FirstChild：
前提：已知树中的某一结点p。
结果：得到结点p的第一个儿子结点。

NextChild：
前提：已知树中的某一结点p和它的一个儿子结点u。
结果：得到结点p的挨着儿子结点u的下一个儿子结点v。

Retrieve：
前提：已知某一关键字key。
结果：检索具有关键字key的结点v。

InsertChild：
前提：已知某结点p及新结点的数据值value。
结果：根据value值创建一个新结点q，并将其插入作为结点p的儿子结点。

DeleteChild：
前提：已知某结点p及它的儿子结点的序号k。
结果：删除结点p的第k个儿子结点。

IsEmpty：
结果：若树未创建，返回True，否则返回False。

分析完树的逻辑结构，应该来分析其物理结构了，即树在内存中如何存储，首先考虑树是否能用顺序结构存储，顺序结构中元素的值的存储很容易，但元素间的层次关系如何用顺序结构来存储呢？一个想法是在存储元素的分量中附加表明其父子关系的信息，每个结点除了存储元素的值，还附加了表明其父子关系的信息，但显然树中每个结点的孩子个数都不一样，不同结点要表达的父子关系数量不同。如图 4-2 所示，结点结构中设置几个字段来保存孩子结点的地址信息呢？这样的字段预留多了浪费空间，预留少了将来结点无法增加子结点。如果采用链式结构，因每个结点的地址不连续，要通过设置附加的字段来指明父子关系，所以也存在着结点中孩子结点指针个数不好预估的问题。没有合适的物理存储的基础，树的基本操作就无从谈起。通过后面的学习，我们会意识到，以二叉树为工具，便可很容易地解决树的存储和以存储为基础的其他问题。

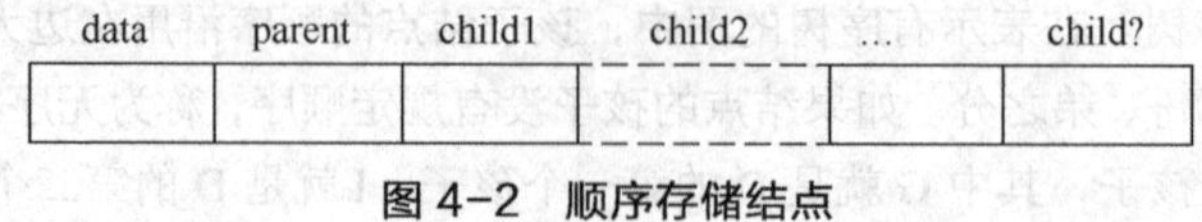

图 4-2　顺序存储结点

4.2　二叉树

二叉树及性质

4.2.1　二叉树的定义

二叉树是有限个（$n \geq 0$）结点的集合。它或者为空，或者有一个结点作为根结点，其余结点分成左右两个互不相交的子集作为根结点的左右子树，每个子树又都是一棵二叉树。

从形式上看，二叉树是每个结点最多有两个孩子结点的树，是一棵特殊的树。但事实上，二叉树和树是两种完全不同的结构，二叉树不是一棵特殊的树。树是生活中实际存在的结构类型，而二叉树更多地是作为一种解决问题的辅助工具。二叉树中结点个数可以为 0，即允许一棵空二叉树存在，而树中结点个数不能为 0，必须至少是 1。二叉树中左右孩子结点要明确指出是左还是右，即便只有一个孩子结点，也要指明它是左孩子结点还是右孩子结点。有序树中的孩子结点只是进行了排序，没有左右之分，当某个结点只有一个孩子结点时，只能说明它是大孩子结点，不需要确定其是左是右。

图 4-3 给出了二叉树的各种形态。其中（a）表示一棵空二叉树；（b）表示一棵只有一个结点的二叉树，这个结点就是根；（c）表示一棵根只有左子树的二叉树；（d）表示一棵根只有右子树的二叉树；（e）表示一棵根既有左子树又有右子树的二叉树。

图 4-4（a）、（b）表示了有两个结点的二叉树，图 4-4（c）表示了有两个结点的树。对二叉树而言，即便只有唯一的孩子结点，也要有左右孩子结点之分，故（a）、（b）代表了不同的两棵二叉树。对树而言，孩子结点没有左右之分，有序树中孩子结点也只有一个老大、老二等的顺序，图（c）就是一棵树的图形。图（a）、（b）也可以作为树来看待，但作为树，这两种形态与图（c）表示同一棵树。

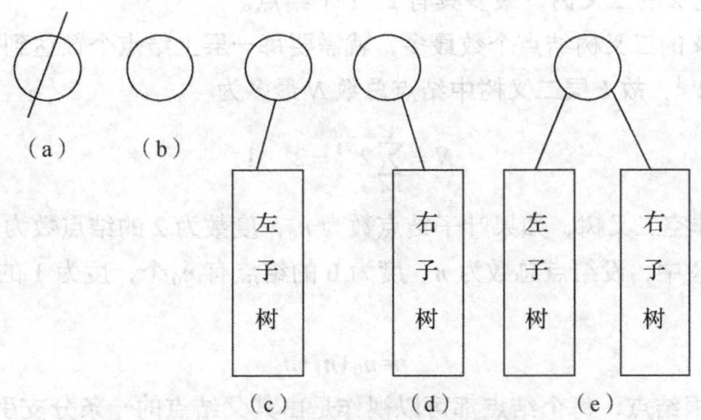

图 4-3　二叉树的五种基本形态

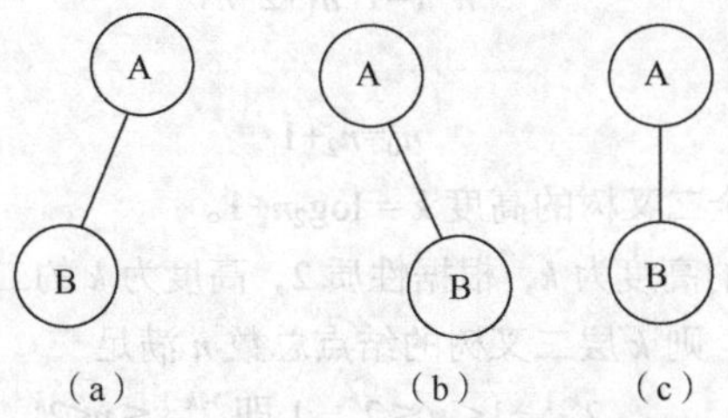

图 4-4　有两个结点的二叉树和树的示例

如果一个二叉树中的每一层结点数量都达到了最大值，则该二叉树称为满二叉树或丰满树。如果一个二叉树有 k 层，其中 k-1 层都是满的，第 k 层可能缺少一些结点，但缺少的结点是自右向左的，则这样的二叉树称为完全二叉树。满二叉树和完全二叉树的示例如图 4-5 所示。对于相同高度的二叉树，在满二叉树情况下结点总数最多。

一个满二叉树也是一个完全二叉树，但一个完全二叉树不一定是一个满二叉树。满二叉树中的叶子结点都分布在最后一层，完全二叉树的叶子可能分布在倒数两层上。

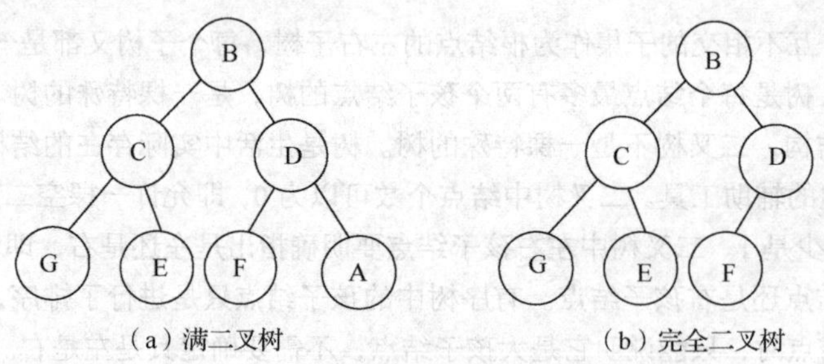

图 4-5　满二叉树和完全二叉树示例

4.2.2　二叉树的性质

性质 1　一棵非空二叉树的第 i 层上最多有 2^{i-1} 个结点（$i≥1$）。

证明：用数学归纳法来证明。显然当 $i=1$ 时，二叉树在这一层要么为空，要么只有一个根结点，即结点数最多为 $2^{i-1}=2^0=1$，命题成立。现在假设 $i=k$ 时命题成立，那么第 $k+1$ 层只需要让第 k 层的 2^{k-1} 个结点各生两个孩子结点，结点数就能达到最大为 $2*2^{k-1}=2^{k+1-1}$ 个。故命题成立。

性质 2　一棵高度为 k 的二叉树，最多具有 2^k-1 个结点。

证明：要使高度为 k 的二叉树结点个数最多，就需要每一层上结点个数达到最多。根据性质 1 可知，第 i 层的结点数最多为 2^{i-1}，故 k 层二叉树中结点总数 N 最多为

$$N=\sum_{i=1}^{k}2^{i-1}=2^k-1$$

性质 3　对于一棵非空二叉树，如果叶子结点数为 n_0，度数为 2 的结点数为 n_2，则有 $n_0=n_2+1$。

证明：在一棵二叉树中，设结点总数为 n、度为 0 的结点有 n_0 个，度为 1 的结点为 n_1 个，度为 2 的结点为 n_2 个，则有

$$n=n_0+n_1+n_2 \tag{4-1}$$

又因二叉树中除了根结点，每个结点都可以视作是由其父结点的一条分支引出的，所以二叉树中共有 $n-1$ 条分支，这些分支又是由度为 1 和度为 2 的结点发出的，所以有

$$n-1=1*n_1+2*n_2 \tag{4-2}$$

结合式（4-1）、（4-2）可得

$$n_0=n_2+1 \tag{4-3}$$

性质 4　具有 n 个结点的完全二叉树的高度 $k=\log_2 n+1$。

证明：假设一棵完全二叉树的高度为 k，根据性质 2，高度为 k 的二叉树最多有 2^k-1 个结点，而高度为 $k-1$ 的二叉树有 $2^{k-1}-1$ 个结点，则 k 层二叉树的结点总数 n 满足

$$2^{k-1}-1< n≤2^k-1 \text{ 即 } 2^{k-1}≤n<2^k \tag{4-4}$$

对式（4-4）取对数，得 $k-1≤\log_2 n<k$

又因 k 是整数，故得 $k=\log_2 n+1$。

性质 5　如果对一棵有 n 个结点的完全二叉树中的所有结点按层次自上而下每一层自左而右依次对其编号，若设根结点的编号为 1，则对编号为 i 的结点（$1≤i≤n$），有

（1）如果 $i=1$，则该结点是二叉树的根结点；如果 $i>1$，则其父结点的编号为 $i/2$。

（2）如果 $2i>n$，则编号为 i 的结点无左孩子结点；否则，其左孩子结点的编号为 $2i$。

（3）如果 $2i+1>n$，则编号为 i 的结点无右孩子结点；否则，其右孩子结点的编号为 $2i+1$。

证明：利用数学归纳法证明。

当编号 $i=1$ 即根结点时，根的左孩子结点编号为 2，右孩子结点编号为 3，结论显然成立。

假设编号 $i=k$ 时，其左孩子结点存在且编号为 $2k$，右孩子结点存在且编号为 $2k+1$，则编号为 $k+1$ 的结点就一定存在。如果编号为 $k+1$ 的结点有左孩子结点，左孩子结点一定紧挨着编号为 k 的结点的右孩子结点，因此下标为 $2k+1+1=2(k+1)$；如果编号为 $k+1$ 的结点又有右孩子结点，则其编号为其左孩子结点编号加 1，为 $2(k+1)+1$。在完全二叉树中，n 个结点是从 1 开始连续编号的，即结点的编号最大为 n，因此说某个结点存在，就必有编号不大于 n，如果算出某结点编号大于 n,就说明该结点不存在。

结合以上讨论，根据数学归纳法，性质 5 中（2）、（3）成立。

根据结论（2），如果一个结点是某个结点 j 的左孩子结点，则其编号有 $2j$ 和 j 的关系；根据结论（3），如果一个结点是某个结点 j 的右孩子结点，则其编号有 $2j+1$ 和 j 的关系，故如果一个非根结点的编号是 i，其父结点的编号就是 $i/2$。

根据性质 5，对图 4-6 中的一个完全二叉树示例进行编号，有助于读者体验其中父子编号间的关系。

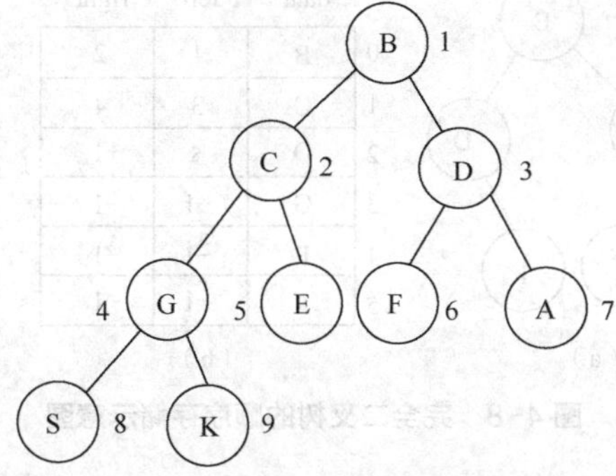

图 4-6 完全二叉树的编号示例

4.2.3 二叉树的存储和实现

1. 顺序存储

顺序存储方式用一组连续的空间（即数组）来存储二叉树中的结点，每个结点除了包括元素值，还包括表达二叉树父子关系的字段。这里设置 3 个字段，分别为 data、left、right，其中 left、right 为其左右孩子结点在数组中的下标，当没有孩子结点时，left、right 可以设置为-1。结点在存储时，可以随意地按照任何顺序将它们存储在数组中，元素之间的关系全靠字段 left 和 right 来维系。图 4-7 所示是用顺序结构存储一棵一般二叉树的示例，其中，下标为 3 的数组分量中存储了结点 D，其左孩子结点为 5（即结点 F），右孩子结点为 6（即结点 G）；下标为 4 的数组分量中存储了结点 E，其 left、right 字段都为-1，表明 E 是一个叶子。

二叉树的存储

	data	left	right
0	A	1	−1
1	B	2	3
2	C	−1	4
3	D	5	6
4	E	−1	−1
5	F	−1	−1
6	G	−1	−1

图 4-7 一般二叉树的顺序存储示例

在这样的结构中，一些属性类的基本操作很容易实现。如要找到二叉树的根结点，就看哪个数组分量的下标没有出现在任何结点的 left、right 字段中即可；要找到二叉树的叶子结点，只要寻 left、right 都为-1 的结点即可；二叉树的高度可以通过计算所有叶子结点的层次数并取其中的最大值来获得。

如果是一棵完全二叉树，用顺序结构存储可以更加简单：先对结点按照二叉树层次自上而下、自左向右进行编号，编号从 0 开始逐步加 1；然后将结点存储在数组中和其编号相同的下标分量中，具体示例如图 4-8 所示。观察图 4-8（b）可以发现一个下标为 i 的结点，如果 $2*i+1\leqslant n$，则其左孩子结点字段 left=$2*i+1$，如果 $2*i+2\leqslant n$，则其右孩子结点字段 right=$2*i+2$。如果 i 为 0，其为根结点，否则其父结点编号为$(i-1)/2$。因此图 4-8（b）可以省掉 left、right 这两个字段，简化为图 4-8（c），节省了大量空间。

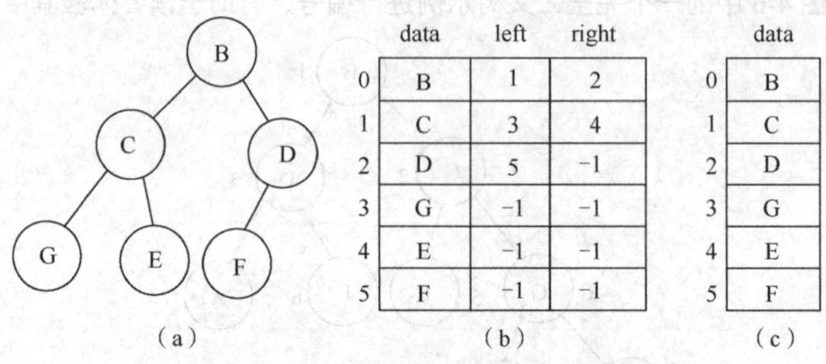

图 4-8 完全二叉树的顺序存储示意图

用于完全二叉树的这种简单的顺序存储方式并不适用于一般二叉树，原因在于如果按照自上而下、自左而右的方式对二叉树中的结点编号，这个编号间并不能反映出父子关系。但是如果它接近于一棵完全二叉树，可以虚构缺少的结点，在数组中为虚构的结点留出空间，使按照结点编号依然能计算出父子关系。如图 4-9 所示，按照二叉树标准，在最后一层 G 和 F 之间缺少了一个元素，存储时依然为这个缺少的结点留出位置，这样就能和完全二叉树一样用简单形式存储。

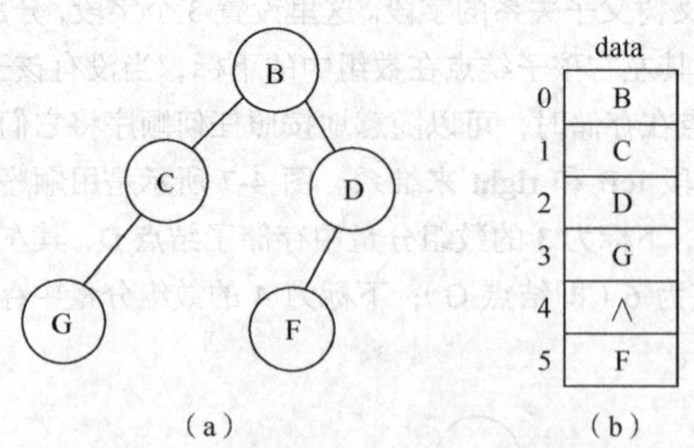

图 4-9 为缺少结点留位的二叉树存储

顺序存储方式的好处是数组访问简单，不利之处是它需要事先预估出数据的最大规模。

2. 链式存储

二叉树的链式存储有两种形式，一种是标准形式，一种是广义标准形式。

（1）标准形式

标准形式中，链表中的每个结点设有两个指针字段，分别指向其两个不同的后继，即左右孩子结点，因此也称二叉链表。标准形式的结点结构如图 4-10 所示，其中 data 字段存储结点的值，left 字段存储结点的左孩子结点地址，right 字段存储结点的右孩子结点地址。图 4-11 中给出了一个二叉树结点的标准存储形式示意图，从图中可以看出，用标准形式即二叉链表来存储一棵二叉树非常直观，它是一种最常用的表示方法。

left	data	right

图 4-10　标准形式结点结构

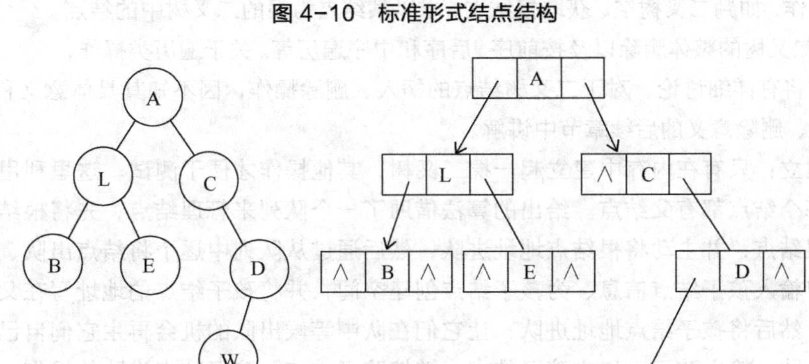

图 4-11　一棵二叉树的标准形式存储示意图

（2）广义标准形式

广义标准形式是在标准形式的基础上，在结点结构中再多加一个父结点地址字段，用以存储结点的父结点地址信息。广义标准形式的结点结构如图 4-12 所示，其中 parent 为指向父结点的指针。

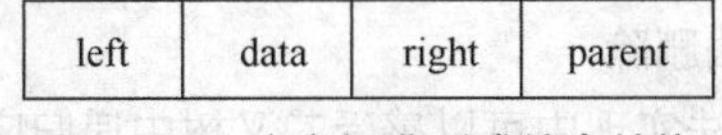

图 4-12　广义标准形式结点结构

图 4-13 给出了一个二叉树的广义标准形式存储示意图。

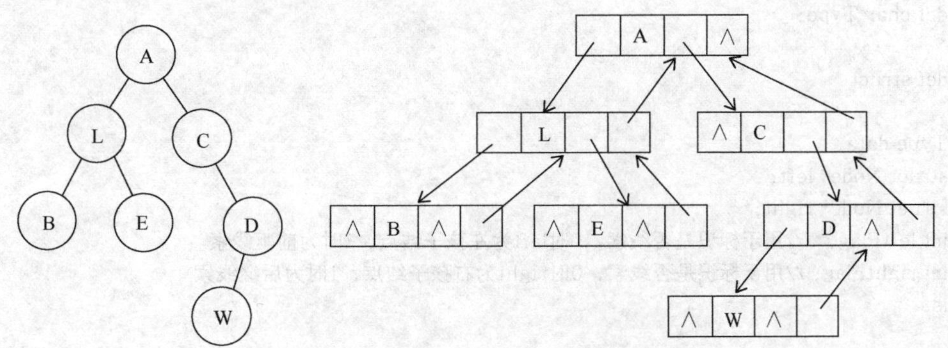

图 4-13　二叉树的广义标准形式存储示意图

在这种形式存储的二叉树中，当知道某个结点时，找其父结点信息非常直接且方便。用标准形式存储时，即使知道了某个结点，也不能直接找到其父结点，而是需要再次逐个访问二叉树中的每个结点，访问中看哪个结点的孩子结点是给定的某个结点，这个结点才是要找的父结点。可以看出，在这点上，标准形式比用广义标准形式存储要麻烦些。好在找父结点的频率并不高，所以标准形式才是二叉树最常用的一种存储结构。

以下如无特殊说明，都假定是用标准形式存储二叉树。对于二叉链表，如同一个单链表一样，对它只需要用一个指针记住根结点的地址就可以了，利用这个指针就能访问到二叉树中的所有结点。

3. 二叉树的程序实现

二叉树的操作

程序 4-1 中给出了结点结构 Node 的具体定义、二叉树 BTree 的结构定义、二叉树的基本操作函数声明和具体实现。基本操作中，在内存中创建了一棵二叉树，进行了一些属性类操作，如判二叉树空、获取根结点，求以某结点为根的二叉树中的结点个数和高度，对二叉树的整体删除以及按前序、后序和中序遍历等。关于遍历类操作，在下一节内容中将有详细讨论。对于二叉树结点的插入、删除操作，因不知其具体意义和要求，所以将放到有实际插入、删除意义的后续章节中讲解。

二叉树的建立：只有在内存中建立起一棵二叉树，其他操作才便于测试。这里利用了一个概念，就是除了根，每个结点都有父结点。给出的算法借助了一个队列来管理结点，先将根结点的值读入，在内存中创建根结点，并主动将根结点地址进队，然后通过从队列中逐个将结点出队、按照出队结点的信息提醒用户输入孩子结点信息、为孩子结点创建空间，并将孩子结点的地址写在父结点的左右孩子结点字段上，然后将孩子结点地址进队，让它们在队中等候出队的机会再生它们自己的孩子。反复循环进行以上出队、输入孩子、建立孩子结点、链接孩子结点、孩子结点进队的操作，当整个队列为空时，循环结束，此时在内存中就建好了二叉树对应的二叉链表，一个二叉树也就在内存中以二叉链表的形式存储好了。

这里涉及了求属性的两个操作——函数 Size 和 Height。Size 操作，如果二叉树为空，返回 0，否则就返回根的个数 1 加上根的左、右子树中的结点个数；Height 操作，如果二叉树为空，返回 0，否则就返回根的高度 1 加上根的左、右子树高度中的最大值。

删除一棵二叉树：必须先删除它的左、右子树，才能删除这棵二叉树的根结点，如果先删除根结点，左右子树信息就找不到了，导致无法删除。

从 Size、Height、DelTree 的算法实现中可以感受二叉树中递归应用的普遍性，一般来说，只要能用递归来定义该操作，就能写出递归的算法。这样的算法逻辑非常简单明了，不容易出错。

程序 4-1：二叉树的结构定义及基本操作。

```
typedef char Type;

typedef struct
{
    Type data;
    struct Node* left;
    struct Node* right;
    int leftFlag;   //用于标识是否线索，0时left为左孩子结点，1时为前驱线索
    int rightFlag;  //用于标识是否线索，0时right为右孩子结点，1时为后继线索
}Node;

typedef struct
{
    struct Node* root;
    Type stopFlag;
}BTree;

typedef struct Node* elemType;

typedef struct
{
```

```
    int Front, Rear; //队列的首尾下标
    int maxSize;
    elemType *array;
}Queue;

typedef struct
{   elemType *array;        //栈存储数组，存放实际的数据元素
    int Top;                //栈顶下标
    int maxSize;            //栈中最多能存放的元素个数
} stack;

void createTree(BTree *tree, Type flag);//创建一棵二叉树
int Size (Node *T); //以T为根的二叉树的结点个数
int Height (Node *T ); //以T为根的二叉树的高度
int IsEmpty (BTree *tree) { return (tree->root == NULL);}
// 二叉树为空返回非0，否则为0
struct Node * GetRoot(BTree *tree){ return  tree->root; }
void  MakeEmpty (BTree *tree);
// { DelTree( tree->root);  tree->root == NULL; }  // 使二叉树为空
void PrintPreOrder(Node *T);
// 按前序打印以T为根的二叉树的结点的数据值
void PrintInOrder(Node *T);
// 按中序打印以T为根的二叉树的结点的数据值
void PrintPostOrder(Node *T);
// 按后序打印以T为根的二叉树的结点的数据值
void LevelOrder(Node *T);
// 按层次遍历打印以T为根的二叉树的结点的数据值
//void DelTree(Node *T);//删除以T为根的二叉树
void DelTree(BTree *tree);
//删除二叉树tree，并释放所有相关结点

void createTree(BTree *tree, Type flag)//创建一棵二叉树
{
    Type e, el, er;
    Type x;
    Queue que;
    Node *p, *pl, *pr;

    initialize(&que, 30);
    tree->stopFlag = flag;

    printf("Please input the root: ");
    scanf("%c", &e);
    if (e==flag) { tree->root = NULL; return;}

    scanf("%c", &x);//去除输入中的回车符
    p = (Node *)malloc(sizeof(Node));
    p->data = e;
    p->left = NULL;
    p->right = NULL;
```

```
    p->leftFlag = 0;
    p->rightFlag = 0;
    tree->root = p;          //根结点为该新创建的结点

    enQueue(&que, p);
    while (!isEmpty(&que))
    {
        p = front(&que);     //获得队首元素并出队
        deQueue(&que);

        //printf("%c %c\n", p->data, flag);
        printf("Please input the left child and the right of %c respectly,using %c as no child:",
              p->data, flag);
        scanf("%c %c", &el, &er);
        scanf("%c", &x);     //去除输入中的回车符

        if (el!=flag)        //该结点有左孩子
        {
            pl = (Node *)malloc(sizeof(Node));
            pl->data = el;
            pl->left = NULL; pl->right = NULL;
            pl->leftFlag = 0; pl->rightFlag = 0;
            p->left = pl;
            enQueue(&que, pl);
        }

        if (er!=flag)        //该结点有右孩子
        {
            pr = (Node *)malloc(sizeof(Node));
            pr->data = er;
            pr->left = NULL; pr->right = NULL;
            pr->leftFlag = 0; pr->rightFlag = 0;
            p->right = pr;
            enQueue(&que, pr);
        }
    }
}

int Size (Node *T)      //以T为根二叉树结点个数
{
    if (!T) return 0;
    return 1+Size(T->left)+Size(T->right);
}

int Height (Node *T ) //以T为根二叉树的高度
{
    int maxl, maxr;

    if (!T) return 0;

    maxl = Height(T->left);
```

```
        maxr = Height(T->right);
        if (maxl>maxr) return 1+maxl;
        else return 1+maxr;
    }

    void DelTree(BTree *tree)
    //删除二叉树tree，并释放所有相关结点
    {   Queue que;
        Node *p;

        p = GetRoot(tree);
        if (!p) return; //二叉树为空

        initialize(&que, 30);
        enQueue(&que, p);
        while (!isEmpty(&que))
        {
            p = front(&que);
            deQueue(&que);
            if (p->left) enQueue(&que, p->left);
            if (p->right) enQueue(&que, p->right);
            free(p);
        }
        tree->root = NULL;
    }
```

4.3 二叉树的遍历及实现

1. 二叉树的遍历

遍历即对结构中的每个数据元素进行访问，且每个元素只访问一次。它是一种最常见的操作，所有数据结构的其他操作很多都以遍历为基础。如在一个线性表中查找某个给定元素，就需要遍历并比较结构中的每个元素。对线性结构而言，遍历是一种很一般且很容易的操作，可简单地沿其物理存储顺序访问；在每个结点只有一个直接后继的链式结构中，从头指针开始沿着下一结点指针也能很容易地访问到所有数据。但是对于非线性结构，遍历就不那么容易了。

二叉树的遍历

如果二叉树中的元素和元素间的关系是按照顺序存储的，那么遍历也很容易，只要按照顺序结构的下标从小到大或者从大到小一个个访问就可以了。顺序存储仅适合于完全二叉树，对于一个一般的二叉树，二叉链表才是最常用的存储方法。而二叉链表中因为每个结点向下有两个叉，表明一个父结点有两个直接后继结点，结点间关系不再是线性的，如果先访问了根，下面一个要访问的结点是沿左叉去找还是沿右叉去找？访问完左叉中的结点是否还能回到其父结点及父结点的右叉上去？由于二叉链表中结点是不存储父结点地址的，所以看起来问题有些复杂。

下面将从二叉树的结构入手，分析遍历可以有哪些策略。

按照二叉树的定义，一个由 n 个结点构成的二叉树，当 n=0 时，表示它是一个空二叉树；当 n>0 时，有一个结点作为根结点，其余 n-1 个结点分为左右两个互不相交的子集，每个子集又构成了一棵二叉树，分别称为根的左右子树。一个二叉树的结构示例如图 4-14 所示。

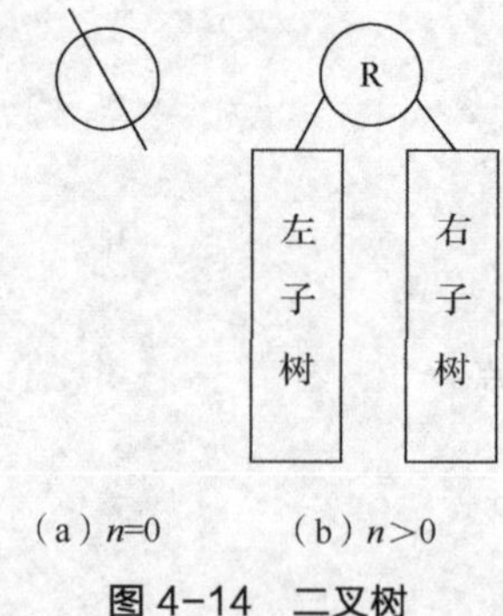

（a）n=0　　（b）n>0

图 4-14　二叉树

对于一个二叉树，可以按照以下几种策略进行遍历。

（1）层次遍历：如果二叉树为空，遍历操作为空；否则，从第一层开始，从上至下，逐层访问每一层结点，当访问某一层时，从左到右逐个访问每一个结点。

（2）前序遍历：如果二叉树为空，遍历操作为空；否则，先访问根结点，然后前序遍历根的左子树，再前序遍历根的右子树。可简记为“根左右”。

（3）中序遍历：如果二叉树为空，遍历操作为空；否则，先中序遍历根的左子树，然后访问根结点，最后中序遍历根的右子树。可简记为“左根右”。

（4）后序遍历：如果二叉树为空，遍历操作为空；否则，先后序遍历根的左子树，然后后序遍历根的右子树，最后访问根结点。可简记为“左右根”。

从前序、中序、后序遍历的定义可以看出，它们是以根相对于左右子树的访问顺序来区别的，即前序根在前，中序根在中，后序根在后。至于左右子树，总是按照先左后右，因为先右后左和先左后右的操作处理是类似的，因此只需要讨论先左后右一种情况就可以了。

图 4-15 详细演示了对一棵二叉树进行前序遍历的过程。遍历中，先访问根结点 A，然后前序遍历 A 的左子树 LA。在前序遍历 LA 时，先访问 L，然后前序遍历 L 的左子树 LL。在前序遍历 LL 时，先访问 B，然后前序遍历 B 的左子树。在前序遍历 B 的左子树时，因 B 的左子树为空，遍历操作为空，B 的左子树遍历结束，然后前序遍历 B 的右子树。在前序遍历 B 的右子树时，因 B 的右子树为空，遍历操作为空，B 的右子树遍历结束。B 的右子树遍历结束意味着 L 的左子树 LL 遍历结束，接着前序遍历 L 的右子树 RL。在前序遍历 RL 时，先访问 E，然后前序遍历 E 的左子树。在前序遍历 E 的左子树时，因 E 的左子树为空，遍历操作为空，E 的左子树遍历结束，然后前序遍历 E 的右子树。前序遍历 E 的右子树时，因 E 的右子树为空，遍历操作为空，E 的右子树遍历结束。E 的右子树遍历结束意味着 L 的右子树 RL 遍历结束，L 的右子树 RL 遍历结束意味着 A 的左子树 LA 遍历结束，接着前序遍历 A 的右子树 RA。在前序遍历 RA 时，先访问 C，然后前序遍历 C 的左子树。在前序遍历 C 的左子树时，因 C 的左子树为空，遍历操作为空，C 的左子树遍历结束，接着遍历 C 的右子树 RC。在前序遍历 RC 时，先访问 D，然后前序遍历 D 的左子树 LD。在前序遍历 LD 时，先访问 W，然后前序遍历 W 的左子树。在前序遍历 W 的左子树时，因 W 的左子树为空，遍历操作为空，W 的左子树遍历结束，然后前序遍历 W 的右子树。在前序遍历 W 的右子树时，因 W 的右子树为空，遍历操作为空，W 的右子树遍历结束。W 的右子树遍历结束意味着 D 的左子树 LD 遍历完毕，接着前序遍历 D 的右子树。在遍历 D 的右子树时，因 D 的右子树为空，遍历操作为空，D 的右子树遍历结束。D 的右子树遍历结束意味着 C 的右子树 RC 遍历结束，C 的右子树 RC 遍历结束意味着 A 的右子树 RA 遍历结束，A 的右子树 RA 遍历结束意味着整个二叉树遍历结束。经历这个遍历过程，最后可得到前序遍历序列 ALBECDW。观察此遍历结果可知，前序遍历序列中，排在前面的结点 A、L、B 如同用从根结点出发，一路沿左孩子结点下去直到最左侧结点的方式获得的，而

且二叉树中连续的左孩子结点在遍历序列中也是依次挨着的。

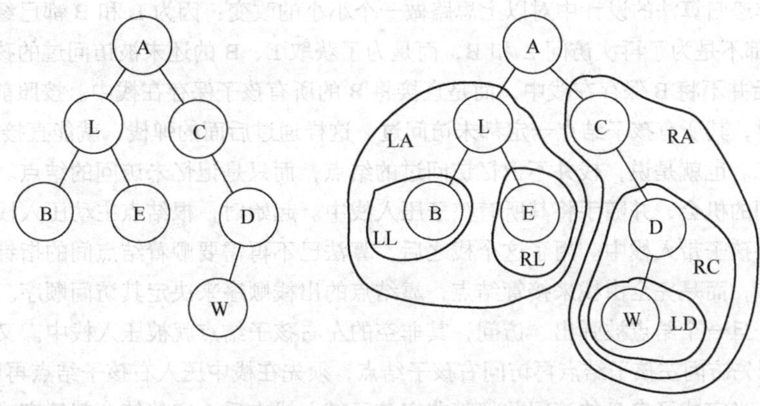

图 4-15 二叉树前序遍历过程

中序、后序遍历原理、过程和前序遍历类似，只是根结点访问相对于左右子树访问的位置不同，图 4-16 显示了对一个二叉树示例分别进行层次、前序、中序和后续遍历的结果。

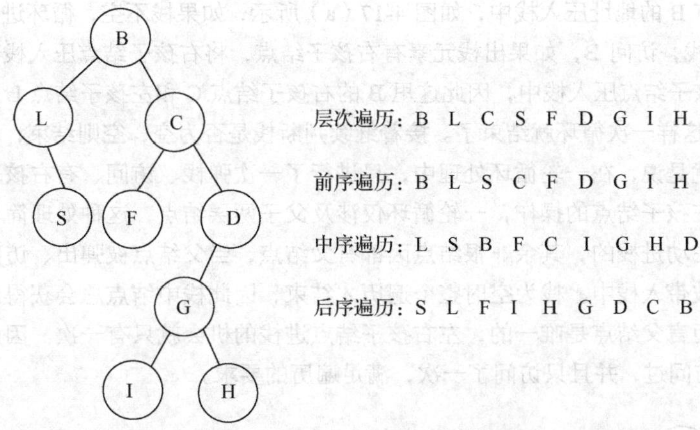

图 4-16 二叉树的各种遍历结果

以上对前序、中序和后序遍历的都是以递归的方式进行的定义，因此用递归来实现前序、中序和后序遍历非常直观、简单，只需要将定义换成具体的、用 C 语言书写的语句就可以了。在递归算法的设计中，要特别注意设置简单情况，其处理可直接进行，不再需要继续递归。

2. 前序遍历的实现

二叉树前序遍历

前序遍历的递归算法非常简单，算法实现包含在程序 4-2 中。前序遍历的非递归算法比较复杂，以图 4-17 中的二叉树为例，前序遍历时，首先由 B 走到 L、由 L 走到空，这很容易，顺着前者的左孩子结点指针就可以自上而下地走过来。接下来要访问 S，如果没有对一路走来访问过的结点 B、L 的记忆，从空无法走到 S；当 S 访问完后，接着需要访问 C，而 S 结点中也没有存 C 结点的地址信息，从 S 也无法走到 C。但如果在访问过程中，有对 B、L 的记忆，那么当访问无法顺着结点向下的分支走下去时，对访问过的结点反向逐步回退就可以走向后续访问的结点。如退到 L，就能在 L 中获得 S 的地址，访问完 S，访问又无法顺着结点向下的分支走下去，再回退到 B，就能在 B 中获得 C 的地址。在这个回退的过程中，结点回退的顺序恰好是遍历时结点访问序列的逆序，因此可以用一个栈来记忆所有访问过的结点，在需要回退时，只需要将其从栈中弹出来，就能按照逆序获得前面访问过的结点。

在前序遍历非递归算法的设计中对以上思路做一个小小的改变：因为 L 和 B 都已经访问过了，回退到 L 和回退到 B 都不是为了再次访问 L 和 B，而是为了获取 L、B 的还未被访问过的孩子结点信息，因此可以在访问 B 后并不将 B 保存在栈中，而是直接将 B 的所有孩子保存在栈中。按照前序遍历规则，当一个结点被访问时，其所有孩子结点一定都未访问过。这样通过后面的弹栈，就能直接获得 B 的未访问过的孩子结点信息。也就是说，栈并不记忆访问过的结点，而只是记忆未访问的结点。当一个结点出栈时，才获得被访问的机会，并随手将其所有孩子压入栈中。起始时，根结点主动压入栈中，其余结点就靠访问父结点时将孩子带入栈中。用了这个栈之后，算法已不再需要顺着结点间的指针关联或回退获取下一个访问的结点，而是完全由栈来接管结点，靠结点的出栈顺序来决定其访问顺序。另外需要注意，在这个过程中，一旦一个结点被弹出、访问，其非空的左右孩子结点就被压入栈中。又因栈的先进后出的特点，后面要想先访问左孩子结点再访问右孩子结点，须先在栈中压入右孩子结点再压入左孩子结点。对一个结点而言，当完成了自身的访问并将其非空孩子带入栈中后，它的使命就算完成了。一旦它的孩子结点已经在栈中，孩子结点的访问就靠弹栈来获取机会了。

图 4-17 给出了按照上述思路对一个二叉树用一个栈辅助前序遍历的非递归算法实现时栈中数据的变化过程和结点的访问顺序，<B>表示二叉树中 B 结点的存储地址，栈右下角的字符表示结点出栈访问。首先将二叉树的根结点 B 的地址压入栈中，如图 4-17（a）所示，如果栈不空，循环进行如下操作：栈顶元素出栈，这里 B 出栈，访问 B，如果出栈元素有右孩子结点，将右孩子结点压入栈中；如果出栈元素有左孩子结点，将左孩子结点压入栈中，因此这里 B 的右孩子结点 C 和左孩子结点 L 依次被压入栈中，如图 4-17（b）所示，这样一次循环就结束了。接着继续判断栈是否为空，空则结束，不空则进入下一轮弹栈、压栈循环。也就是说，在一轮循环处理中，只进行了一次弹栈、访问、有右孩子结点压右孩子结点、有左孩子结点压左孩子结点的操作，一轮循环仅涉及父子两层结点，这种处理简单、容易。另外，在这个处理中，根是主动进栈的，其余非根结点因都有父结点，当父结点被弹出、访问时，其左右孩子结点如果不空，都会被带入栈中。栈为空时整个遍历才结束，因此栈中结点总会获得出栈访问的机会。又因对每个孩子结点而言父结点是唯一的，左右孩子结点进栈的机会就只有一次。因此当栈空时，二叉树中的每个结点都被访问过，并且只访问了一次，满足遍历的要求。

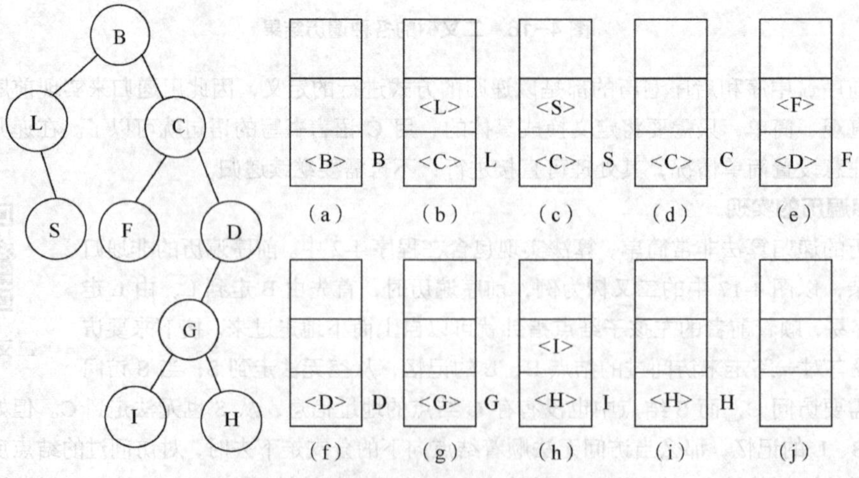

图 4-17　前序遍历中栈数据变化情况

程序 4-2 中包含了对二叉树进行前序遍历递归和非递归算法的实现。

程序 4-2：二叉树的前序遍历递归和非递归算法。

```
void PrintPreOrder(Node *T)
// 按前序打印以T为根的二叉树的结点的数据值
{
    if (!T) return;
    printf("%c", T->data);
    PrintPreOrder(T->left);
    PrintPreOrder(T->right);
}

//非递归遍历
void PrintPreOrder(Node *T)
// 按前序打印以T为根的二叉树的结点的数据值
{
    stack s;
    Node *p;

    if (!T) return;

    Initialize(&s);
    push(&s, T);
    while (!isempty(&s))
    {
        p = top(&s);
        pop(&s);
        printf("%c", p->data);
        if (p->right) push(&s, p->right);
        if (p->left) push(&s, p->left);
    }
}
```

前序遍历非递归算法的时间复杂度分析：程序 4-2 中实现的非递归遍历中，和结点个数 n 有关的是循环操作。每次循环都从栈中弹出并访问一个结点，当整个循环结束时，每个结点都被访问且只被访问一次，因此循环次数为 n，算法的时间复杂度就是 $O(n)$。

3. 中序遍历的实现

中序遍历的递归算法和前序遍历的递归算法非常类似，只是语句顺序不同；中序遍历的非递归算法就比前序遍历的非递归算法复杂多了。

二叉树中序遍历

（1）算法分析

以图 4-18 中的一个简单二叉树为例，对中序遍历的非递归算法的分析如下所述。

如果中序遍历实现依然如前序遍历实现一样，用一个栈来帮助管理结点及结点的访问，并且也是先将二叉树根结点 B 压栈，如果栈不空，进入循环，开始弹栈。现在问题就来了，根 B 有左孩子结点 L，因为 B 的左孩子结点 L 未访问过，按照中序遍历的要求，弹出的根结点 B 就不能立即访问。那么怎么办呢？此时可以采用的办法之一是将 B 反手再压入栈中，然后将根的左孩子结点 L 紧随其后也压入栈中。注意，此时根 B 和左孩子结点 L 同时在栈中，左孩子结点 L 压在根 B 的上面，可以保证先弹出访问左孩子结点再弹出访问根。如果栈不空，再进入循环，弹栈得 L，访问 L，如果 L 有右孩子结点，将 L 的右孩子结点压入栈中，此时无，不做处理。如果栈不空，再进入循环，弹栈、访问 B，B 有右孩子结点 C，将右孩子结点 C 压入栈中；如果栈不空，再进入循环，弹栈访问 C。这里需要注意，当根访问过后才考虑其右孩子结点，右孩子结点进栈时，一定是在根和左孩子结点已经进过栈而且也被弹出访问过之后，保证了右孩

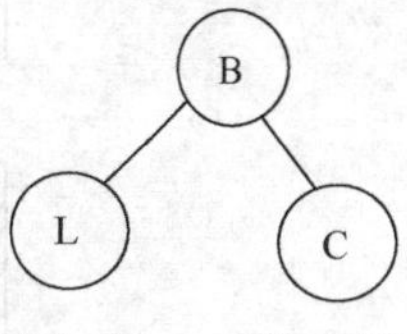

B
L
C

图 4-18　一棵二叉树

子结点最后一个被访问。最后栈空，不再进入循环，遍历结束。在以上每次循环中都弹出了一个结点，但什么时候弹出就可以访问？什么时候弹出了不能访问还要反手再次将其压入栈中并紧随其后将其非空左孩子结点压入栈中？即便结点弹出可以访问了，什么时候需要访问完结点后压其右孩子结点？前两个问题的判断条件很简单，就是看弹出的结点是否曾经考虑过它的左孩子结点，如果有左孩子结点，左孩子结点是否和它同时在栈中且压在它的头上。如果没有考虑过，就需要反手将结点再压入栈中，并随即压入其左孩子结点；如果考虑过，直接访问就可以了。这里可以对每个结点用一个标志来表明其是否考虑过左孩子结点，如用 0 表示未考虑过左孩子结点，1 表示考虑过左孩子结点。对于访问结点随即压其右孩子结点的操作，只要它有右孩子结点，都要做。因为根刚刚访问时，右孩子结点一定未访问过，根出栈访问过后就和栈再也无缘了，所以此时是其右孩子结点唯一被其父结点带入栈中的机会。如果一个结点被弹出且立即访问，说明其左孩子结点在这之前已被访问过了；又因右孩子结点在结点访问之后被压栈，后面出栈访问，保证了右孩子结点是在左孩子结点和根的后面访问。根和右孩子结点是不能同时出现在栈中的。

图 4-19 所示是对一个二叉树的中序遍历非递归算法中栈的变化情况的演示。为了给每个结点加一个标志，这里另外使用了一个标志栈，为了和相应结点对应，在操作中，它和保存结点地址的栈同时弹栈、压栈。最后当栈空时获得的中序遍历序列为 B、L、E、A、C、W、D。

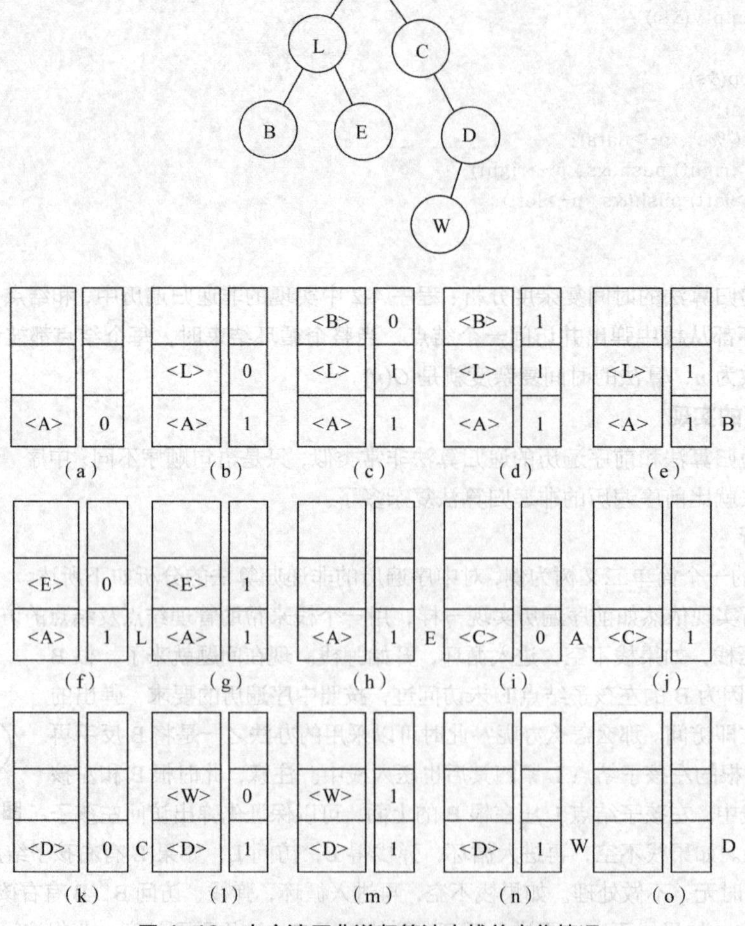

图 4-19　中序遍历非递归算法中栈的变化情况

程序 4-3 中包含了中序遍历的递归和非递归算法实现，直接用一个数组 flag 来保存一个访问标志栈。在数组 flag 中，栈底是 0 下标元素，当前栈顶下标用一个整数变量 i 来保存。任何时候，标志栈中都可能同时有多个标志，但只有当该标志到了栈顶时才有被读取的需要，非栈顶元素并不需要读写，所以只用变量 i 就可以完成对标志栈的进出操作。

程序 4-3：二叉树的中序遍历递归和非递归算法。

```
void PrintInOrder(Node *T)
// 按中序打印以T为根的二叉树的结点的数据值
{
    if (!T) return;
    PrintInOrder(T->left);
    printf("%c", T->data);
    PrintInOrder(T->right);
}

void PrintInOrder(Node *T)
// 按中序打印以T为根的二叉树的结点的数据值
{
    int flag[100];
    stack s;
    int i;
    Node *p;

    if (!T) return;

    i=-1;
    Initialize(&s);
    push(&s, T);
    flag[++i]=0;
    while (!isempty(&s))
    {
        p=top(&s);
        if (flag[i]==0)
        {
            flag[i]=1; //考虑过左孩子结点的标志
            if (p->left)
            {
                push(&s, p->left);
                flag[++i]=0;
            }
        }
        else //flag[i]==1
        {
            printf("%c",p->data);
            pop(&s); i--; //结点出栈，标志出栈
            if (p->right)
            {
                push(&s, p->right);
                flag[++i]=0;
            }
        }
    }
}
```

（2）中序遍历的非递归算法时间复杂度分析

时间依然取决于实现中循环的执行次数，每次循环中都是弹出一个结点，结点标志为 1 时，直接访问；结点标志为 0 时，反手将其再次压栈。二叉树中的每个结点都进入过栈中，且结点标志为 0 时经历过一次循环操作，标志由 0 变 1；结点标志为 1 时也经历过一次循环操作，直接访问。所以，对每个结点都执行过两次循环操作，总的循环次数为 $2n$，算法的时间复杂度为 $O(n)$。

4．后序遍历的实现

二叉树后序遍历

按照中序遍历的非递归算法类似的思路，后序遍历的非递归算法中结点在标志栈中拥有更多的状态：0 表示结点首次进栈，1 表示结点出栈过一次，2 表示结点出栈过两次。如果栈中弹出的结点标志位为 0，将其标志改为 1 并反手将该结点再次压入栈中，如果该结点有左孩子结点，随即将其左孩子结点压入栈中；如果栈中弹出的结点，标志位为 1，将其标志改为 2 并反手将该结点再次压入栈中，如果该结点有右孩子结点，则随即将其右孩子结点压入栈中；如果栈中弹出的结点，则标志位为 2，则可以直接进行访问了。在压栈过程中，只有根结点是主动压入栈中，压栈时标志置为 0，其他结点都是在父结点弹出栈时被首次压入栈中，这些首次压入栈中的结点标志置为 0。

程序 4-4 是后序遍历的递归和非递归算法，显然非递归算法中循环的次数变为了 $3n$，算法的时间复杂度依然为 $O(n)$。

程序 4-4：二叉树的后序遍历递归及非递归算法。

```
void PrintPostOrder(Node *T)
// 按后序打印以T为根的二叉树的结点的数据值
{
    if (!T) return;
    PrintPostOrder(T->left);
    PrintPostOrder(T->right);
    printf("%c", T->data);
}

void PrintPostOrder(Node *T)
// 按后序打印以T为根的二叉树的结点的数据值
{   int flag[100];
    stack s;
    int i;
    Node *p;

    if (!T) return;

    i=-1;
    Initialize(&s);
    push(&s, T);
    flag[++i]=0;
    while (!isempty(&s))
    {
        p=top(&s);
        switch (flag[i])
        {
            case 0: flag[i]=1;
                    if (p->left)
                    {   push(&s, p->left);
```

```
                    flag[++i]=0;
                }
                break;
        case 1: flag[i]=2;
                if (p->right)
                {
                    push(&s, p->right);
                    flag[++i]=0;
                }
                break;
        case 2: printf("%c", p->data);
                pop(&s);
                i--;
                break;
    }
  }
}
```

二叉树层次遍历

5. 层次遍历的实现

二叉树的层次遍历为从上到下逐层访问，每一层从左到右逐个访问每个结点。例如图 4-20 所示的二叉树的层次遍历序列为 BLCSFD，这里用前序遍历类似的思路来研究一下其求解过程。

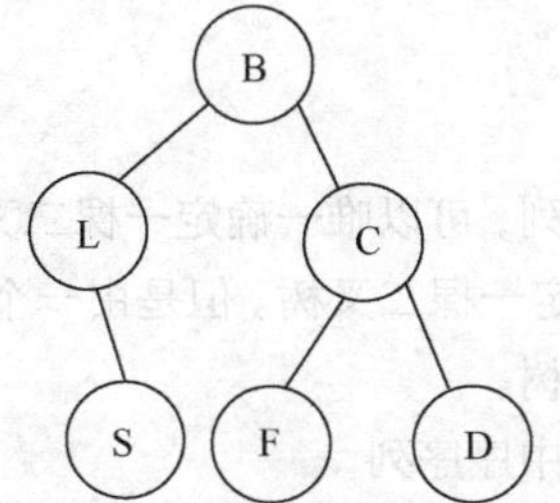

图 4-20　二叉树层次遍历序列

假设有一个临时数组可以存储若干个元素，其中每个元素为二叉树中结点的地址。现在先将 B 结点地址存入这个数组，如果数组不空，将刚放入的 B 结点取出来访问；由 B 结点又可知其左右孩子结点信息，将 B 的左右孩子结点信息存入数组后继续观察数组，如果数组不空，将数组中的左孩子结点 L 取出，访问 L；由 L 又可获得 L 的左右孩子结点信息，将 S 存入数组，然后从数组中取出 C，访问 C，将 C 的左右孩子结点 F、D 存入数组，然后依次取出 S、F、D 访问。观察往数组中存储和取出结点的顺序不难发现，先存入数组的会先被取出来访问，故对这个数组的处理满足队列的处理逻辑。

下面直接使用一个辅助队列，由这个队列完全接管结点，由它的进出队顺序来决定结点的访问次序，具体的层次遍历算法分析如下。

如果二叉树为空，遍历操作为空。否则，首先将根结点进队，队首结点出队、访问，如果该结点有左孩子结点，左孩子结点进队；如果该结点有右孩子结点，右孩子结点进队。然后继续判队空与否，如果不空则进入下一轮循环；如果空则遍历结束。层次遍历算法的实现如程序 4-5 所示。由于每一轮循环都出队访问一个结点，共循环了 *n* 次，故时间复杂度为 $O(n)$。

程序 4-5：二叉树的层次遍历算法。

```
void LevelOrder(Node *T)
// 按中序打印以T为根的二叉树的结点的数据值
```

```
{
    Queue que;
    Node *p;

    if (!T) return;

    initialize(&que, 30);
    enQueue(&que, T);
    while (!isEmpty(&que))
    {
        p = front(&que);
        deQueue(&que);
        printf("%c", p->data);

        if (p->left) enQueue(&que, p->left);
        if (p->right) enQueue(&que, p->right);
    }
}
```

以上详细讨论了二叉树的遍历算法。递归算法逻辑清楚，形式简单，不容易出错，但因有很多次的函数调用，所以系统开销比较大；非递归算法形式复杂，但消除了多次函数调用，性能更好。

掌握了遍历算法的思想，在此基础上设计其他众多属性类操作的算法就比较容易了。如对一个二叉树求结点个数、叶子结点个数、每个结点所在层次、每一层有多少结点、树高是多少及查找某个元素等，在遍历算法的基础上略做变动即可实现。

6．唯一确定一棵二叉树

由一个二叉树的前序和中序遍历序列，可以唯一确定一棵二叉树；由一个二叉树的后序和中序遍历序列，也可以唯一确定一棵二叉树。但是由一个二叉树的前序和后序遍历序列，却不能唯一确定一棵二叉树。

两个遍历序列确定二叉树

（1）已知一个二叉树的前序序列和中序序列

前序序列：BLSCFDGIH

中序序列：LSBFCIGHD

先看前序序列，根据前序遍历的“根左右”原则，B 为二叉树的根，B 后跟着 B 的左子树的先序遍历序列，再后跟着 B 的右子树的先序遍历序列，但从前序遍历序列中无法获知从哪个位置开始划分左右子树。然后看中序序列，在中序序列中找到根 B 的位置，按照中序遍历的“左根右”原则，B 前面的序列就是 B 的左子树的中序遍历序列，B 后面的序列就是 B 的右子树的中序遍历序列，由此可以得出 B 为根，L、S 为左子树中的结点，F、C、I、G、H、D 为右子树中的结点，由此也知道了在前序序列中左右子树的划分位置。结果如图 4-21（a）所示。

分别从上述前序序列和中序序列中截取 B 的左子树的前序、中序子序列如下。

前序子序列：LS

中序子序列：LS

从前序子序列可知，L 为根，S 可能是在 L 的左子树中，也可能是在 L 的右子树中。在中序子序列中找到 L，因 S 在 L 之后，根据中序遍历规则，S 是 L 的右子树中的结点，因右子树中只有一个结点，故 S 是 L 的右孩子结点。这样 B 的左子树就完全确定下来了，如图 4-21（b）所示。

再用同样的方法观察 B 的右子树的前序子序列和中序子序列如下。

前序子序列：CFDGIH

中序子序列：FCIGHD

从前序可知，C 为根，然后看中序序列，在中序序列中找到根 C 的位置，C 前面的序列就是 C 的左子树的中序遍历序列，C 后面的序列就是 C 的右子树的中序遍历序列。由此可以得出 C 为根，F 为 C 的左孩子结点，I、G、H、D 为右子树中的结点，也知道了在前序序列中左右子树的划分位置，结果如图 4-21（c）所示。

继续再用同样的方法观察如下两个子序列。

前序子序列：DGIH

中序子序列：IGHD

从前序序列可知，D 为根，从中序序列可知 D 的左子树中含 I、G、H 结点，D 的右孩子结点为空，结果如图 4-21（d）所示。

继续用同样的方法观察如下两个子序列。

前序子序列：GIH

中序子序列：IGH

从前序序列可知，G 为根，从中序序列可知，D 的左孩子结点结点为 I，D 的右孩子结点为 H，结果如图 4-21（e）所示。

至此整个二叉树得以确定，以上处理的停止条件是待处理的两个子序列长度为 0。在上述确定二叉树的过程中可以看出，每一步都没有二义性。按照这个方法，就能唯一地确定一棵二叉树。下面组合 4-21（a）、（b）、（c）、（d）、（e）中的各个图形片段，便得到了图 4-21（f）所示的一棵二叉树。

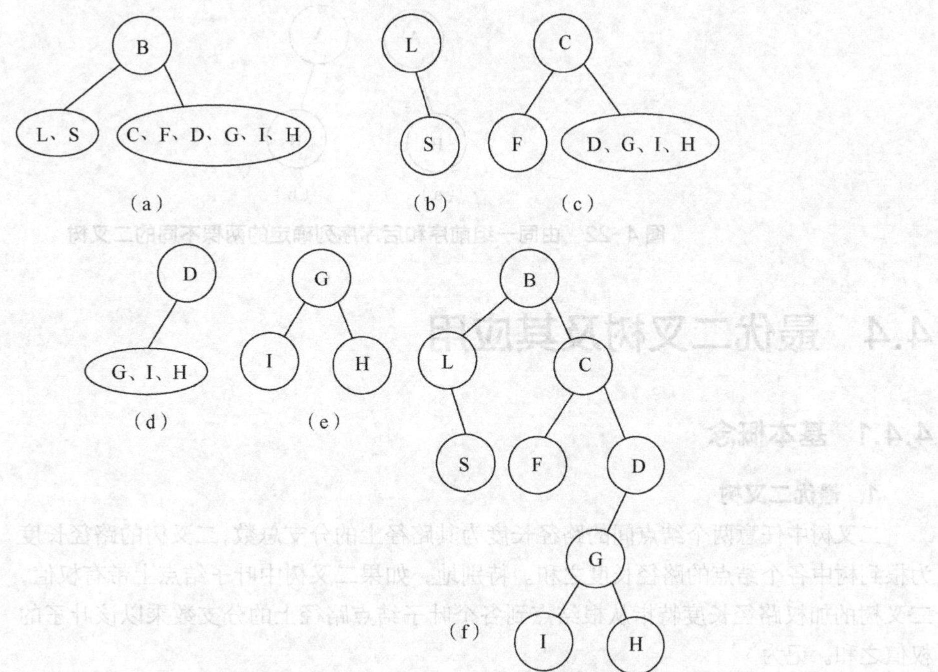

图 4-21　由前序和中序序列确定二叉树的中间片段和结果

如果已知前序和中序，确定该二叉树的算法如何实现？可以考虑将两个序列分别放入两个数组，由前序数组定出根结点值后，在中序数组找到根结点值所在的位置，由此找到前序和中序序列中根的左子树下标范围，同样也找到了右子树的下标范围。然后根据根结点的值创建根结点空间，并分别利用两个数组和其左子树下标范围、右子树下标范围递归确定其左、右子树。

（2）已知一个二叉树的后序序列和中序序列

后序序列：SLFIHGDCB

中序序列：LSBFCIGHD

根据后序和中序确定二叉树的算法和根据前序和中序确定二叉树的算法思路类似，它只是用后序序列取代了前序序列。原来在前序中找根，现在在后序序列中找根。两个序列在找根时方法不同，前序序列中根位于最前面，而后序序列中根位于最后面，无论根在前还是在后，两者提供的信息都是一致的，都能和中序遍历提供的信息互补。因此也能唯一地确定一棵二叉树。

（3）已知二叉树的前序序列和后序序列

前序序列：AB

后序序列：BA

图 4-22（a）和图 4-22（b）中两个二叉树都满足已知的前序序列和后序序列。观察两个序列，前序序列或者后序序列都能得到根为 A，但 B 究竟是属于左子树还是右子树？这两个序列都不能确定。原因在于前序和后序中左右孩子结点序列都是连续的，只是前序序列中左右子树在根前，后序序列中左右子树在根后，无法用根来分割它。换言之，从前序序列获得的信息从后序序列中也能获知，而从前序序列得不到的信息，从后序序列中也无从获知，反之亦然。这两个序列提供的信息是重叠的，而不是互补的，所以通过前序序列和后序序列并不能唯一确定二叉树。

下面请思考：层次遍历序列是否能和前序、中序、后序序列中的哪一个组合并能唯一地确定一棵二叉树？

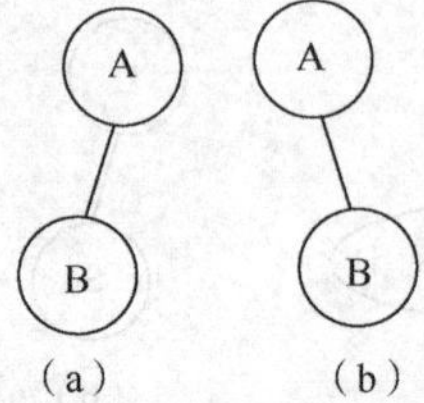

图 4-22　由同一组前序和后序序列确定的两棵不同的二叉树

4.4　最优二叉树及其应用

4.4.1　基本概念

1. 最优二叉树

二叉树中任意两个结点间的路径长度为其路径上的分支总数，二叉树的路径长度为根到树中各个结点的路径长度之和。特别地，如果二叉树中叶子结点上带有权值，二叉树的加权路径长度特指从根结点到各个叶子结点路径上的分支数乘以该叶子的权值之和。记为

最优二叉树

$$WPL=\sum_{k=1}^{n} w_k L_k$$

WPL 表示加权路径长度，*n* 为叶子结点的个数，w_k为第 *k* 个叶子的权值，L_k为根到第 *k* 个叶子的路径长度。当一组叶子的权值确定后，假设分别为$\{w_1,w_2,\cdots,w_n\}$，将这些叶子以何种策略挂在一棵二叉树上，或者说这棵二叉树是怎样的形态，才能使其带权路径 *WPL* 达到最小？能使 *WPL* 达到最小的二叉树，称为最优二叉树。

图 4-23 示例表明，对于同一组带权的叶子结点{(A,10),(B,20),(C,30)}，在图 4-23（a）所示的二叉树形态中，*WPL*=10*1+20*2+30*2=110，在图 4-23（b）所示的二叉树形态中，*WPL*=30*1+20*2+10*2=90。这就说明，二叉树的不同形态，会使得其带权路径长度不同。

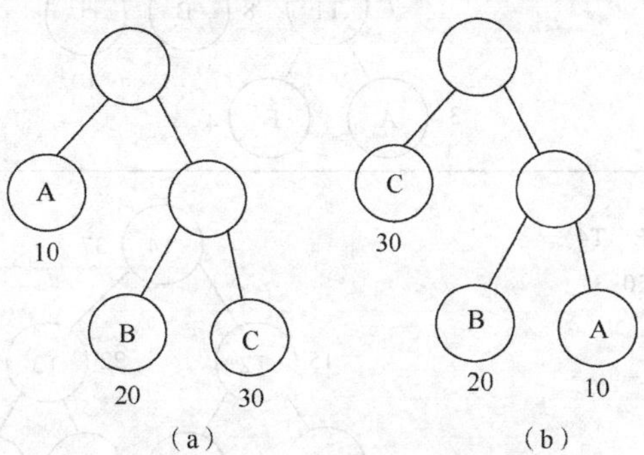

图 4-23　带权路径长度示例

那么怎样构造这棵二叉树才能使得其带权路径较小？从示例中可以得出结论：尽量让权值大的叶子靠近根，权值越大的结点离根结点越近，就会获得一个带权路径长度最小的二叉树。哈夫曼算法就是利用这个思想逐步比较结点的权值，然后构造出了一棵最优二叉树，这棵最优二叉树也称哈夫曼树。

2. 哈夫曼算法

哈夫曼算法

给定一个带权结点集合 *U*，然后进行如下操作。

（1）如果 *U* 中只有一个结点，操作结束，否则转向（2）。

（2）在集合中选取两个权值最小的结点 *x*、*y*，构造一个新的结点 *z*，新结点 *z* 的权值为结点 *x*、*y* 的权值之和，在集合 *U* 中删除结点 *x* 和 *y* 并加入新结点 *z*，然后转向（1）。

图 4-24 所示为对一组带权结点 *U*={(A,3),(B,8),(C,10),(D,12),(E,50),(F,4)}，按照哈夫曼算法构造了一棵最优二叉树。二叉树中的带权结点全部在叶子上，任何中间结点都是根据某两个结点构造出来的临时父结点，在这个示例中，中间结点分别为 T1、T2、T3、T4、T5。在用哈夫曼算法进行二叉树的构造处理中，当集合 *U* 中只剩下一个结点时，处理结束，哈夫曼树构造完毕。在构造出的这棵最优二叉树中，其带权路径长度 *WPL*=3×4+4×4+8×3+10×3+12×3+50×1=168。

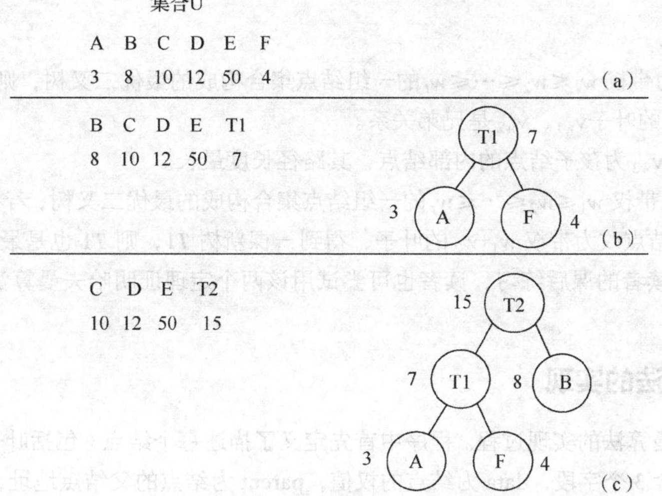

图 4-24　哈夫曼树的构造示例

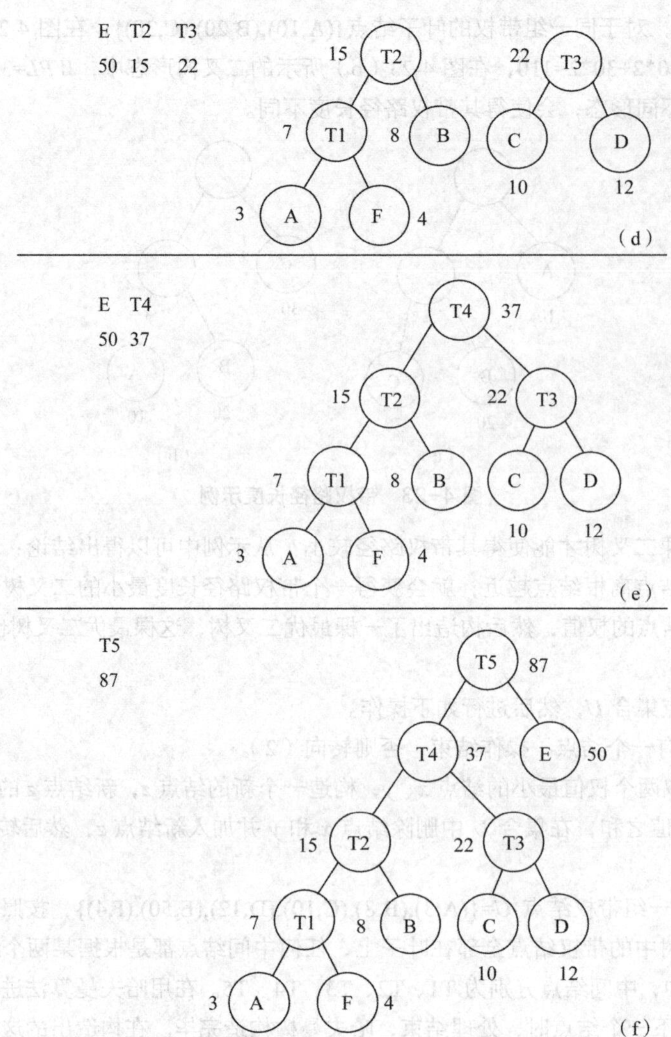

图 4-24 哈夫曼树的构造示例（续）

3. 两个定理

定理 4-1： 设 T 为带权 $w_1 \leqslant w_2 \leqslant \cdots \leqslant w_t$ 的一组结点集合构成的最优二叉树，则

（1）带权 w_1、w_2 的叶子v_{w1}、v_{w2}是兄弟关系。

（2）以叶子v_{w1}、v_{w2}为孩子结点的内部结点，其路径长度最长。

定理 4-2： 设 T 为带权 $w_1 \leqslant w_2 \leqslant \cdots \leqslant w_t$ 的一组结点集合构成的最优二叉树，若将以带权 w_1 和 w_2 的叶子为孩子结点的内部结点改为带权 w_1+w_2 的叶子，得到一棵新树 $T1$，则 $T1$ 也是最优二叉树。

定理的证明留作读者的课后练习，读者也可尝试用该两个定理证明哈夫曼算法构造出的二叉树一定是一棵最优二叉树。

4.4.2 哈夫曼算法的实现

程序 4-6 是哈夫曼算法的实现过程。程序中首先定义了描述每个结点（包括叶子结点和中间结点）的结构 Node，Node 包含 3 个字段，data 为结点的权值，parent 为结点的父结点地址，left 和 right 为结点的左右孩子结点的地址。这里用一个数组来存储这些结点，因此结点地址都用一个整型的数组下标值来表示。特殊地，数组的 0 下标分量空余不用，从下标为 1 的数组分量开始存储数据。现在假定树中叶子结点有 n 个，按照二叉树的性质，中间结点因度都为 2，故有 n−1 个。初始带权值的结点都是叶子结点，中间结点都是由两个结点构造而成的，因此最优二叉树中结点总数为 $n+n-1=2n-1$ 个。在开辟动态数组时，考虑到 0 下标分量不用，所以需要为数组申请 $2n$ 个连续的结点空间。

初始时，数组中只有这些叶子结点，且因其都还没有进入构造的二叉树中，所以 parent 字段设置为 0；因它们都是叶子，所以 lefgt、right 字段也自然都设置为 0。叶子结点全部按照下标从后往前依次存储，前面空余的 n−1 个数组分量作为存储即将构造的中间结点。构造算法的执行中，每一轮循环都要构造出一个新的中间结点，因此目标任务也可看作是逐步构造 n−1 个新结点，新结点下标从 $2n-1-n=n-1$ 开始起，逐步往前构造并存储。具体操作时，首先设第一个新结点下标为 $i=n-1$，然后两次在数组所有 parent 为 0 的元素中找元素权值最小的结点，找到后将这两个结点的 parent 设置为 i，而下标为 i 的结点作为由这两个结点构造的中间结点，其 data 值设置为两个权值最小结点的权值之和，左右孩子结点分别设置为这两个最小权值结点；之后向前用同样方法构造下标为 i-1 的结点，如此反复，直到 i=0 时循环停止。

算法时间复杂度分析：为 n 个叶子结点设置初始状态，消耗时间 $O(n)$；执行 n−1 次创建新的中间结点操作，而每次创建要在所有元素（元素个数在 n 和 $2n$ 之间）中两次去找权值最小的元素，时间耗费为 $2n$，即创建所有新结点的时间开销为 $O(n^2)$，故总的时间开销为 $O(n^2)$。

在找最小权值结点的问题上，算法还可以进一步优化，可以用一个最小化堆来存储权值，这样，建堆时间 $O(n)$、找到最小值并调整堆的时间 $\log_2 n$、n−1 个中间元素进堆并调整的总时间为 $O(n\log_2 n)$，算法总的时间开销就会降到 $O(n\log_2 n)$。

程序 4-6：用哈夫曼算法构造最优二叉树。

```
typedef int Type;
typedef struct
{
    Type data;
    int parent;
    int left, right;
}Node;

//在所有parent为0的元素中找权值最小的结点的下标
int minIndex(Node a[], int n, int m)
{
    int i, min;

    min = m;
    for (i=n; i>=m; i--)
    {
        if ((a[i].parent==0)&&(a[i].data<a[min].data))
            min = i;
    }
    return min;
}

Node *BestBinaryTree ( Type a[], int n)
{
    Node *BBTree;
    int min, minor;
    int m=n*2; //共2n-1个结点，下标为0处不放结点
```

```
    int i, j;

    BBTree = (Node *)malloc(sizeof(Node)*m);
    for (i=m-1, j=0; j<n; i--, j++)
    {
        BBTree[i].data = a[j];
        BBTree[i].parent = 0;
        BBTree[i].left = 0;
        BBTree[i].right = 0;
    } //position i is ready for the next new node

    while (i!=0) //数组左侧尚有未用空间，即新创建的结点个数还不足
    {
        min = minIndex(BBTree, m-1, i+1);
        BBTree[min].parent = i;
        minor = minIndex(BBTree, m-1, i+1);
        BBTree[minor].parent = i;

        BBTree[i].data = BBTree[min].data + BBTree[minor].data;
        BBTree[i].parent = 0;
        BBTree[i].left = min; BBTree[i].right = minor;

        i--;
    }
    return BBTree;
}
```

根据以上算法，可以得到对应表 4-1 所示的 BBTree 数组值，其中第一行虚线部分为数组下标 index，它可以不是数组中的字段。观察表中数据可知，parent 为 0 的分量只有一个，它就是根结点，且根结点的下标一定为 1；所有叶子结点的父结点都落在前 n-1 个分量中。

表 4-1　BBTree 数组值

index	1	2	3	4	5	6	7	8	9	10	11
data	87	37	22	15	7	4	50	12	10	8	3
parent	0	1	2	2	4	5	1	3	3	4	5
left	2	4	9	5	11	0	0	0	0	0	0
right	7	3	8	10	6	0	0	0	0	0	0

4.4.3 哈夫曼编码

哈夫曼编码

1. 创建哈夫曼编码

通信业务中，字符通常需要转换为二进制编码进行传送。一般来说，字符编码采用等长策略，即每个字符的二进制编码长度一样。如 ASCAII 码表中，每个字符码长都是一个字节（8 位）；汉字的机内码，每个码占据了等长的两个字节（即 16 位）。但在通信业务中，总是希望传送的编码越短越好，尤其是对于高频传送的字符，希望其编码尽可能短，而低频字，因为不常用，可以比较长些。假如现在传送业务中只有 A、B、C、D 这 4 种不同字符，用等长编码可使用长度为 2 的编码，它们可以分别是 00、01、10、11，如果其中字符 A 的使用频率很高，而字符 D 的使用频率很

低，就可以通过将 A 的编码位数缩短、将字符 D 的编码位数拉长来缩短总的字符传送量。按照这个思路，编码由等长变为了不等长，哈夫曼树就可以用来构造这样的不等长编码。

对于图 4-25 中构造出的哈夫曼树，假定各个叶子结点的权值即其被传送的频率，如（A，3）表示字符 A 的传送频率为 3，现在对哈夫曼树从根开始做如下操作：凡是左分支都标上 0，右分支都标上 1，从根到每个叶子结点的路径上获得的 0、1 序列就可作为该叶子结点的编码，这个编码就称为哈夫曼编码。

假设在通信业务中采用的字符集为图 4-25 所示的字符集合，如果用等长编码，为了表示 6 个元素，需要用 3 位编码，如果待传输的短文中有 n 个字符，则需要 $3n$ 位才能描述这片篇短文。使用了哈夫曼编码后，上述字符的平均编码长度可以用其数学期望方法求出，那么 n 个字符所需要的总位数为 $n*(4*3/87+4*4/87+3*8/87+3*10/87+3*12/87+1*50/87)=168n/87$，显然它连 $2n$ 都不到，这样就大大减少了通信中的传输量。

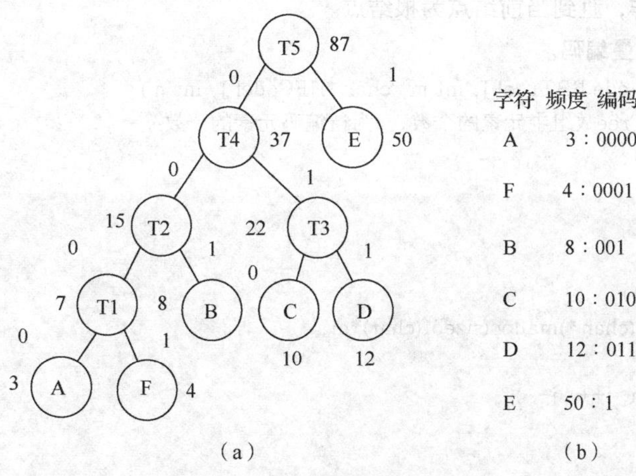

图 4-25　哈夫曼编码

哈夫曼编码是一组不等长编码，编码间须满足互不为前缀的要求。那么什么是编码的前缀？对于一个编码 110 来说，1、11 都是它的前缀。如果码表中编码 110、11、0 同时并存，通信接收方收到 110 序列后，究竟是应该分割成两个码字 11、0 来译码，还是用一个码字 110 来直接译码？似乎都可以，由此译码就有两个不同的结果，这里产生了二义性，这种情况不能保证译码的唯一性。究其原因，就是因为码表中存在两个编码，其中一个是另外一个的前缀，这在设计编码时要注意避免。因此，码表中的不等长编码有如下两个要求。

（1）对于任何一个编码，它的前缀码不得同时出现。

（2）对于任何一个编码，以它为前缀的编码也不得同时出现。

如一个编码为 110，则编码 1、11 不得出现在同一码表中；另外，以 110 为前缀的编码，如 1100、1101、1100001 等，也不得出现在同一码表中。

观察由哈夫曼算法构造出的图 4-25 中的哈夫曼树，任何叶子结点的编码都不会出现在根到其他叶子的路径上，即不会成为其他叶子结点编码的前缀。但是如果对中间结点也进行编码，会发现它的编码是其所有子孙结点编码的前缀，好在这些中间结点并不是实际待编码结点，都是为了构造哈夫曼树而生成的临时结点。

当哈夫曼树构造好后，要对任意一个叶子结点求其哈夫曼编码是很方便的。具体方法是将某叶子结点设为当前结点，顺着当前结点往上追溯到父结点，如果当前结点是父结点的左孩子结点，则输出一个 0；

如果当前结点是父结点的右孩子结点则输出一个 1；之后设父结点为当前结点，反复以上操作，直到当前结点为根结点。以上过程中输出的 0、1 序列的逆序即其哈夫曼编码。注意，哈夫曼树中一共有 $2n$-1 个结点，树的每层至少有两个结点，故二叉树的高度最高为 n，哈夫曼编码最长为 n-1。

程序 4-7 所示是构建哈夫曼编码的算法实现。函数的参数 BBTree 数组保存了哈夫曼树的结构，具体结构及其数值参见表 4-1。函数用一个栈保存输出的 0、1 序列，对一个叶子结点，在其每一步向上追溯父结点的过程中，将输出的 0 或 1 进栈，当追溯工作因达到根结点而结束时，将栈中元素弹栈，即得到哈夫曼编码。数组 HFCode 用来存储获得的所有哈夫曼编码，数组的每个分量指向一个字符串，字符串就是某个叶子结点的哈夫曼编码。

算法实现首先从数组尾部开始，逐步为每一个叶子结点求其哈夫曼编码，共有 n 个叶子结点。求解过程中，首先以该叶子结点为当前结点，观察当前结点的父结点，如果父结点的左孩子结点为当前结点，将一个 0 压入栈中，如果父结点的右孩子结点为当前结点，将一个 1 压入栈中，然后将父结点再设置为当前结点，反复如上操作，直到当前结点为根结点。

程序 4-7：创建哈夫曼编码。

```
void HuffmanCode ( Node BBTree[ ], int m, char *HFCode[ ], int n )
//m=2*n-1, m为BBTree数组中元素的个数，n为待编码元素的个数
{    int i, j, k, parent;
     stack s;

     Initialize(&s);
     for (i=0; i<n; i++)
          HFCode[i] = (char *)malloc(sizeof(char)*n);

     for (i=0,j=m; i<n; i++, j--)
     {
          k=j;
          parent = BBTree[k].parent;
          while (parent!=0)
          {
               if (BBTree[parent].left==k)
                    push(&s,'0');
               else
                    push(&s,'1');
               k = parent;
               parent = BBTree[k].parent;
          }

          k=0;
          while (!isEmpty(&s))
          {
               HFCode[i][k] = top(&s);
               pop(&s);
               k++;
          }
          HFCode[i][k] = '\0';
     }
}
```

2. 算法时间复杂度分析

以上算法包含了两重循环，外循环次数为叶子结点的个数 n，内循环串行地做了两件事，一个是从叶子结点逐步追溯到根结点获取哈夫曼编码的逆序，一个是逐步弹栈获取哈夫曼编码。内循环的两个操作消耗的时间都最多是哈夫曼树的高度，而哈夫曼树的形态、高度取决于这组字符的频度分布。最好时，哈夫曼可能达到的树高是 $\log_2 n$；最差时，哈夫曼树的树高会达到 n，因此，求哈夫曼编码算法时间消耗最好为 $O(n\log_2 n)$，最差为 $O(n^2)$。

等价类问题

4.5 等价类问题

4.5.1 等价关系及等价类

1. 等价关系

假设有一个集合 S 上的关系 R，$\forall x_1, x_2 \in S$，有 x_1Rx_2 为真或者假，则称 R 是集合 S 上的等价关系。等价关系满足

（1）自反性：$\forall x_1 \in S, x_1Rx_1$ 为真。

（2）对称性：$\forall x_1, x_2$，如果 x_1Rx_2 为真，必有 x_2Rx_1 为真。

（3）传递性：$\forall x_1, x_2, x_3$，如果 x_1Rx_2 为真且 x_2Rx_3 为真，则 x_1Rx_3 为真。

如班级作为一个集合，其中 R 是同性别关系。对于班级中的任何两个同学，同性别关系要么是真要么是假。自反性——李力和自己是同性别的，即结果为真；对称性——李力和王强是同性别的，则王强和李力也是同性别的；传递性——李力和王强是同性别的，王强和刘平是同性别的，则李力和刘平也是同性别的。再例如，一个装满彩色球的盒子，里面有红、黄、绿、蓝、紫、黑、白 7 中颜色的小球，盒中任意两个小球之间的同色关系 R 就满足等价关系。通常说的等于关系也是一种等价关系，但小于关系不是一个等价关系，因为小于关系不满足对称性。

2. 等价类

$\forall x_1 \in S$，其所属等价类是集合 S 的一个子集 S_1，这个子集的特点为 $\forall x_2 \in S_1, x_1 \neq x_2$，有 x_1Rx_2 为真。例如班级集合举例中，男生集合和女生集合各是一个等价类；彩色球示例中，同种颜色的球构成的子集是一个等价类，7 中颜色共有 7 个等价类。

4.5.2 不相交集及其存储

1. 不相交集的概念

集合 S 的所有等价类形成了集合 $A=\{s_1,s_2,\cdots,s_m\}$，显然有 $\forall s_i \in A, s_i \neq \varnothing$，$\forall s_i, s_j \in A, s_i \cap s_j = \varnothing$，$\bigcup_{i=1}^{m} s_i = S$，因此集合 A 是对集合 S 的一个划分。划分中的每个子集，即集合 A 中的各个元素称为不相交集。对于单个的不相交集来说，集合中的所有元素地位平等，任意两个元素之间有着等价关系，因此对属于同一不相交集的元素只要打上相同标志即可，当然对属于不同不相交集的元素，需要打上不同标志。

不相交集的基本操作分为合并和查找，因此不相交集又称为并查集（union-finds sets）。

合并 union(s_i, s_j)是对两个不相交集进行合并，使之成为一个新的、更大的不相交集。当对分属于两个不相交集的元素添加了等价关系，则根据传递性，也要合并这两个不相交集。特别地，当有元素 x 插入时，可以通过把单个元素 x 视作由它自己构成的一个新的不相交集，让该新的不相交集和某个已有的不相交集合并，就完成了插入任务。查找 find(x)是对集合 S 中的元素 x 找到它所属的不相交集，这里即给出不相交集的标志。

2. 不相交集的存储

不相交集的存储分为线性表存储和树形存储两种情况。

线性表存储方式可以将集合 S 中的所有元素放置在同一个数组中，而数组中的每个分量除了存储元素，还要存储元素所属的不相交集的标志。图 4-26 所示是一组不相交集存储在同一个数组中的示例。

data	a	b	c	d	e	f	g	h	k	t		
flag	0	1	2	2	0	1	0	2	2	2		

图 4-26　一组不相交集的顺序存储映像图

树形存储依然将集合 S 中的所有元素放置在同一个数组中，而数组中的每个分量除了存储元素，还要存储元素的父结点下标。特殊地，当某个元素的父结点下标为-1 时，这个元素就是树根。每个不相交集用一棵树来表示，然后用树根下标表示所属不相交集的标志。集合中的任何一个元素沿着父结点字段都可以追溯到根，找到所属的不相交集的标志。代表不同的不相交集的树可以组成一个森林。图 4-27 所示是一组不相交集存储在一个森林中的存储映像图，它是以双亲表示法存储的一个森林。

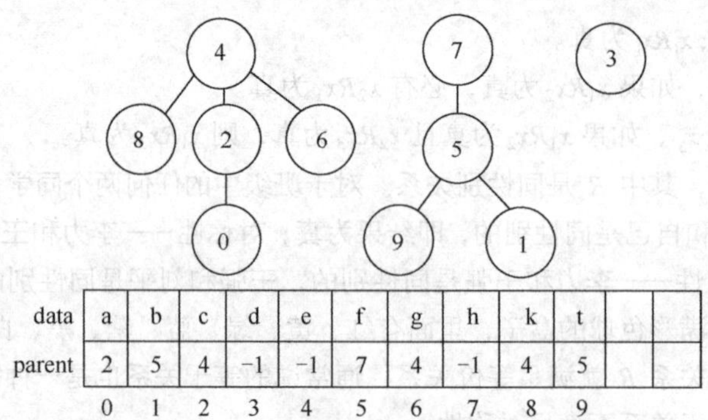

data	a	b	c	d	e	f	g	h	k	t		
parent	2	5	4	−1	−1	7	4	−1	4	5		
	0	1	2	3	4	5	6	7	8	9		

图 4-27　一组不相交集的树形存储映像图

4.5.3　不相交集的基本操作

下面讨论双亲表示法的树形结构如何实现合并和查找这两个基本操作。

查找：对于一个元素只需要沿着这棵树找到树根，得到树根的下标标志，就完成了查找任务，时间花费是这棵树的高度。显然树的高度越低越好，最低时一个不相交集可以退化为两层，一个元素作为树根，其余元素作为树根的孩子结点。

合并：当 a、b 两个不相交集要合并时，可以将 b 中所有元素都当作 a 的根结点的孩子结点，但时间花费是 b 的所有元素个数的线性阶，退化为线性表存储法。如果简单地把 b 的根作为 a 的根结点的孩子结点，时间花费是常量阶的。

基于两种存储方法的时间花费：如果采用线性表存储法，则查找是常量阶、合并是线性阶；如果采用树形存储方法，则查找是对数阶（确切说是树的高度）、合并是常量阶。树形存储法是不相交集的常用物理结构。

对于树形存储法的两个不相交集，可以通过以下两个方面进行算法优化。

（1）合并操作时，按照两个树的高度来判别。将高度小的树并入高度大的树，以高度大的树的根结点作为合并后的树根。这样可以尽量阻止合并后树的高度增加，查找就会因树的高度不增而提高效率，示例如图 4-28 所示。第二种方法是按照两个树中结点的规模来判定，将规模小的树并入规模大的树。

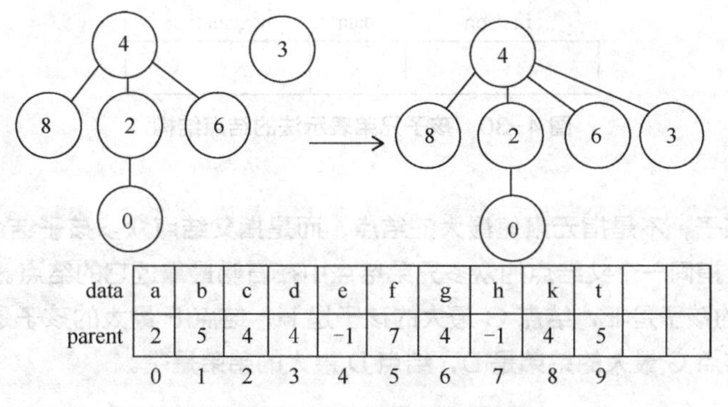

	0	1	2	3	4	5	6	7	8	9		
data	a	b	c	d	e	f	g	h	k	t		
parent	2	5	4	4	-1	7	4	-1	4	5		

图 4-28　两个不相交集的合并

（2）查找时，采取越近期查过的结点越往根结点靠近的原则，将查找结点及其到根结点路径上的所有结点（不含根结点）全部改为根结点的孩子结点，例如查找 1 的示例如图 4-29 所示。此方法也称为路径压缩法，好处是查找频率高的结点会集中分布在根部附近，但如果每个元素具有平均查找概率，反而会因为查找后多出来的移动操作多耗费时间。

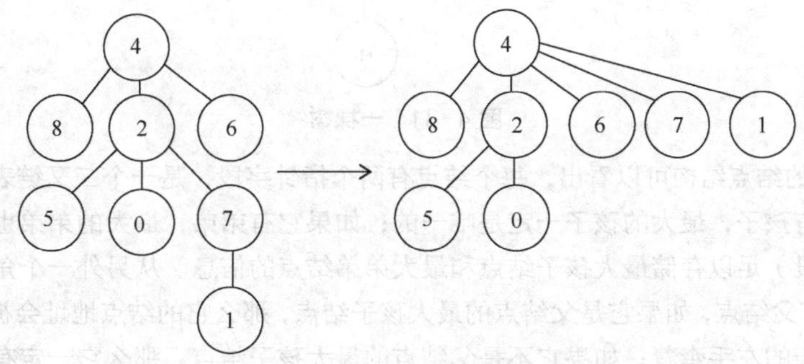

图 4-29　查找 1 后的示例

4.6　树和森林

树和森林

返回最初的问题：树在内存中如何表示？从等价类的表示中看到了一种用双亲法表示的树和森林，每个结点除了保存数据信息，还保存了父结点的地址。除此之外，是否还有其他方法？每个结点是否能通过仅保存孩子结点的地址来存储树甚至是森林？二叉树的存储和操作都非常便利，是否可以在此利用二叉树这个工具？答案都是肯定的。当使用二叉树来表示树和森林时，不仅能存储结点和结点间关系，而且树和森林的基本操作也可以方便地通过二叉树的基本操作来实现。

4.6.1　孩子兄弟表示法

孩子兄弟表示法的思想是：每个结点除了保存数据，还保存该结点的最大孩子结点的地址和最大弟弟结点的地址。有最大的比较，说明这棵树应该是一个有序树。孩子兄弟表示法中结点的具体结构如图 4-30 所示，其中 data 字段保存了结点数据，firstchild 字段保存了最大孩子结点的地址，nextsibling 字段保存了最大弟弟结点的地址。以下为了方便，有时称 firstchild 为结点的左分支、左孩子结点或左手，称 nextsibling 为右分支、右孩子结点或右手。

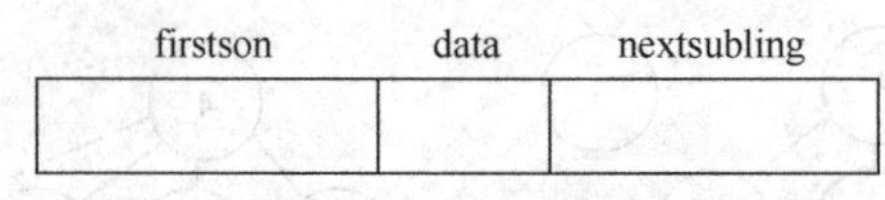

图 4-30　孩子兄弟表示法的结点结构

这里的最大孩子，不是指元素值最大的结点，而是指父结点众多孩子结点中最左侧的结点，而最大弟弟是指同一个父结点的众多兄弟结点中在右侧最靠近它的结点。如图 4-31 所示，结点 C 最大的孩子是 E，结点 G 最大的孩子是 H，结点 F 最大的孩子是空，结点 B 最大的弟弟是 C，结点 C 最大的弟弟是 D，结点 D 最大的弟弟是空。

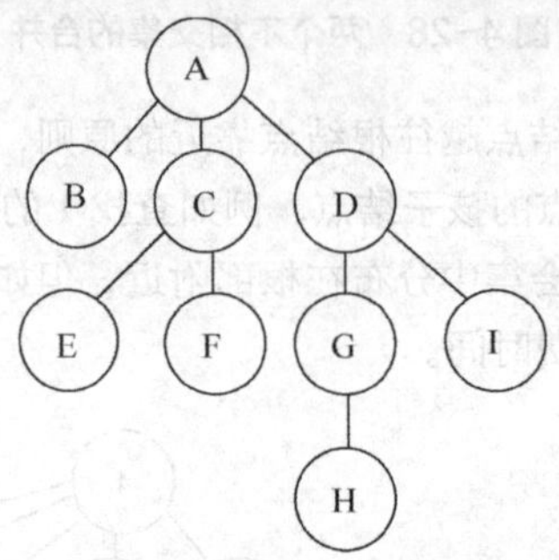

图 4-31　一棵树

从图 4-30 所示的结点结构可以看出，每个结点有两个指针字段，是一个二叉链表。对于树中的任意一个结点，如果它有孩子，最大的孩子一定是唯一的；如果它有弟弟，最大的弟弟也一定是唯一的，因此两个叉（指针字段）足以存储最大孩子结点和最大弟弟结点的信息。从另外一个角度看，树中除了根结点，每个结点都有父结点，如果它是父结点的最大孩子结点，那么它的结点地址会被父结点的 firstchild 字段保存，即被父亲的左手牵着；如果它不是父结点的最大孩子结点，那么它一定有哥哥，它的结点地址会被最小的哥哥的 nextsibling 字段保存，即被小哥哥的右手牵着；而树根可以用二叉链表的根来表示，因此树中所有结点都会进入孩子兄弟表示的二叉链表中。

4.6.2　树、森林与二叉树的转换

树、森林和二叉树的相互转换

1. 树转换为二叉树

孩子兄弟表示法实际上是将一棵树在内存中用一个二叉树来表示，那么如何将一棵有序树转换为二叉树呢？

有序树转化为对应二叉树的方法如下所述。

（1）有序树的根就是二叉树的根。

（2）对树中每个结点，保留其到最大孩子结点的分支，对其余孩子结点删除其到父结点的分支，逐个降级，增加其左侧哥哥（最小哥哥）结点到它的右分支，将它链到最小哥哥结点的右分支上去。

图 4-32 所示是一棵树转化为二叉树的示例，其中画叉的分支为删除的分支，粗黑线表示的分支为新增加的分支，可以看出二叉树中所有右分支都是用粗黑线表示的，即是增加出来的。

2. 森林转换为二叉树

有限（$n \geqslant 0$）棵树构成森林，对于一个森林，可以把树根看作是有序的兄弟关系，仿佛这些根有一个虚拟的父结点。森林转换为对应二叉树的方法如下所述。

（1）将森林中的每棵树转换为对应的二叉树，每棵二叉树的根就是它对应树的根。

（2）将每棵树的根看作兄弟，即二叉树的根为兄弟。

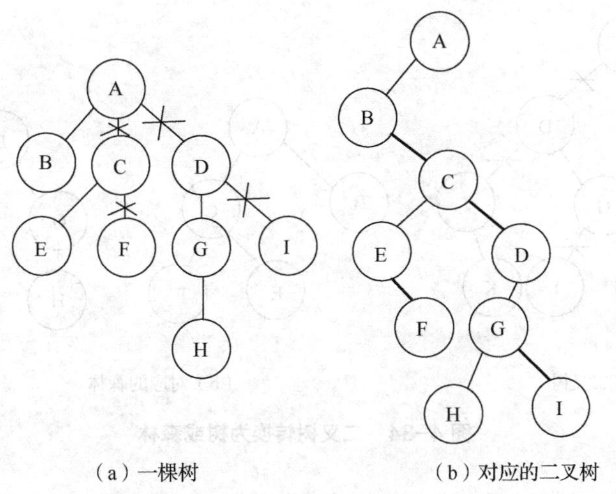

（a）一棵树　　（b）对应的二叉树

图 4-32　一棵树转换为对应的二叉树

（3）将第一棵二叉树的根作为森林对应的二叉树的根。

（4）其余二叉树的根由其最小哥哥结点用 nextsibling 字段链接。

图 4-33 所示是一个森林转化为二叉树的示例。

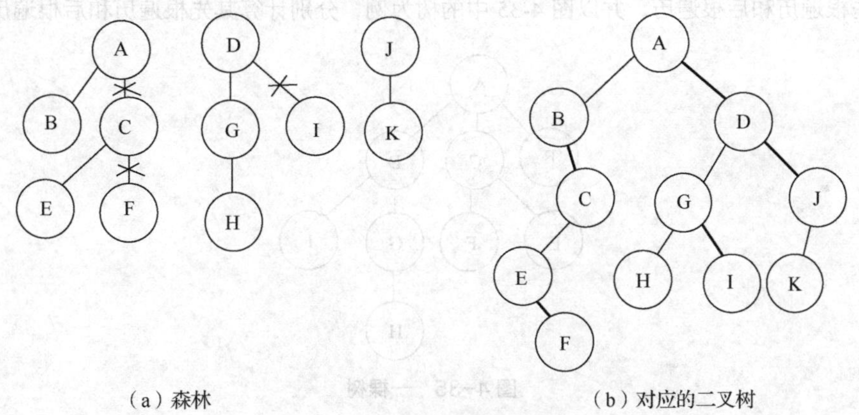

（a）森林　　（b）对应的二叉树

图 4-33　森林和它对应的二叉树

观察树和森林转换的二叉树，两者之间有着明显的区别，树转换的二叉树根结点的 nextsibling 即右孩子结点指向空，而森林对应的二叉树根结点对应的 nextsibling 即右孩子结点非空。无论是树还是森林，转化出来的二叉树中结点的右分支都是新增加的。

3. 二叉树转换为树或森林

从以上树、森林到对应二叉树的转换过程可以看出，两者之间是一一对应的。反过来，如果已知内存中有一个二叉树，它是现实生活中的一棵树或者森林，如何将这棵二叉树转换为树或森林？具体方法如下所述。

（1）二叉树的根即第一棵树的根。

（2）断开每个结点的 nestsibling 发出的分支，将右分支上结点上移至连续右分支的最上层。如果该上层结点有父结点，右分支结点作为该父结点的次子结点建立其间的分支；如果该上层结点无父结点，右分支结点将作为一棵新树的根结点。

图 4-34 所示是一个二叉树往树或森林的转换示例。

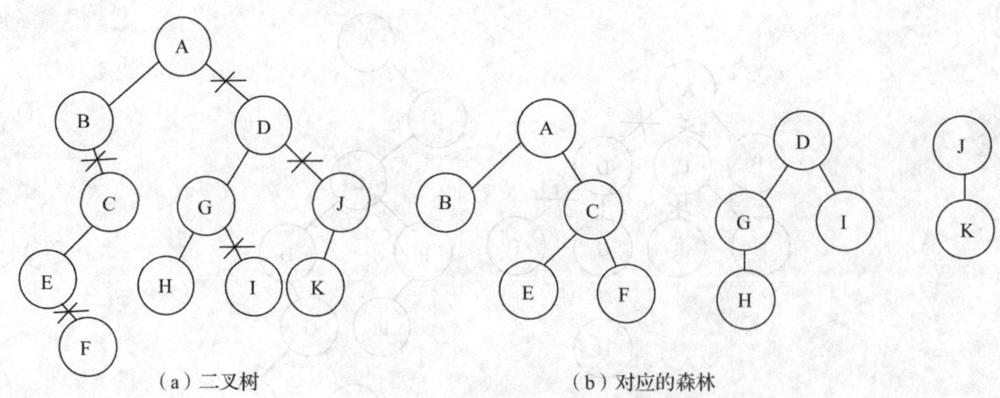

（a）二叉树
（b）对应的森林

图 4-34 二叉树转换为树或森林

4.6.3 树的遍历

树和森林的遍历

树的遍历通常有两种方式，分别是先根遍历（或称先序遍历）和后根遍历（或称后序遍历）。先根遍历访问完根结点后再逐个先根访问其子树，后根遍历逐个后根访问完其所有子树后再访问根。由于根有多个孩子，显然无中根遍历。下面用递归的方式定义树的先根遍历和后根遍历，并以图 4-35 中的树为例，分别计算其先根遍历和后根遍历序列。

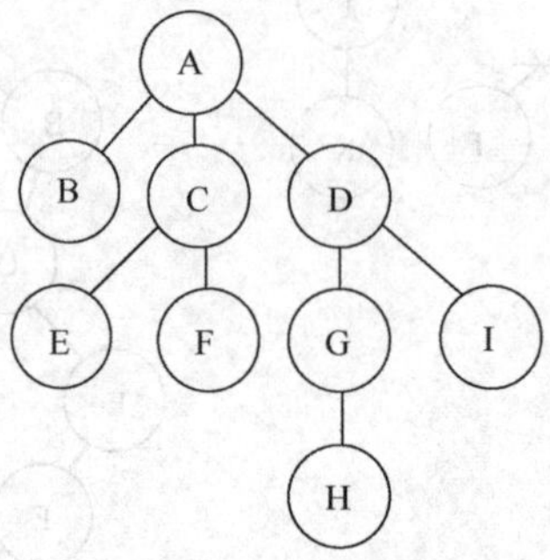

图 4-35 一棵树

1. 定义

（1）先根遍历

① 如果根结点为空，遍历操作为空，否则访问根结点。

② 从左到右逐个先根遍历以根结点的孩子结点为根的子树。

（2）后根遍历

① 如果根结点为空，遍历操作为空，否则从左到右逐个后根遍历以根结点的孩子结点为根的子树。

② 访问根结点。

2. 计算遍历序列

（1）先根遍历

先根遍历 A 为根的树，访问了 A，然后依次先根遍历 B、C、D 为根的子树；在先根遍历 B 为根的子树时，访问了 B；在先根遍历 C 为根的子树时，访问了 C，然后依次先根遍历 E、F 为根的子树；在先根遍历 E 为根的子树时，访问了 E；在先根遍历 F 为根的子树时，访问了 F；再先根遍历 D 为根的子树，访问了 D，然后依次先根遍历 G、I 为根的子树；在先根遍历 G 为根的子树时，访问了 G，然后先根遍历

H 为根的子树；在先根遍历 H 为根的子树时，访问了 H；最后先根遍历 I 为根的子树，访问了 I。所以先根遍历序列为 ABCEFDGHI。

（2）后根遍历

后根遍历 A 为根的树，先依次后根遍历 B、C、D 为根的子树；在后根遍历 B 为根的子树时，访问了 B；在后根遍历 C 为根的子树时，先依次后根遍历 E、F 为根的子树，在后根遍历 E 为根的子树时访问了 E，在后根遍历 F 为根的子树时访问了 F，然后访问 E、F 的根 C；在后根遍历 D 为根的子树时，先依次后根遍历 G、I 为根的子树，在后根遍历 G 为根的子树时先后根遍历 H 为根的子树，在后根遍历 H 为根的子树时访问了 H，然后访问 H 的根 G；在后根遍历 I 为根的子树时，访问了 I，然后访问了 G、I 的根 D，再然后访问了 B、C、D 的根 A。所以后根遍历序列为 BEFCHGIDA。

有趣的是，这棵树对应二叉树的前序遍历序列是 ABCEFDGHI，二叉树的中序遍历序列是 BEFCHGIDA。事实上，普遍如此。也就是说，一个树的先根遍历就是其对应二叉树的前序遍历，一个树的后根遍历就是其对应二叉树的中序遍历。这其中的原因留给读者课后思考。

4.6.4 森林的遍历

森林的遍历通常也有两种方式，即前序遍历和中序遍历。

1. 前序遍历

（1）如果森林为空，遍历操作为空。

（2）访问第一棵树的根结点。

（3）从左到右逐个先根访问第一棵树中根结点的每一棵子树。

（4）从左到右先根访问森林的第二棵树、第三棵树，直到访问完所有树。

2. 中序遍历

（1）如果森林为空，遍历操作为空。

（2）从左到右逐个后根访问第一棵树中根结点的每一棵子树。

（3）访问第一棵树的根结点。

（4）从左到右后根访问森林的第二棵树、第三棵树，直到访问完所有树。

可以看出，森林的中序遍历中对每一棵子树都是进行的后根遍历。

根据上述递归定义，对图 4-36 中的森林分别进行前序和中序遍历，其前序遍历序列是 BLEXCFDGHIUW；中序遍历序列为 LEXBFCGIUWHD。这恰好分别是该森林对应二叉树（图 4-37）的前序遍历序列和中序遍历序列。也就是说，森林的前序和中序遍历就是对应二叉树的先序和中序遍历。

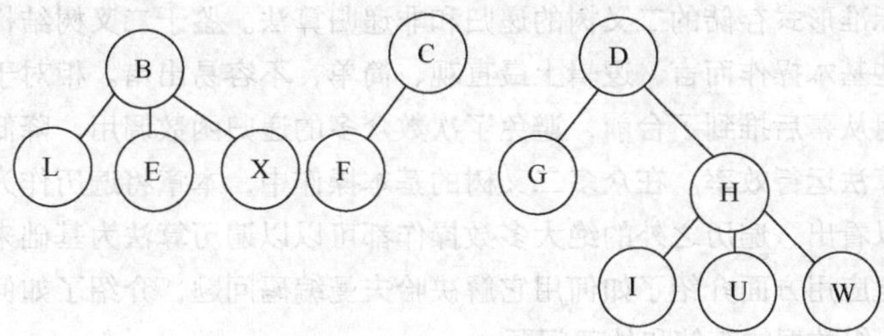

图 4-36　一个森林

通过本章前面内容的讨论，我们知道树形结构、遍历操作是基础，既然对树和森林的遍历都可以转换为对应二叉树的遍历，对于树和森林的其他操作也就简单多了。只要掌握了二叉树的基本操作和算法思路，很容易就能找到树和森林中问题的解决方法。

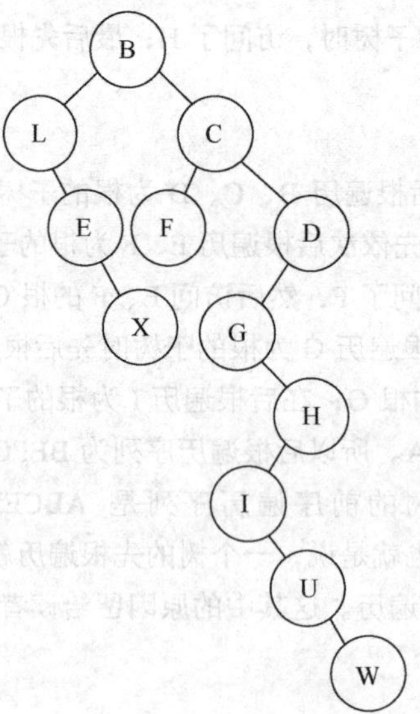

图 4-37　图 4-36 中森林对应的二叉树

4.7　小结

树是一种非线性结构。树中要求元素个数大于 0，元素之间呈现出上下层之间一对多的层次关系。鉴于树物理存储上的一系列难题，先介绍了一种更简单的非线性结构——二叉树。二叉树中元素个数大于等于 0，每个结点最多有两个孩子结点，且每个孩子结点都有明确的左右孩子结点之分。从元素的个数限制上也可以看出，当元素个数为 0 时，仍可看作是一棵二叉树，但它不是树。另外，二叉树中某个结点即便只有一个孩子结点，也一定要明确它是左孩子结点还是右孩子结点，而不是像有序树一样说它是第一个孩子结点。综上两个原因，不能简单地说二叉树就是一棵有序树，因为它们是两种不同的数据结构。

事实上，在现实生活中能直观对应到二叉树结构的数据是极少的，它更多地情况下是一种和现实生活中无物对应、虚构出来的数据结构，以它为工具，可以解决很多实际数据的存储和处理问题。

本章详细介绍了二叉树的概念、性质，提出了两种特别的二叉树，即满二叉树和完全二叉树。从满二叉树和完全二叉树上可以看到一些有趣的性质和一些特殊的处理手段。分析二叉树的物理结构时，提出了最适合完全二叉树的顺序存储法以及适合普通二叉树的二叉链表存储法（标准形式）。在基本操作的实现上，详细讨论了标准形式存储的二叉树的递归和非递归算法。鉴于二叉树结构的递归定义，递归算法对于二叉树中的某些基本操作而言，逻辑上最直观、简单，不容易出错。相对于递归算法而言，非递归算法是把堆栈的使用从幕后推到了台前，避免了次数众多的递归函数调用，降低了由于函数调用产生的系统开销，提高了算法运行效率。在众多二叉树的基本操作中，本章将遍历作为重点详细进行了算法设计讨论。事实上可以看出，遍历之外的绝大多数操作都可以以遍历算法为基础来实现。最后针对二叉树作为工具的实际问题应用方面介绍了如何用它解决哈夫曼编码问题，介绍了如何用它解决现实生活中具有树和森林结构的一组数据的存储和处理问题。

4.8　习题

1. 讨论为什么会将结点个数为 0 的情况也归到二叉树的定义中，这样做有什么好处？

2. 设计新的非递归算法实现标准形式的二叉树的中序、后序遍历。

3. 编写非递归算法计算标准形式的二叉树中每个结点的度、结点的个数。

4. 编写非递归算法计算标准形式的二叉树中每个结点所在的层次、二叉树的高度。

5. 编写非递归算法计算标准形式的二叉树中第 i 层有多少结点。

6. 设计算法对标准形式的二叉树写出元素值为 x 的结点的所有祖先结点。祖先结点的显示顺序请按照父结点、祖父结点、曾祖父结点……的顺序。

7. 已知一个二叉树的中序遍历序列为 BICAGKDH，后序遍历序列为 ICBKGHDA，请画出这棵二叉树。

*8. 已知一棵二叉树的先序遍历序列、中序遍历序列，写出算法在内存中以标准形式建立这棵二叉树。

9. 对图 4-17 中的二叉树画出用非递归算法完成后序遍历时栈中数据的变化情况。

10. 已知一棵二叉树的前序遍历序列为 ABCIDGKH，层次遍历序列为 ABDCGHIK，是否能唯一确定一棵二叉树？为什么？

11. 已知一棵二叉树的中序遍历序列为 BICAGKDH，层次遍历序列为 ABDCGHIK，是否能唯一确定一棵二叉树？为什么？

*12. 试证明 4.4.1 节定理 4-1 和 4-2。

13. 编写算法计算孩子兄弟表示法表示的一棵树中每个结点的度、层次分别是多少，计算树的高度是多少。

14. 编写算法，计算用孩子兄弟表示法存储的森林中树的个数。

15. 为什么树的先根遍历一定和树对应的二叉树的先序遍历一致？

16. 已知一棵树的先根遍历序列和后根遍历序列，是否能唯一确定这棵树？为什么？

17. 已知一个森林的先序遍历序列和中序遍历序列，是否能唯一确定这个森林？为什么？

Chapter 05

第5章

图

■ 和树相比，图结构更具有一般性。在图中，元素结点用顶点来表示，元素间的关系用顶点间的边来表示，图中任意两个元素之间都可能有相互制约的关系。图中所有元素结点地位相同，它不像树有一个特殊的结点为根结点，也不像树中结点间呈上下层关系。现实生活中很多问题涉及的数据都可以抽象为图结构，如建筑工程、网络布线、交通网络、迷宫设计、化学结构、电子线路等。在数学中，图的理论已经相当成熟，本章主要从图结构的存储、基本操作、实现、典型应用等角度对图进行分析和讨论。

5.1 图的基本概念

图的基本概念、术语

5.1.1 图的概念和术语

图可以用一个二元组 $G=(V,E)$表示，其中，V是顶点（即元素）的非空集合，E是两个顶点间边（弧）的集合。如图 5-1 所示，图 G1 是由顶点集合 V={A,B,C,D}和边的集合 E={<B,A>，<A,C>，<C,A>，<C,D>，<D,A>，<C,B>}构成的，每一条边都带有方向性，称为有向边，如<C,A>表示由 C 射向 A 的有向边。由顶点集和有向边集合组成的图称为有向图，这里图 G1 就是一个有向图。图 G2 的顶点集合 V={A,B,C,D,E}，边的集合 E={(A,C)，(A,E)，(D,B)，(D,A)}。G2 中的边无方向性，如(C,A)表示 C 和 A 之间有条无向边。由顶点集和无向边集合构成的图称为无向图，图 G2 就是一个无向图。图的顶点间有边相连，则顶点间有邻接关系，如(v_i,v_j)是一条无向边，则称 v_i 和 v_j 邻接、边(v_i,v_j)邻接于顶点 v_i 和 v_j；$<v_i,v_j>$是条有向边，则称 v_i 邻接到 v_j 或 v_j 和 v_i 邻接，边$<v_i,v_j>$邻接于顶点 v_i 和 v_j。有向图中，由一个顶点射出的有向边的条数称为该顶点的出度，射入一个顶点的有向边的条数称为该顶点的入度，例如图 G1 中顶点 A 的入度为 3，出度为 1。无向图中邻接于一个顶点的边的总数称为该顶点的度，例如在图 5-1 中的 G2 中，顶点 B 的度为 1，顶点 A 的度为 3。

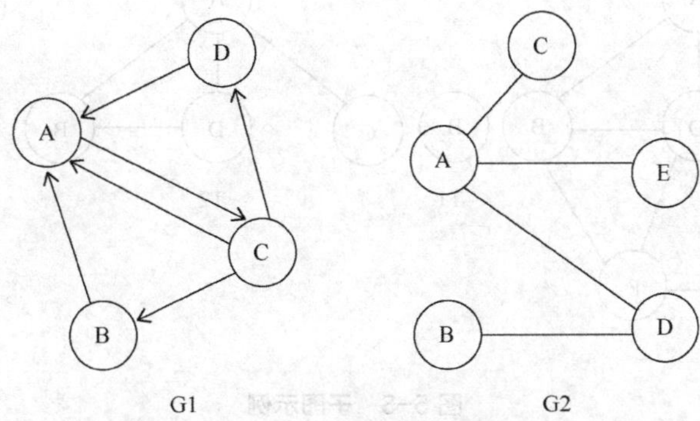

图 5-1　有向图 G1 和无向图 G2

一个图中不能包含同一条边的多个副本，也不能包含自连边，即(v_j,v_j)或者$<v_j,v_j>$。在具有 n 个顶点的无向图中，如果任意两个顶点间都有边相连，此时边的条数最多，为 $C_n^2=n(n-1)/2$，这样的图称为无向完全图；对有向图而言，边的条数最多为 $P_n^2=n(n-1)$，这样的图称为有向完全图。在图的实际应用中，边常常带有一定的权重，边带有权重的有向图、无向图分别称为加权有向图、加权无向图，统称为网络。图 5-2 中的 G3、G4 分别是一个加权无向图和加权有向图。

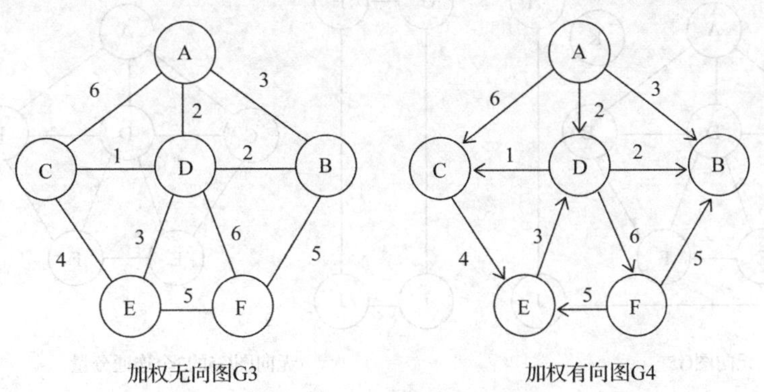

图 5-2　加权图（网络）

对于图中的任意两个顶点 v_i 和 v_j，如果从顶点 v_i 出发，经过若干条无向边或者有向边可以到达顶点 v_j，则称从顶点 v_i 到顶点 v_j 之间存在着一条路径，路径的长度是顶点 i 到顶点 j 之间的无向边或有向边的条数，如果边上有权重，路径长度为路径上所有边的权重之和。在无向图中，可用顶点序列 V_0，V_1，V_2，…，V_{n-1}，V_n 表示自 V_0 到 V_n 的长度为 n 的一条路径，这条路径由边(V_0,V_1)，(V_1,V_2)，…，(V_{n-1},V_n)构成；在有向图中，顶点序列 V_0，V_1，V_2,…，V_{m-1}，V_m 表示自 V_0 到 V_m 的长度为 m 的一条路径，它由有向边<V_0,V_1>，<V_1,V_2>，…，<V_{m-1},V_m>构成。如图 G2 中，顶点序列 C，A，D，B 表示一条由无向边(C,A)，(A,D)，(D,B)构成的长度为 3 的路径；在图 G4 中，顶点序列 A，D，C，E 表示一条由有向边<A,D>，<D,C>，<C,E>构成的长度为 7 的路径。

如果一条路径上除了第一个顶点和最后一个顶点可能相同之外，其余各顶点都不相同，这样的路径称为简单路径。简单路径中，如果第一个顶点和最后一个顶点相同，则该路径也称为简单回路或简单环。在图 5-2 的图 G3 中，顶点序列 A，D，E，F 是简单路径；顶点序列 A，D，E，F，B，A 是简单路径，也是简单回路；顶点序列 A，D，C，E，D，B 不是简单路径；顶点序列 A，D，C，E，D，B，A 是回路，但不是简单回路。

假设有两个图 G = (V,E)和 G'= (V', E')，且 V'是 V 的子集，E'是 E 的子集，则称 G'是 G 的子图，例如图 5-3 所示，图 T1、T2、T3 都是图 T 的子图。

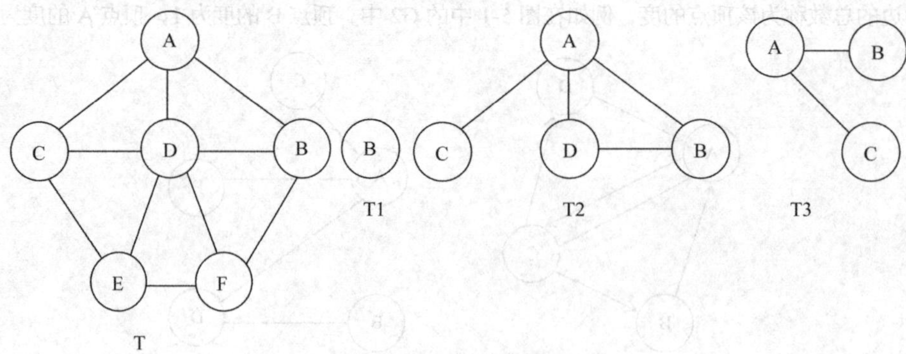

图 5-3　子图示例

在一个图中，如果顶点 v_i 和 v_j 之间有路径存在，则称顶点 v_i、v_j 之间是连通的。在一个无向图中，如果任意两个顶点对之间都是连通的，则称该无向图 G 是连通图，无向图的极大连通子图称为连通分量。在一个有向图 G 中，如果任意两个顶点对之间都是连通的，则称有向图 G 是强连通图，有向图的极大连通子图称强连通分量。图 5-1 中的有向图 G1 是强连通图，无向图 G2 是连通图。如图 5-4 所示是一个无向图 G5 和它的 3 个连通分量，图 5-5 所示是一个有向图 G6 和它的 3 个强连通分量。

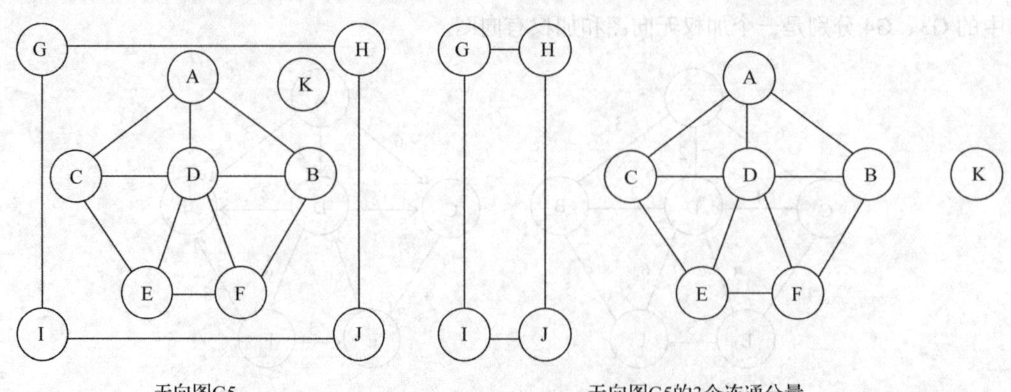

图 5-4　无向图 G5 和它的 3 个连通分量

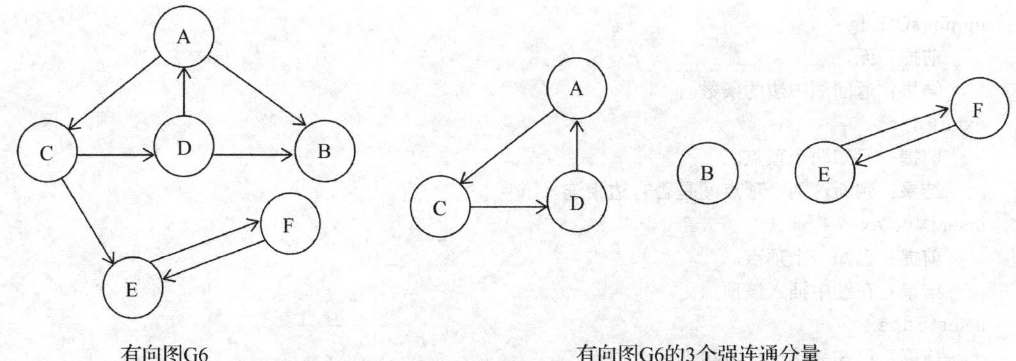

图 5-5 有向图 G6 和它的两个强连通分量

连通图的极小连通子图是生成树，该连通子图包含连通图的所有 n 个顶点，但只含它的 n-1 条边。如果去掉一条边，这个子图将不连通；如果增加一条新的边(v_i,v_j)，则因顶点 v_i 和 v_j 之间原本连通，即存在一条路径，加上新加的这条边便形成了回路，有回路也就不再是树。图 5-6 所示是连通图和它的两个不同的生成树的示例，由此可看出，一个连通图的生成树并不唯一。

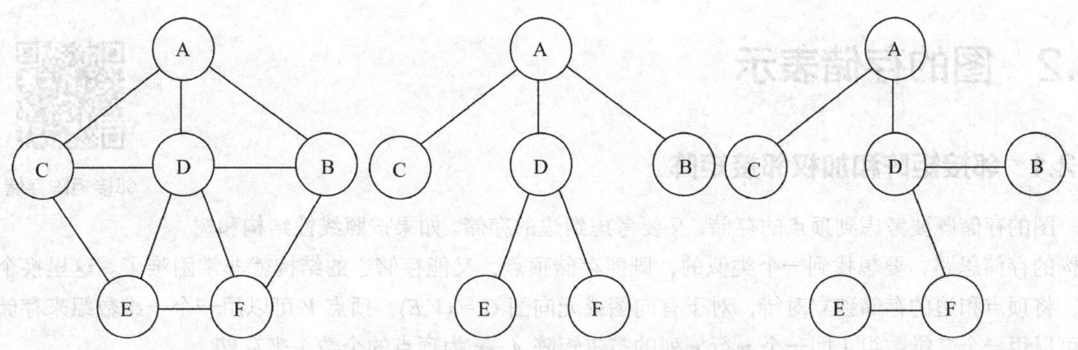

图 5-6 连通图 G7 和它的两个生成树

5.1.2 图的抽象数据类型

首先定义图的抽象数据类型，如 ADT5-1 所示，其基本操作包括构造类（创建一个图结构）、属性类（查询操作，查询图中顶点的个数、边的条数、各顶点的度及某些边是否存在等简单特征）、数据操纵类（顶点和边的插入、删除操作）、遍历类（访问图中每个顶点且只访问一遍）、典型应用操作（最小生成树、拓扑排序、最短路径、关键路径等）。其中遍历类和典型应用操作较复杂。

ADT 5-1：图 Graph 的 ADT。

数据及关系：

具有相同数据类型的数据元素（结点）的有限集合。图用一个二元组 $G = (V, E)$ 表示，其中 V 是顶点（即元素）的非空集合，E 是两个顶点间边（弧）的集合。

操作：

initialize

前提：无。

结果：创建一个空的图结构。

numberOfVertex

前提：无。

结果：返回图中顶点的个数。

numberOfEdge
前提：无。
结果：返回图中边的条数。
existEdge
前提：已知两个顶点。
结果：判断这两个顶点间是否有边相连。
insertVertex
前提：已知一个顶点。
结果：在图中插入该顶点。
insertEdge
前提：已知邻接于一条边的两个顶点。
结果：在图中插入这条边。
removeVertex
前提：已知一个顶点。
结果：在图中删除这个顶点以及所有邻接于这个顶点的边。
removeEdge
前提：已知邻接于一条边的两个顶点。
结果：在图中删除这条边。

5.2 图的存储表示

邻接矩阵存储

5.2.1 邻接矩阵和加权邻接矩阵

图的存储既要考虑到顶点的存储，又要考虑到边的存储。如果按照线性结构和树结构的存储思路，要想找到一个类似的，既能存储顶点，又能存储边的结构就非常困难了。这里换个思路，将顶点和边的存储独立对待，对于有向图或无向图 $G=(V,E)$，顶点 V 可以用一个一维数组来存储；边可以用一个二维数组（即一个 n 行 n 列的布尔矩阵 A，n 为顶点的个数）来存储。

一维数组中仅仅存储了顶点，且各顶点地位相同，因此存储顶点时将顶点排成任何顺序都可以。一旦顶点存储在这个一维数组中，每个顶点即对应了一个唯一的数组下标，顶点 i 即顶点在存储它的一维数组中对应的下标为 i。在布尔矩阵 A 中，如果图中顶点 i、j 存在一条自顶点 i 到 j 的有向边或无向边，则 $A[i][j]=1$，否则 $A[i][j]=0$。另外，通常设主对角线上的元素 $A[i][i]=0$，即顶点到自身没有边相连，A 的表达式如下。

$$A[i][j]=\begin{cases}1，存在<i,j>\in E 或（i,j）\in E 时，\\0，不存在<i,j>\in E 或（i,j）\in E，或 i=j 时\end{cases}$$

图 5-7 展示了有向图 G8 和无向图 G9 的邻接矩阵。

在用邻接矩阵表示无向图和有向图时，可以很容易地得到顶点的度或者出度、入度。如对有向图，其邻接矩阵某一行中所有 1 的个数就是相应行顶点的出度；某一列中所有 1 的个数就是相应列顶点的入度。在无向图中，某一行中所有 1 的个数或者某一列中所有 1 的个数就是相应顶点的度。参看图 5-7，有向图 G8 的邻接矩阵第 1 行中 1 的个数为 1，意味着顶点 B 的出度为 1；第 0 列中 1 的个数为 3，意味着顶点 A 的入度为 3。无向图 G9 的邻接矩阵第 4 行和第 4 列中 1 的个数都为 1，意味着顶点 E 的度为 1；而第 3 行和第 3 列中 1 的个数都为 2，意味着顶点 D 的度为 2。

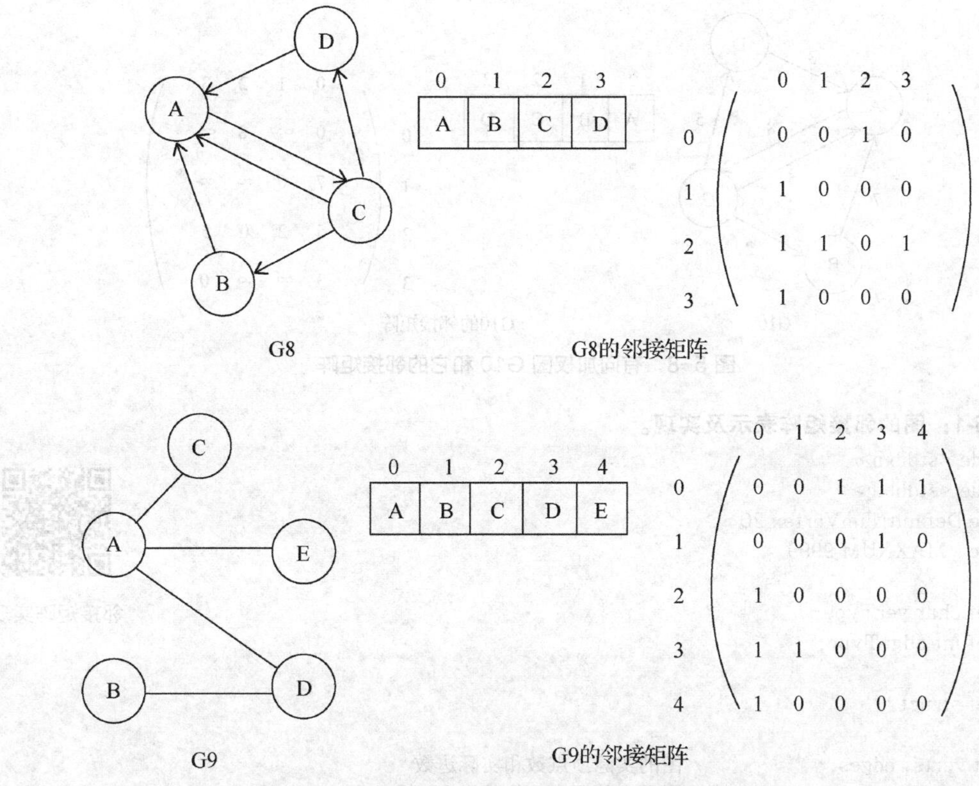

图 5-7　有向图和无向图的邻接矩阵

再次观察无向图 G9 的邻接矩阵，因为 G9 是一个无向图，所以同一条边在邻接矩阵中会出现两次，如由于顶点 A、C 之间有一条无向边，因此邻接矩阵 A[0][2]和 A[2][0]都为 1。在一般情况下，如果顶点 i 和 j 之间有一条无向边，那么 A[i][j]=A[j][i] =1。这意味着，无向图的邻接矩阵是以主对角线为轴对称的，因此在存储时可以只存储它的上三角矩阵或下三角矩阵，其中主对角线全为零，也可以不予存储，这样所占用的数组元素（可用一维数组作为它的存储结构）个数将为 $0+1+2+\cdots+n-1=n(n-1)/2$（$n$ 为顶点个数），和原来需要存储 n^2 个元素相比，空间节约了二分之一还多。

邻接矩阵的优点是判断任意两个顶点 i、j 之间是否存在一条边非常容易，直接看 A[i][j]，用 $O(1)$的时间就可以得到。但是即使边的总数远远小于 n^2，也需内存 n^2 个单元，需要的空间太多。另外，仅仅读入数据就耗费 $O(n^2)$时间。如果图是稠密图（边数非常多），尤其是有向图，采用邻接矩阵还是合适的；如果图是稀疏图（边数很少），就不合算了。

有时也用加权邻接矩阵表示加权有向图或无向图。如图 5-8 所示，如果顶点 i 至 j 有一条有向边且它的权值为 8，则可令 A[i][j]=8；如果顶点 i 至 j 没有边相连，则可令 A[i][j]=∞；主对角线上的元素依然有 A[i][i]=0。这里需注意，有向图的权值常常表示一种代价，因此无边相连用∞表示比用 0 表示更合适，对角线为 0 表示顶点自己到自己代价为 0。另外，用 C 语言编程时，整数在内存中的表示是有范围的，所以常用整数的最大值或者选择一个相对大的值来代表这里的无穷大。

对于有向图而言，矩阵的第 i 行的元素值非 0 且非∞的个数是顶点 i 的出度，第 j 列的元素值非 0 且非∞的个数是顶点 j 的入度。对于无向图而言，矩阵第 i 行或第 i 列的矩阵元素值非 0 且非∞的个数是顶点 i 的度。程序 5-1 实现了一个加权图的邻接矩阵表示和基本操作，程序 5-2 完成了图 G8 的存储及部分基本操作的简单测试。

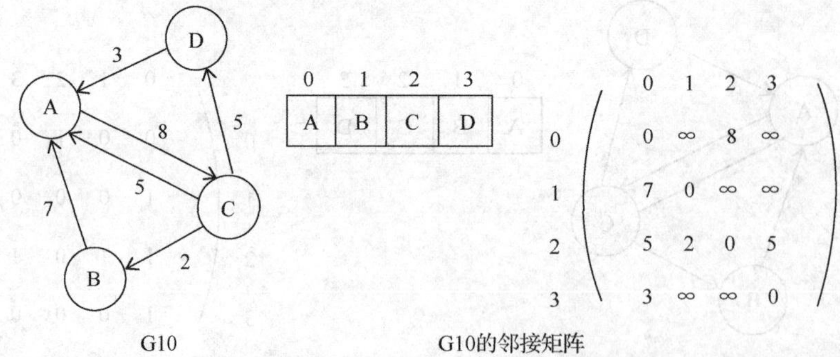

图 5-8　有向加权图 G10 和它的邻接矩阵

程序 5-1：图的邻接矩阵表示及实现。

邻接矩阵实现

```
#include <stdio.h>
#include <stdlib.h>
#define DefaultNumVertex 20
#define    MAXNUM 9999

typedef char verType;
typedef int edgeType;

typedef struct
{
    int verts, edges;                    //图的实际顶点数和实际边数
    int maxVertex;                       //图顶点的最大可能数量
    verType *verList;                    //保存顶点数据的一维数组
    edgeType **edgeMatrix;               //保存邻接矩阵内容的二维数组
    edgeType noEdge;                     //无边的标志，一般图为0，网为无穷大MAXNUM
    int directed;                        //有向图为1，无向图为0
} Graph;

//初始化图结构g，direct标志是否有向图，e为无边数据
void initialize(Graph *g, int direct, edgeType e);
int numberOfVertex(Graph *g) { return g->verts; };     // 返回图当前顶点数
int numberOfEdge(Graph *g) { return g->edges; };      // 返回图当前边数
int getVertex( Graph *g, verType vertex); //返回顶点值为vertex的元素在顶点表中的下标
int existEdge(Graph *g, verType vertex1,verType vertex2);//判断某两个顶点间是否有边
void insertVertex (Graph *g, verType vertex );          //插入顶点
void insertEdge(Graph *g, verType vertex1, verType vertex2, edgeType edge); //插入边
void removeVertex(Graph *g, verType vertex);          //删除顶点
void removeEdge (Graph *g, verType vertex1, verType vertex2); //删除边
//返回顶点vertex的第一个邻接点，如果无邻接点返回-1
int getFirstNeighbor(Graph *g, verType vertex );
//返回顶点vertex1相对vertex2的下一个邻接点，如果无下一个邻接点返回-1
int getNextNeighbor(Graph *g, verType vertex1, verType vertex2);
void disp(Graph *g); //显示邻接矩阵的值

//-----------------------------函数实现-----------------------------
//初始化图结构g，direct标志是否有向图，e为无边数据
void initialize(Graph *g, int direct, edgeType e)
{
    int i, j;
```

```
    //初始化属性
    g->directed = direct;
    g->noEdge = e;
    g->verts = 0;
    g->edges = 0;
    g->maxVertex = DefaultNumVertex;

    //为存顶点的一维数组和存边的二维数组创建空间
    g->verList = (verType *)malloc(sizeof(verType)*g->maxVertex);
    g->edgeMatrix = (edgeType **) malloc(sizeof(edgeType*)*g->maxVertex);
    for (i=0; i<g->maxVertex; i++)
        g->edgeMatrix[i] = (edgeType *) malloc(sizeof(edgeType)*g->maxVertex);

    //初始化二维数组，边的个数为0
    for (i=0; i<g->maxVertex; i++)
            for (j=0; j<g->maxVertex; j++)
                if (i==j)
                    g->edgeMatrix[i][j] = 0;//对角线元素
                else
                    g->edgeMatrix[i][j] = g->noEdge;
}

int getVertex( Graph *g, verType vertex) //返回顶点值为vertex的元素在顶点表中的下标
{
    int i;
    for (i=0; i<g->verts; i++)
        if (g->verList[i]==vertex)
            break;
    return i;
}

//判断某两个顶点间是否有边
int existEdge(Graph *g, verType vertex1,verType vertex2)
{
    int i, j;

    //找到顶点vertex1和vertex2的下标
    for (i=0; i<g->verts; i++)
        if (g->verList[i]==vertex1)
            break;
    for (j=0; j<g->verts; j++)
        if (g->verList[j]==vertex2)
            break;

    if (g->edgeMatrix[i][j] == g->noEdge)
        return 0;
    else
        return 1;
}

void insertVertex (Graph *g, verType vertex ) //插入顶点
{
    if (g->verts == g->maxVertex ) exit(1);
```

```
    g->verts++;
    g->verList[g->verts-1] = vertex;
}

void insertEdge(Graph *g, verType vertex1, verType vertex2, edgeType edge) //插入边
{
    int i, j;

    //找到顶点vertex1和vertex2的下标
    for (i=0; i<g->verts; i++)
        if (g->verList[i]==vertex1)
            break;
    for (j=0; j<g->verts; j++)
        if (g->verList[j]==vertex2)
            break;
    if ((i==g->verts)||(j==g->verts))
        exit(1);
    g->edgeMatrix[i][j] = edge;
    g->edges++;
    if (g->directed==0) //如果是无向图，矩阵中关于主对角线的对称点也要设置
        g->edgeMatrix[j][i] = edge;
}

void remove Vertex(Graph *g, verType vertex)    //删除顶点
{
    int i, j, k, count;

    //找到该顶点在顶点表中的下标
    for (i=0; i<g->verts; i++)
        if (g->verList[i]==vertex)
            break;
    if (i==g->verts) exit(1); //该顶点不在顶点表中

    //计数被删除顶点射出的边的条数
    for (j=0; j<g->verts; j++)
        if ( g->edgeMatrix[i][j]!= g->noEdge)
            count++;
    if (g->directed == 1)

    //有向图还需计数被删除顶点射出的边的条数
        for (j=0; j<g->verts; j++)
            if ( g->edgeMatrix[j][i]!= g->noEdge)
                count++;

    //删除邻接矩阵的第i行和第i列
    //将所有行号大于i的行上移一行
    for (j=i; j<g->verts-1; j++)
        for (k=0; k<g->verts; k++)
            g->edgeMatrix[j][k]= g->edgeMatrix[j+1][k];

    //将所有列号大于i的行左移一列
    for (j=i; j<g->verts-1; j++)
```

```
            for (k=0; k<g->verts; k++)
                g->edgeMatrix[j][k]= g->edgeMatrix[j+1][k];

    //图中边数减去删除的边数
    g->edges = g->edges-count;

    //顶点表中删除第i顶点
    for (j=i; j<g->verts-1; j++)
        g->verList[j] = g->verList[j+1];
    //顶点数减1
    g->verts--;
}

void removeEdge (Graph *g, verType vertex1, verType vertex2)//删除边
{
    int i, j;

    for (i=0; i<g->verts; i++)
        if (g->verList[i]==vertex1)
            break;
    for (j=0; j<g->verts; j++)
        if (g->verList[j]==vertex2)
            break;
    if ((i==g->verts)||(j==g->verts)) exit(1);
    g->edgeMatrix[i][j] == g->noEdge;
    g->edges--;

    if (g->directed == 0)
        g->edgeMatrix[j][i] == g->noEdge;
}

//返回顶点vertex的第一个邻接点，如果无邻接点返回-1
int getFirstNeighbor(Graph *g, verType vertex )
{
    int i, j;

    for (i=0; i<g->verts; i++)
        if (g->verList[i]==vertex)
            break;
    if (i==g->verts) exit(1);

    for (j=0; j<g->verts; i++)
        if (g->edgeMatrix[i][j]!=g->noEdge)
            break;
    if (j==g->verts) return -1;
}
    return j;

//返回顶点vertex1相对vertex2的下一个邻接点，如果无下一个邻接点返回-1
int getNextNeighbor(Graph *g, verType vertex1, verType vertex2)
{
```

```
    int i,j,k;

    for (i=0; i<g->verts; i++)
        if (g->verList[i]==vertex1)
            break;
    for (j=0; j<g->verts; j++)
        if (g->verList[j]==vertex2)
            break;
    if ((i==g->verts)||(j==g->verts)) exit(1);

    for (k=j+1; k<g->verts; k++)
        if (g->edgeMatrix[i][k]!=g->noEdge)
            break;

    if (k==g->verts)
        k = -1;
    return k;
}

void disp(Graph *g) //显示邻接矩阵的值
{
    int i, j;

    for (i=0; i<g->verts; i++)
    {
        for (j=0; j<g->verts; j++)
            printf("%d ", g->edgeMatrix[i][j]);
        printf("\n");
    }
}
```

程序 5-2：图 Graph 类的简单测试。

```
int main()
{
    Graph g;
    int i;
    verType v1, v2;
    edgeType value;

    initialize(&g,1,0);

    for (i=0; i<4; i++)//插入4个顶点
        insertVertex(&g,'A'+i);

    for (i=0; i<6; i++)//插入6条边
    {
        v1 = getchar();
        v2 = getchar();
        value = 1;

        insertEdge(&g,v1,v2,value); //插入边
```

```
        getchar();
    }
    disp(&g);

    return 0;
}
```

5.2.2 邻接表

邻接表实现

邻接表存储

当图中的边数很少时，邻接矩阵中的很多元素都是空的，用邻接矩阵表示会浪费大量的空间。为了节约空间，可以仅存储有边的信息，无边则忽略。对于无向图，邻接于某个顶点的所有边形成一条单链表，通过查找这条单链表就可以得到与该顶点邻接的所有边；对于有向图，自某个顶点出发的所有边形成一条单链表，通过查找这条单链表就可以得到该顶点射出的所有边。将所有顶点和每个顶点连接的单链表首指针由一个一维数组表示，即表示图的数据结构由两部分构成，第一部分称为顶点表，它保存所有顶点的信息；第二部分称为边表，它给出所有和顶点邻接的边的信息。

用邻接表表示有向图时，顶点表是一个一维数组，用于保存所有顶点和各个顶点射出的边表的首指针，即每个顶点由两个字段构成，一个是数据字段 data，用以保存顶点的值和其他信息；另一个字段 adj 是一个指针字段，用以保存由该顶点射出的边表中首结点的地址。在边表中，每个结点由两个字段构成，第一个字段为 dest，它给出该边到达（射入）的顶点的地址（图 5-9 中用数组表示顶点表，所以此处地址就是顶点下标）；另一个字段是 link，它给出自同一顶点出发的下一条边的边结点的地址。如图 5-9 所示，0、1、2、3 分别表示顶点 A、B、C、D 在顶点表中存储时的下标，从顶点 C 的 adj 字段可以得到它的第一条边的边结点<2,0>的地址，该边结点中的 dest 字段的值为 0，表示它是由顶点 C 出发的一条到达 A 的边；该边结点的 link 字段指向的下一条边结点<2,1>，dest 为 1，表示它是由顶点 C 出发的一条到达 B 的边，其 link 指向的下一条边结点<2,3>，dest 为 3，表示它是由顶点 C 出发的一条到达 D 的边。尽管边表中边结点存储时形成一定顺序，但实际上边结点的顺序不是唯一的。

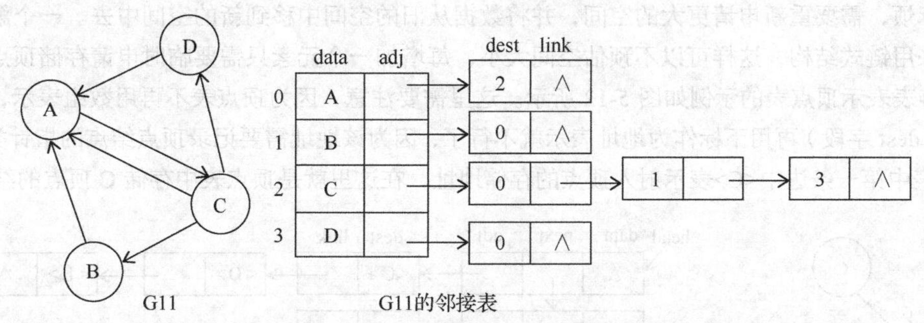

图 5-9　有向加权图 G11 和它的邻接表

图用邻接表表示时，要想得到某个顶点的出度，要遍历该顶点连接的边表；要判断某两个顶点间是否有边，也需要遍历该顶点连接的边表，在判断是否有边这方面的性能不如用邻接矩阵表示。空间上，邻接表只占 $O(n+e)$（n 为顶点个数，e 为边的条数），比邻接矩阵的 $O(n^2)$节省，尤其在稀疏图的情况下，空间的利用率大大提高。但邻接表在计算某个顶点的入度时很不方便，需要遍历所有边表，时间代价为 $O(e)$，这对于经常需要查询边和计算顶点的入度的情况十分不便，为应对这种情况，又引入了逆邻接表表示法。

从图 5-10 可以看出，利用逆邻接表，求某个顶点的入度很方便，只需要遍历该顶点的边表即可。如计算顶点 A 的入度，遍历并计数其边表，即可得出入度为 3 的结论。

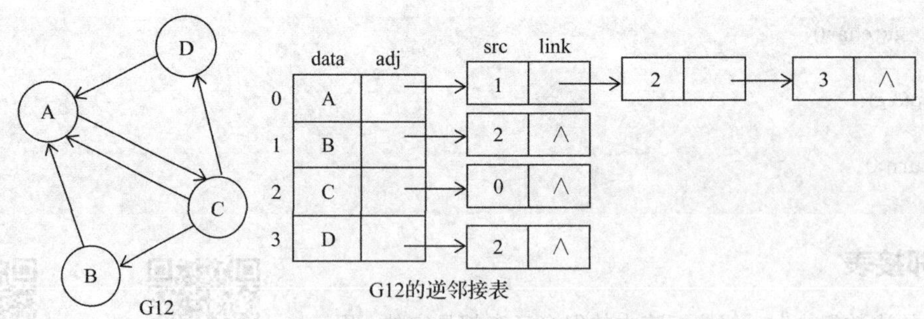

图 5-10 有向加权图和它的逆邻接表

图 5-11 所示为无向图的邻接表示例，从图中可以看出，无向图的 4 条边用了 8 个边结点，即同一条边分别出现在该边邻接的两个顶点连接的边表中，如边(A,D)既出现在 A 的边表中，也出现在 D 的边表中，同一条边在边表中出现了两次。

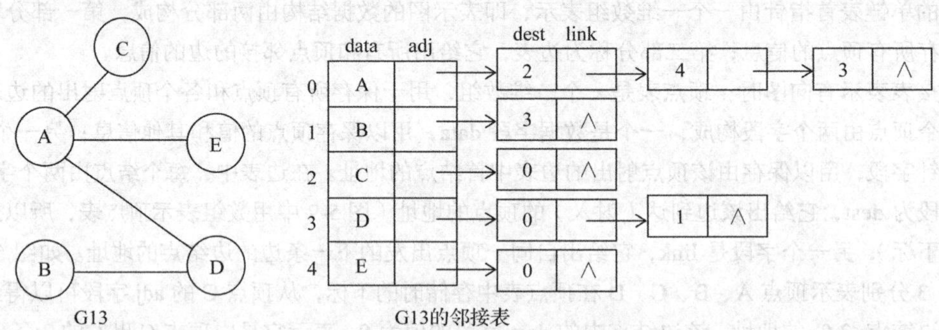

图 5-11 无向图的邻接表示例

以上顶点表都用了动态数组，从程序 5-1 中图初始化函数中的语句 g->maxVertex = DefaultNumVertex 可知，需要预估数组规模大小为 DefaultNumVertex，如果这个常量值没有预留扩展的空间，要增加一个顶点就比较麻烦，需要重新申请更大的空间，并将数据从旧的空间中移到新的空间中去。一个解决办法是顶点表也采用链式结构，这样可以不预估空间大小，每增加一个元素只需要临时申请存储顶点的结点空间，用单链表表示顶点表的示例如图 5-12 所示。这里需要注意，因为顶点表不再用数组表示，在边表中射入顶点（dest 字段）再用下标作为地址表示就不行了，因为该地址需要记录顶点结点的指针类型。如顶点 A 的边表中第一条边中<C>表示射入顶点的存储地址，在这里就是顶点表中存储 C 顶点的结点地址。

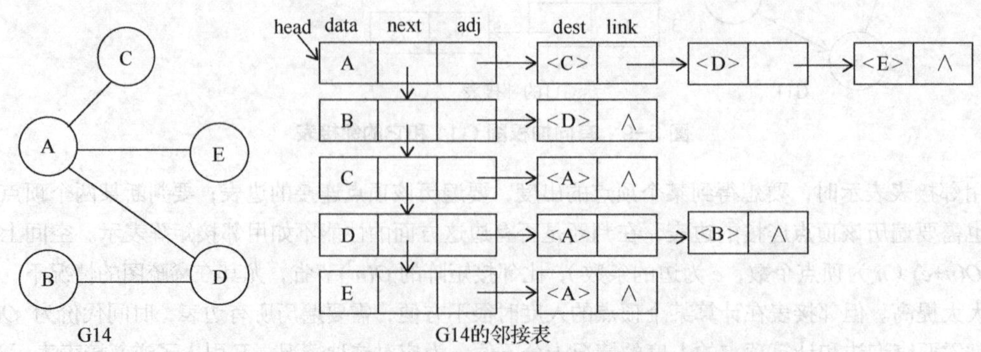

图 5-12 用单链表表示顶点表的无向图的邻接表

程序 5-3 实现了邻接表表示的有向图的存储及基本操作，程序 5-4 为其简单的测试程序。

程序 5-3：图的邻接表表示（顶点表用数组存储）及实现。

```
#include <stdio.h>
#include <stdlib.h>

#define DefaultNumVertex 20

typedef char verType;
typedef int   edgeType;

typedef struct
{
    int ver; //边的一个结点
    edgeType edge;
    struct edgeNode *next;//下一条边
} edgeNode;

typedef struct
{
    verType data; //顶点元素的值
    struct edgeNode * link; //首条边结点的地址
} verNode;

typedef struct
{
    int verts, edges;         //图的实际顶点数和实际边数
    int maxVertex;            //图顶点的最大可能数量
    verNode *verList;         //保存顶点数据的一维数组
    int directed;             //有向图为1，无向图为0
} Graph;

//初始化图结构g，irect标志是否有向图，e为无边数据
void initialize(Graph *g, int direct);
int numberOfVertex(Graph *g) { return g->verts; }; // 返回图当前顶点数
int numberOfEdge(Graph *g) { return g->edges; }; // 返回图当前边数
int getVertex( Graph *g, verType vertex); //返回顶点值为vertex的元素在顶点表中的下标
//判断某两个顶点间是否有边
int existEdge(Graph *g, verType vertex1,verType vertex2);
void insertVertex (Graph *g, verType vertex ); //插入顶点
void insertEdge(Graph *g, verType vertex1, verType vertex2, edgeType edge); //插入边
void removeVertex(Graph *g, verType vertex);   //删除顶点
void removeEdge (Graph *g, verType vertex1, verType vertex2); //删除边
//返回顶点vertex的第一个邻接点，如果无邻接点返回-1
int getFirstNeighbor(Graph *g, verType vertex );
//返回顶点vertex1的相对vertex2的下一个邻接点，如果无下一个邻接点返回-1
int getNextNeighbor(Graph *g, verType vertex1, verType vertex2);
void disp(Graph *g); //显示邻接表的值

//-----------------------------------函数实现-----------------------------------------
//初始化图结构g，direct标志是否有向图，e为无边数据
void intialize(Graph *g, int direct)
{
```

```
    //属性初始化
    g->directed = direct;
    g->verts = 0;
    g->edges = 0;
    g->maxVertex = DefaultNumVertex;

    g->verList = (verNode *)malloc(sizeof(verNode)*g->maxVertex);
}

int getVertex( Graph *g, verType vertex) //返回顶点值为vertex的元素在顶点表中的下标
{
    int i;
    for (i=0; i<g->verts; i++)
        if (g->verList[i].data==vertex)
            break;
    if(i==g->verts)exit(1);
    return i;
}

//判断某两个顶点间是否有边
int existEdge(Graph *g, verType vertex1,verType vertex2)
{
    int i, j;
    edgeNode *p;

    //求顶点值为vertex1和vertex2的下标i、j
    for (i=0; i<g->verts; i++)
        if (g->verList[i].data==vertex1)
            break;
    for (j=0; j<g->verts; j++)
        if (g->verList[j].data==vertex2)
            break;

    p = g->verList[i].link;
    while (p)
    {
        if (p->ver==j) break;
    }
    if (p) return 1;
    else return 0;
}

void insertVertex (Graph *g, verType vertex ) //插入顶点
{
    if (g->verts == g->maxVertex ) exit(1);
    g->verts++;
    g->verList[g->verts-1].data = vertex;
    g->verList[g->verts-1].link = NULL;
}

void insertEdge(Graph *g, verType vertex1, verType vertex2, edgeType edge) //插入边
```

```
{
    int i, j;
    edgeNode *p;

     //求顶点值为vertex1和vertex2的下标i、j
    for (i=0; i<g->verts; i++)
        if (g->verList[i].data==vertex1)
            break;
    for (j=0; j<g->verts; j++)
        if (g->verList[j].data==vertex2)
            break;
    if ((i==g->verts)||(j==g->verts))
        exit(1);

    //创建边结点并设置边结点中的值
    p = (edgeNode *) malloc(sizeof(edgeNode));
    p->ver = j;
    p->edge = edge;
    p->next = g->verList[i].link;

    g->verList[i].link = p;
    g->edges++;

    if (g->directed==0) //如果是无向图，矩阵中关于主对角线的对称点也要设置
    {
        p = (edgeNode *) malloc(sizeof(edgeNode));
        p->ver = i;
        p->edge = edge;
        p->next = g->verList[j].link;
    }
}

void removeEdge (Graph *g, verType vertex1, verType vertex2)//删除边
{
    int i, j;
    edgeNode *p, *q;

     //求顶点值为vertex1和vertex2的下标i、j
    for (i=0; i<g->verts; i++)
        if (g->verList[i].data==vertex1)
            break;
    for (j=0; j<g->verts; j++)
        if (g->verList[j].data==vertex2)
            break;
    if ((i==g->verts)||(j==g->verts)) exit(1);

    //在顶点i的边表中找到dest为j的边(i,j)
    p = g->verList[i].link;
    while (p)
    {
        if (p->ver == j) break;
```

```
            q=p;
            p=p->next;
        }
        if (!p) exit(1);
        if (p==g->verList[i].link)//如果该边是边表中的首结点，修改顶点结点中link字段
        {
            g->verList[i].link = p->next;
            free(p);
        }
        else//如果该边不是边表中的首结点，其前一边结点指向其下一边结点
        {
            q->next = p->next;
            free(p);
        }
        g->edges--;

        //如果是无向图，还要删除边结点(j,i)
        if (g->directed == 0)
        {
            p = g->verList[j].link;
            while (p)
            {
                if (p->ver == i) break;
                q=p;
                p=p->next;
            }
            if (!p) exit(1);
            if (p==g->verList[j].link)
            {
                g->verList[j].link = p->next;
                free(p);
            }
            else
            {
                q->next = p->next;
                free(p);
            }
        }
    }

    void removeVertex(Graph *g, verType vertex)    //删除顶点
    {
        int i, j;
        int cnt;
        edgeNode *p, *q;

        //找到该顶点在顶点表中的下标
        for (i=0; i<g->verts; i++)
            if (g->verList[i].data==vertex)
                break;
        if (i==g->verts) exit(1); //该顶点不在顶点表中
```

```
//删除所有由顶点i射出的边
p = g->verList[i].link;
cnt=0; //被删除的边结点的个数
while (p)
{
    g->verList[i].link = p->next;
    free(p);
    cnt++;
    p = g->verList[i].link;
}

//在所有边表中删除所有射入顶点i的边，同样适用于无向图
for (i=0; i<g->verts; i++)
{
    p = g->verList[i].link;
    q = NULL;
    while (p)
    {
        if (p->ver == i) break;
        q = p;
        p = p->next;
    }
    if (!p) continue;
    if (!q) //边结点的首结点ver为i
    {
        g->verList[i].link = p->next;
        free(p);
        cnt++;
        continue;
    }
    q->next = p->next;
    free(p);
    cnt++;
}

//在顶点表中删除顶点
for (j=i; j<g->verts-1; j++)
{
    g->verList[j].data = g->verList[j+1].data;
    g->verList[j].link = g->verList[j+1].link;
}

//将所有边表中ver值大于i的全部减1
for (j=0; j<g->verts; j++)
{
    p = g->verList[j].link;
    while (p)
    {
        if (p->ver > i)
            p->ver--;
```

```
            p=p->next;
        }
    }
    g->verts--;
    g->edges = g->edges - cnt;
}

//返回顶点vertex的第一个邻接点，如果无邻接点返回-1
int getFirstNeighbor(Graph *g, verType vertex )
{
    int i;
    edgeNode *p;

    for (i=0; i<g->verts; i++)
        if (g->verList[i].data==vertex)
            break;
    if (i==g->verts) exit(1);

    p = g->verList[i].link;
    if (!p) return -1;
    return p->ver;
}

//返回顶点vertex1相对vertex2的下一个邻接点，如果无下一个邻接点返回-1
int getNextNeighbor(Graph *g, verType vertex1, verType vertex2)
{
    int i,j;
    edgeNode *p;

    for (i=0; i<g->verts; i++)
        if (g->verList[i].data==vertex1)
            break;
    for (j=0; j<g->verts; j++)
        if (g->verList[j].data==vertex2)
            break;
    if ((i==g->verts)||(j==g->verts)) exit(1);

    p = g->verList[i].link;
    while (p)
    { if (p->ver==j) break;
      p=p->next;
    }
    if (!p || !p->next) return -1; //无下一个邻接点
    p = p->next;
    return p->ver;
}

void disp(Graph *g) //显示邻接表的值
{
    int i;
    edgeNode *p;
```

```
    for (i=0; i<g->verts; i++)
    {
        printf("%c ", g->verList[i].data);
    }
    printf("\n");

    for (i=0; i<g->verts; i++)
    {
        p = g->verList[i].link;
        while (p)
        {
            printf("%d->%d ", i, p->ver);
            p = p->next;
        }
        printf("\n");
    }
}
```

程序 5-4：图 Graph 类的简单测试。

```
int main()
{
    Graph g;
    int i;
    verType v1, v2;
    edgeType value;

    initialize(&g,1);//初始化图
    for (i=0; i<4; i++)//插入4个顶点
        insertVertex(&g,'A'+i);

    for (i=0; i<6; i++)//插入6条边
    {
        v1 = getchar();
        v2 = getchar();
        value = 1;

        insertEdge(&g,v1,v2,value); //插入边
        getchar();//在输入缓冲区中去掉多余回车
    }

    disp(&g);

    return 0;
}
```

5.2.3 多重邻接表

多重邻接表和十字链表

从图 5-11 和图 5-12 中可以看出，邻接表表示无向图时有一个特点，就是每条边都用了两个边结点，如边(A,C)既在顶点 A 的边表中有一个边结点，也在顶点 C 的边表中有一个边结点，同一条边被存储了两次。这样不仅导致了空间浪费，而且在某些

应用中（如遍历所有边时）因重复而不方便，这时可以采用邻接多重表表示法。邻接多重表中每个边仅使用一个结点来表示，即只存储一遍，但这个边结点同时在该边邻接的两个顶点的边表中被链接，具体示例如图 5-13 所示。在图 5-13 中，先从顶点 A 看，和顶点 A 相邻的边有 3 条，顶点表中 adj 字段负责指向第一条边(0,3)；之后看到边结点中 A 的下标 0 在 ver1 字段中，因此和 A 相邻的第二条边的地址在 link1 字段中；第二条边为(0,2)，该边结点中 A 的下标 0 仍在 ver1 中；第三条边的地址也在 link1 中（如果 A 的下标 0 在 ver2 中，则下一条边看 link2），第三条边中 A 下标 0 仍在 ver1 中；第四条边地址则在 link1 中，但其为 NULL，说明第四条边不存在。从顶点 B 看，顶点表中 adj 指向了边(1,3)，B 的下标 1 在 ver1 中，则如果还有和 B 邻接的其他边则在 link1 中，现在为空，说明没有和 B 相邻的边了。和 D 相邻的边有 2 条，故 D 顶点的 adj 字段指向(0,3)，因 3 在这条边结点的 ver2 中，因此和 D 相邻的下一条边地址在 link2 中，它指向了(1,3)，这条边也因 3 在 ver2 中，所以再下一条边也在 link2 中，因为它为空，则说明下一条边不存在了。

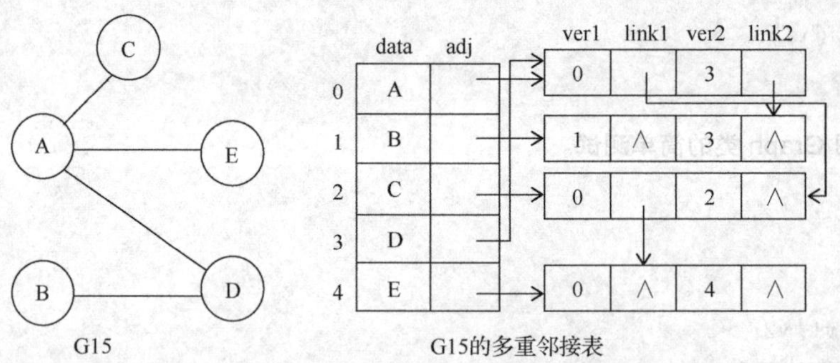

图 5-13　无向图的多重邻接表

无向图用邻接多重表表示时，一条边只要存储一次，如果要计算某个顶点的度，只需要顺着这个顶点的 adj，一路观察其下标在 ver1 还是 ver2 中，如果在 ver1 中，继续沿着 link1 数；如果在 ver2 中，则继续沿着 link2 数，直到遇到空指针结束。如图 5-13 所示，用此方法数 A 的度，先从顶点 A 的 adj 字段看，adj 指向了边(0,3)，在(0,3)边中 A 的下标 0 在 ver1 字段中，则沿着(0,3)边结点的 link1 字段看，找到边(0,2)；在(0,2)边中 A 的下标 0 在 ver1 字段中，则继续沿着(0,2)边结点的 link1 字段看，找到边(0,4)；在(0,4)边中 A 的下标 0 在 ver1 字段中，则继续沿着(0,4)边结点的 link1 字段看，为空，说明没有边了，至此数到了 3 条边，所以 A 的度为 3。

在表示边时，两个顶点谁先谁后都可以，如边(A,D)可以用(0,3)表示，也可以用(3,0)表示，即 0 和 3 谁在 ver1 谁在 ver2 都可以。一般来说，为了避免不小心重复而出错，可以一直按照 ver1 中下标值小于 ver2 中下标值的原则进行。

5.2.4　十字链表

用邻接表表示有向图时，可以很方便地得出某顶点所有射出的边；用逆邻接表表示有向图时，可以很方便地得出某顶点所有射入的边，但要在同一种表示中两者兼顾，可以采用十字链表结构，它将邻接表和逆邻接表结合在一起，如图 5-14 所示。顶点表中，firstin 记录了该顶点第一条射入的边，firstout 记录了该顶点第一条射出的边。如在 G16 中，顶点 C 射出的边有 3 条，firstout 指向了第一条<2,0>，<2,0>边结点的 p1 字段指向了第二条<2,1>，<2,1>边结点的 p1 字段指向了第三条<2,3>，<2,3>边结点的 p1 字段指向空，表示没有了下一条边；顶点 A 射入的边有 3 条，firstin 指向了第一条<1,0>，<1,0>边结点的 p2 字段指向了第二条<2,0>，<2,0>边结点的 p2 字段指向了第三条<3,0>，<3,0>边结点的 p2 字段指向空，表示没有了下一条边。

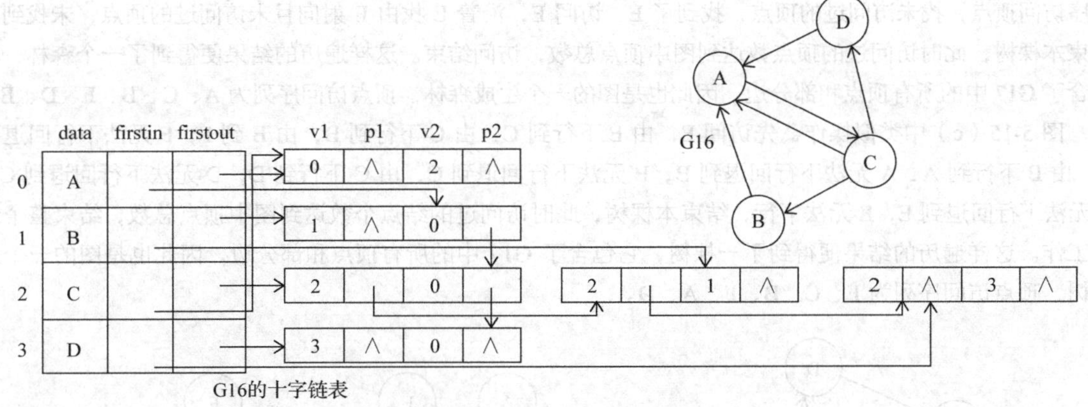

图 5-14 有向图的十字链表

5.3 图的遍历和连通性

关于图，遍历是最基本的操作。对有向图和无向图进行遍历，是按照某种方式逐个访问图中的所有顶点，并且每个顶点只能被访问一次。从某种程度上，对图的遍历可以看成树结构遍历的推广。但图的遍历又有其特殊性：首先图中的顶点地位相同，没有类似树结构中那样有一个特殊的根结点；另外，图中某个顶点可能和多个顶点邻接并且存在回路，因此在图中访问一个顶点 U 之后，在以后的访问过程中，有可能沿着某个路径再次返回到顶点U。为了避免重复访问已经访问过的顶点，在图的遍历过程中通常对已经访问过的顶点加特殊标记。

图的两种最基本的遍历方法分别是深度优先遍历（Depth First Search，DFS）和广度优先遍历（Breadth First Search，BFS)。这两种方法既适用于有向图，也适用于无向图。由于图的各种存储方式中没有规定边结点的顺序，因此在按照某种方式对图进行遍历时，顶点的访问次序可能是不同的。

5.3.1 深度优先遍历 DFS

深度优先遍历

深度优先遍历 DFS 访问方式类似于树的前序访问，它的访问过程如下所述。

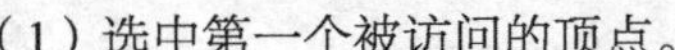

（1）选中第一个被访问的顶点。

（2）对顶点加已访问过的标志。

（3）依次从顶点的未被访问过的第一个、第二个、第三个……邻接顶点出发进行深度优先搜索，转向（2)。

（4）如果还有顶点未被访问，则选中其中一个作为起始顶点，转向（2）。如果所有顶点都已被访问到，则结束。

同一个图的深度优先遍历并不唯一，图 5-15 所示就是图 G17 及对图 G17 的两种不同的深度遍历结果。

图 5-15（b）中先访问顶点 A，然后找到一个由 A 射向的、未访问过的邻接点 C，访问 C；由 C 继续找到一个由 C 射向的、未访问过的邻接点 B，访问 B；由 B 找到一个由 B 射向的、未访问过的邻接点 F，访问 F；再试图由 F 找一个由 F 射向的、未访问过的邻接点，没有找到，则沿着 F 的来路回退到顶点 B，B 也没有其他未访问过的、由 B 射向的邻接点，再沿着 B 的来路回退到 C，找到一个由 C 射向的、未访问过的邻接点 D，访问 D；由 D 找由 D 射向的、未访问过的邻接点，没有找到，沿着来路回退到 C，C 没有其他未访问过且由 C 射向的邻接点，再沿着 C 的来路回退到 A，A 也没有其他未访问过的、由 A 射向的邻接点，结束本棵树。此时，因已经访问过的顶点个数还没有达到图中顶点总数，需要在顶点表中

顺序访问顶点，找未访问过的顶点，找到了 E，访问 E，沿着 E 找由 E 射向且未访问过的顶点，未找到，结束本棵树，此时访问过的顶点数达到图中顶点总数，访问结束。这样遍历的结果便得到了一个森林，它包含了 G17 中的所有顶点和部分边，因此也是图的一个生成森林，顶点访问序列为 A、C、B、F、D、E。

图 5-15（c）中类似操作，先访问 E，由 E 下行到 C，由 C 下行到 B，由 B 到 F，F 无法下行回退到 B，由 B 下行到 A，A 无法下行回退到 B，B 无法下行回退到 C，由 C 下行到 D，D 无法下行回退到 C，C 无法下行回退到 E，E 无法下行，结束本棵树，此时访问过的结点个数达到图中顶点总数，结束整个遍历工作。这样遍历的结果便得到了一棵树，它包含了 G17 中的所有顶点和部分边，因此也是图的一个生成树，顶点访问序列为 E、C、B、F、A、D。

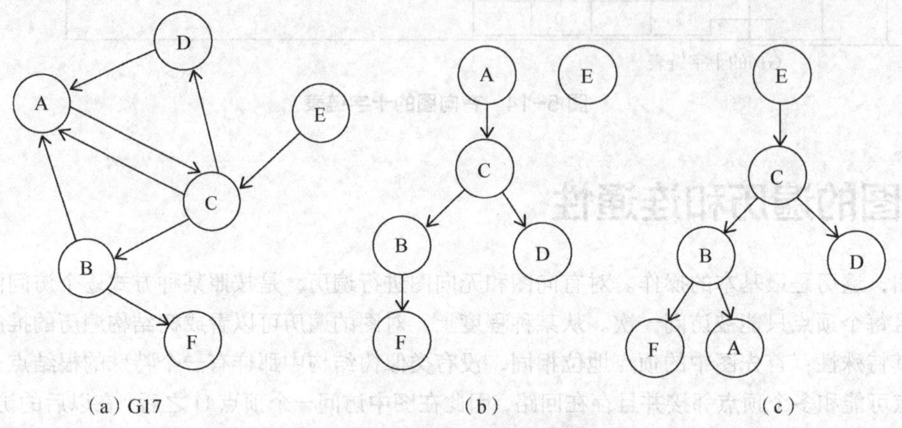

图 5-15　图的深度优先遍历

深度优先遍历 DFS 的实现方法和树的前序算法类似，不同之处在于图中有回路，某个顶点在一条路径上被访问后可能通过另外一条路径再次到达，例如，图 G17 中，从 A 可以到 C，从 C 可以到 B，从 B 可以到 A，在此回路中 A 被第二次访问。为了避免顶点的重复访问，在遍历的过程中需要对访问过的顶点加标记，凡是已经加了访问标记的顶点不再被二次访问。

下面以用数组表示顶点表的邻接表为例，讨论在有向图中利用非递归算法进行深度优先遍历 DFS 的算法实现，如程序 5-5 所示。

算法思路如下：

首先寻找 DFS 遍历的起始顶点 start，对每一个进行访问的顶点加访问标记，即设被访问的顶点的标志字段 flag 为 1，并用一个栈逐个保存所有该顶点射出的边所邻接的另一个顶点的地址。当栈 s 非空时，首先执行出栈操作，如果该结点尚未被访问，则进行访问，保存所有该顶点射出的边所邻接的另一个顶点的地址；如果该顶点已经被访问过，忽略该结点，继续看栈。

程序 5-5 中没有使用栈来保存顶点，而是用栈来保存边结点地址，因为每个顶点对应的所有边都在各自的单链表表示的边表中，并且不需要把访问顶点的所有相邻顶点进栈，只需要将该顶点在边表中的第一条边的结点地址进栈，其余边可根据前一条边结点地址在边表中找到（即该结点的下一结点）。

程序 5-5 首先在顶点表中查找起始顶点 start 的下标，并将所有顶点的访问标志字段 flag 初始化为 0，然后访问起始顶点，并设置其访问标志字段 flag=1，如果访问过的顶点个数小于图中顶点总数，则进入外层循环。在外循环中，若起始顶点无相邻边或有相邻的边，但该边射入的顶点已被访问过，则继续访问顶点表，另找一个新的起始顶点，并让 p 取其首条边结点；若起始顶点有相邻的边，且该边射入的顶点未被访问过，则 p 取这条边结点。将 p 压栈，当栈不空时反复进行内循环操作。内循环操作首先将栈顶的边结点弹出，先将该边结点在边表中的下一个边结点压栈，作为回退到这些边的射出顶点时找其他相邻顶点用，然后开始处理弹出的边结点：如果弹出的边结点中射入顶点未被访问过，访问之并加已访问标志，之后如果刚访问过的顶点有邻接的边，将邻接的边压栈，继续回到内循环的下一轮循环；如果弹出的边结点中射入顶点已被访问过，直接回到内循环的下一轮循环。当内层 while 循环因栈空结束后，如果被访问过的顶点个数等于图中顶点总数，DFS 访问结束；如果被访问过的顶点个数小于图中顶点总数，则继续进入外循环，通过顺序检查顶点表寻找下一个未被访问过的顶点作为新的起始点，反复进行以上外循环体中的操作。根据程序也可以看出，每个顶点的边表中首结点因顶点而入栈，非首结点因前一边而入栈，因此每个边都获得了入栈机会，即一个顶点的每个邻接顶点都被访问到。

从以上程序可以看出，对于无向图来说，有多少次从外循环进入内循环，无向图就有多少个连通分量，从一个连通分量中的任何一个顶点开始都能在内循环中访问到所有其他顶点。另外，程序执行过程中对所有顶点和边都访问了一遍，因此它的时间代价和顶点数 n 及边数 e 都相关，时间复杂度为 $O(n+e)$。

程序 5-5 中需要注意，seqStack.h 中定义了类型 typedef edgeNode* elemType。

程序 5-5：有向图的深度优先遍历 DFS（用邻接表表示，且顶点表用数组实现）。

```
#include "seqStack.h"
void DFS_Traveling( Graph *g, verType start)
{
    stack s;
    edgeNode *p;
    int i, j;
    int verCnt; //记录已经访问的顶点个数

    //置顶点读取标志为未读0，并找到start顶点的下标
    j = -1;
    for (i=0; i<g->verts; i++)
    {
        g->verList[i].flag = 0;
        if (g->verList[i].data==start)
            j = i;
    }
    verCnt = 0;


    if (j==-1) exit(1);//start顶点不存在
    //从start结点开始访问
    initialize(&s);
    printf("%c ", g->verList[j].data); //访问顶点
    g->verList[j].flag = 1; //给顶点置访问过的标志1
    verCnt++;

    while (verCnt<g->verts)//外循环
    {
        p = g->verList[j].link;
        while (!p || g->verList[p->ver].flag==1)
        {   //在顶点表中另找一个未被访问过的顶点作为起始顶点开始DFS访问
            j=(j+1)%g->verts;
            p = g->verList[j].link;
        }

        push(&s,p);
```

```
            while (!isEmpty(&s))//内循环
            {
                p=top(&s);
                pop(&s);
                if (p->next) push(&s, p->next);      //边表中下一条边进栈

                if (g->verList[p->ver].flag==0)
                {
                    printf("%c ", g->verList[p->ver].data); //访问顶点
                    g->verList[p->ver].flag = 1;      //给顶点置访问过的标志1
                    verCnt++;
                    if (verCnt==g->verts) break;

                    if (g->verList[p->ver].link)
                        push(&s, g->verList[p->ver].link);
                }
            }
            j=(j+1)%g->verts;   //在顶点表中循环一次
        }
    }
```

5.3.2 广度优先遍历 BFS

广度优先遍历

广度优先遍历类似于树结构从树根出发的层次遍历，访问过程如下所述。

（1）选中第一个被访问的顶点。

（2）对顶点作已访问过的标记。

（3）依次访问顶点的未被访问过的第一个、第二个、第三个……第 m 个邻接顶点 W_1、W_2、W_3、…、W_m，进行访问且进行标记。

（4）依次对顶点 W_1、W_2、W_3…W_m 转向操作（3）。

（5）如果还有顶点未被访问，则在其中选中一个作为起始顶点，转向（2）。如果所有顶点都被访问到，则结束。

图的 BFS 遍历，和树的层次遍历方法类似，顶点访问之后进队，如果队不空，进入循环。循环体为队首顶点出队，对它的所有未被访问过的邻接顶点进行访问并依次进队，进入下一轮循环，如此反复直到队空。此时判断是否图中顶点全部访问过，如果还有未被访问过的顶点，任取其中之一作为新的起始顶点继续进行广度优先遍历，直至无向图中的所有顶点都被访问过。

具体示例如图 5-16 所示，G18 是一个无向图，图 5-16（b）首先选中 G18 中的顶点 1，加访问标记并进队，循环开始：如果队不空，队首顶点 1 出队，访问顶点 1 的所有未访问过的邻接顶点 0、3，0、3 依次进队，再次进入下轮循环；队首 0 出队，访问顶点 0 的所有未访问过的邻接顶点 2、6，2、6 依次进队，再次进入下轮循环；队首顶点 3 出队，顶点 3 无未访问过的邻接顶点，再次进入下轮循环；顶点 2 出队，顶点 2 无未访问过的邻接结顶点；顶点 6 出队，顶点 6 无未访问过的邻接顶点，此时队空，判断访问过的顶点个数小于图中顶点总数。任意找一个未访问过的顶点，如顶点 7，访问、加访问标记并进队，继续进行广度优先遍历，直到图中所有顶点被访问过。以上过程中需要注意，每访问一个顶点，随即给该顶点加访问过标记，此标记用于后面再次遇到该顶点时判定该顶点是否访问过，如果未访问过则访问，否则略过不访问。这样图 5-16（b）得到的顶点访问序列为 1、0、3、2、6、7、5、4。图 5-16（c）首先选中了 G18 的顶点 6，得出 G18 的另外一种广度优先遍历结果，顶点遍历序列为 6、2、0、3、1、5、4、7。无论图 5-16（b）还是图 5-16（c），都是图 G17 的生成森林。可以想象得到，如果图 G17 是一个连通图，

就会得到一个生成树，如果图 G17 是一个非连通图，就会得到一个生成森林，森林中树的个数就是此图的连通分量个数。注意，此结论只针对无向图。

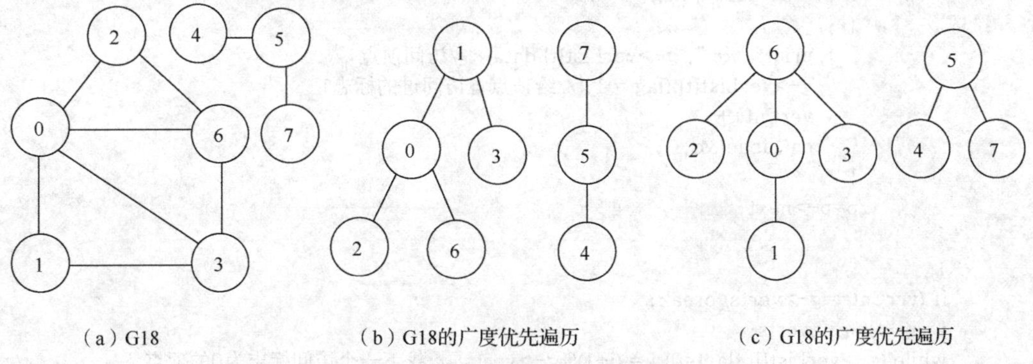

图 5-16 无向图的广度优先遍历

程序 5-6 中需注意，queue.h 中定义了类型 typedef int elemType。

程序 5-6：有向图的广度优先遍历 BFS（用邻接表表示，且顶点表用数组实现）。

```
void BFS_Traveling(Graph *g, verType start)//广度优先遍历
{
    Queue q;
    edgeNode *p;
    int i, j, k, t;
    int verCnt; //记录已经访问的顶点个数

    //置顶点的访问标志为0，且找到start结点的下标
    initialize(&q,g->verts);
    j = -1;
    for (i=0; i<g->verts; i++)
    {
        g->verList[i].flag = 0;
        if (g->verList[i].data==start)
            j = i;
    }
    verCnt=0;

    if (j==-1) exit(1);//start顶点不存在
    //从start结点开始访问
    printf("%c ", g->verList[j].data); //访问顶点
    g->verList[j].flag = 1; //给顶点置访问过的标志1
    verCnt++;

    while (verCnt<g->verts)//外循环
    {
        enQueue(&q, j);
        while (!isEmpty(&q))//内循环
        {
            k = front(&q); deQueue(&q);
            p = g->verList[k].link;   //从顶点k的顶点表中的首结点开始看
```

```
            while (p && verCnt<g->verts)
            {
                t = p->ver;
                if (g->verList[t].flag == 0)
                {
                    printf("%c ", g->verList[t].data); //访问顶点
                    g->verList[t].flag = 1; //给顶点置访问过的标志1
                    verCnt++;
                    enQueue(&q,t);
                }
                p=p->next;
            }
        }
        if (verCnt==g->verts) break;
        j = (j+1)%g->verts;
        while (g->verList[j].flag!=0) j = (j+1)%g->verts; //找下一个访问标志为0的顶点
    }
}
```

程序 5-6 将对所有顶点和边进行访问，它的时间代价和顶点数 n 及边数 e 是相关的，时间复杂度是 $O(n+e)$。

5.3.3 图的连通性

图的连通性

1. 无向图的连通性和连通分量

如果无向图是连通的，那么选定图中任何一个顶点，从该顶点出发，都能到达图中其他任何一个顶点。这在以上的深度优先遍历和广度优先遍历算法中具体体现为外循环中的循环条件语句 while (verCnt<g->verts)中的条件只会为真一次，即通过以一个顶点为起点就能访问到图中所有顶点，因此不需要再次通过这个条件进入下轮循环。如果无向图不连通，就要在图中选择不只一个起始点，即外循环下通过判断 verCnt<g->verts 为真进入循环的次数不只一次，且有多少次，就表示该无向图有多少连通分量。因此可以在该语句下增加一个计数器，用以记录条件为真的次数。当整个图的遍历结束后，根据该计数器的值就能判断出该图是否连通，如果不连通，可以判断有几个连通分量、每个连通分量包含哪些顶点。

2. 有向图的强连通分量

有向图的强连通分量问题解决起来比较复杂。对于一个强连通分量来说，要求每一对顶点间都有路径可达，比如顶点 i 和 j，不光要从 i 能到 j，还要求从 j 能到 i。在以上的深度优先遍历和广度优先遍历算法中，因选择起点不同，就会有时得到树，有时得到森林，图 5-15 所示就通过深度优先遍历分别得到了森林和树，故强连通分量的求法不似无向图的连通分量求法那样简单。它可以利用有向图的深度优先遍历 DFS 通过以下算法获得。

（1）对有向图 G 进行深度优先遍历，按照遍历中回退顶点的次序给每个顶点进行编号。最先回退的顶点的编号为 1，其他顶点的编号按回退先后逐次增大 1。

（2）将有向图 G 的所有有向边反向，构造新的有向图 Gr。

（3）在根据（1）对顶点进行的编号中选取最大编号的顶点，以该顶点为起始点在有向图 Gr 上进行深度优先遍历。如果没有访问到所有顶点，则从剩余的未被访问过的顶点中选取编号最大的顶点，以该顶点为起始点再进行深度优先遍历；反复如此，直至所有顶点都被访问到。

（4）最后得到的生成森林中的每一棵生成树都是有向图 G 的强连通分量顶点集。

图 5-17 所示是一个有向图 G19 的强连通分量求解过程，图 5-17（b）是 G19 的一个深度优先遍历森林，

这个深度优先遍历从 A 开始访问，然后沿着边的方向依次访问 C、B、F，F 无法沿边继续下行，回退到 B，此时 F 成为第 1 个回退顶点；B 也无未访问过邻接点，无法下行，回退到 C，此时 B 成为第 2 个回退顶点；由 C 沿着<C,D>下行到 D，D 无法下行，回退到 C，D 成为第 3 个回退顶点；C 无法下行，回退到 A，C 成为第 4 个回退顶点；A 也没有未访问过的邻接点无法下行，回退到空，A 成为第 5 个回退顶点。此时访问过的顶点个数小于图中顶点总数，另找一个新的起始顶点 E，E 没有未访问过的邻接点，无法下行，回退到空，E 成为第 6 个回退顶点。此时访问过的顶点个数等于图中顶点总数，访问结束。在此过程中得到了所有顶点回退的顺序，回退顺序编号在顶点边标出。然后对图 G19 中各个有向边反向，得到图 5-17（c）的图 Gr，在图 Gr 中首先选择编号最大的顶点 E 并访问，由 E 无法下行，回退到空；再在未访问过的顶点中选择编号最大的顶点 A 访问，由 A 下行访问到 B、C，由 C 无法下行；再选择一个未访问过的编号最大的顶点 D 访问，由 D 又无法下行；再选择一个未访问过的编号最大的顶点 F 访问，无法再下行，至此所有顶点访问完毕，得到图 5-17（d）中的生成森林。从图 5-17（d）中得出图 G19 的强连通分量有 4 个，第一个分量有 1 个顶点 E，第二个分量有 3 个顶点为 A、B、C，第三个分量有 1 个顶点 D，第四个分量有 1 个顶点 F。

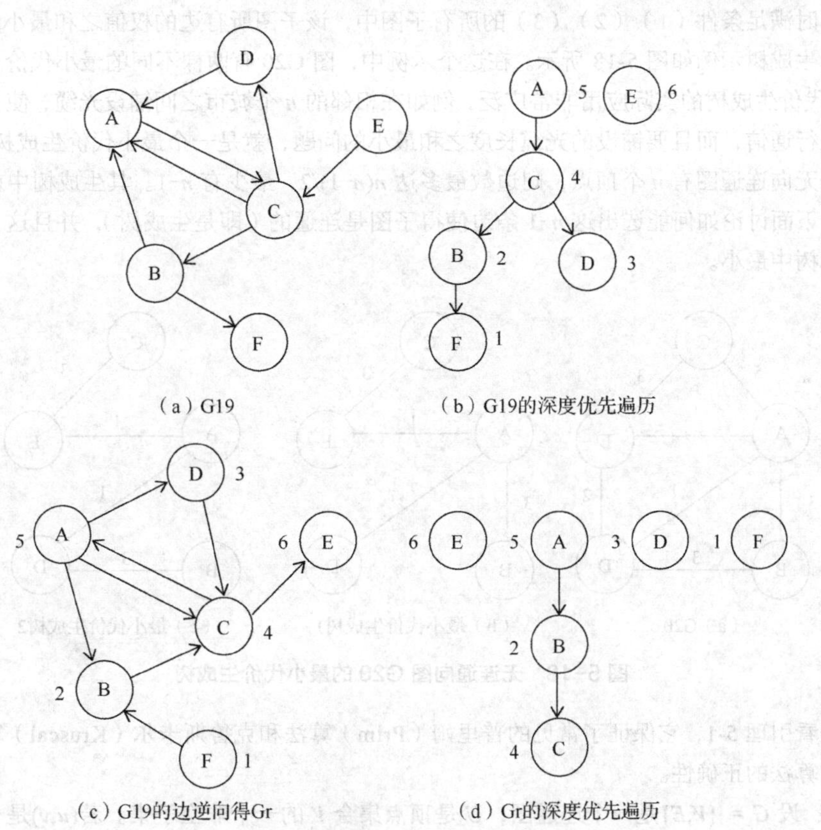

图 5-17 有向图的强连通分量

分析：假定在有向图 Gr 中进行深度优先遍历时某个生成树的树根为 x，且这个生成树中有任意两个顶点 v、w（注意此时 x 的回退编号大于 v、w 的回退编号），因此在 Gr 中存在着由 x 至 v 的路径，因为 Gr 中所有边是 G 中边的反向，因此在 G 中也存在一条由 v 至 x 的路径。又由于在 G 中进行深度优先遍历时顶点 x 得到的编号大，v 得到的编号小，所以是从顶点 v 回退到顶点 x。既然从顶点 v 可以回退到顶点 x，就说明 G 中必然存在从顶点 x 到 v 的路径（否则无法回退）。在 G 中存在着从 x 到 v 的路径，又同时存在着从 v 到 x 的路径，所以说顶点 x、v 之间是相互可达的。同理，顶点 x 至另外一个顶点 w 之间也是互相可达的，故顶点 v、w 之间是可以互相到达的。由此得出结论，在图 Gr 的生成森林中，每一棵生成树的顶点集都是和一个强连通分量的顶点集一一对应的。

如果一个有向图按照上述方法得到的强连通分量数量只有 1 个，就说明该有向图为强连通图。如果不是强连通图，单独拿出以上得到的每个强连通分量的顶点集（不含任何边），观察每个集合中的任意两个顶点，如果在 G19 中有边相连，增加这条边，便可得到一个个完整的强连通分量。

5.4 最小代价生成树

当一个无向图中的每条边都有一个权值（如长度、时间、代价等）时，通常称为网络。如果这个无向图是连通的，且其子图满足以下 4 个条件，则该子图就称为该图的最小代价生成树（Minimum Cost Spanning Tree）。

（1）包含原来网络中的所有顶点。

（2）包含原来网络中的部分边。

（3）该子图是连通的。

（4）在同时满足条件（1）、（2）、（3）的所有子图中，该子图所有边的权值之和最小。

最小代价生成树示例如图 5-18 所示。在这个示例中，图 G20 有两棵不同的最小代价生成树，其代价都是 8。最小代价生成树的实际应用非常广泛，例如在相邻的 n 个城市之间铺设光缆，使得任意两座城市之间都可以进行通信，而且要铺设的光缆长度之和最小的问题，就是一个最小代价生成树问题。

假设一个无向连通图有 n 个顶点，则边数最多达 $n(n-1)/2$，最少有 $n-1$。其生成树中就含有 n 个顶点和 $n-1$ 条边。下面讨论如何能选出这 $n-1$ 条边使得子图是连通的（即是生成树），并且这 $n-1$ 条边的权值和在所有生成树中最小。

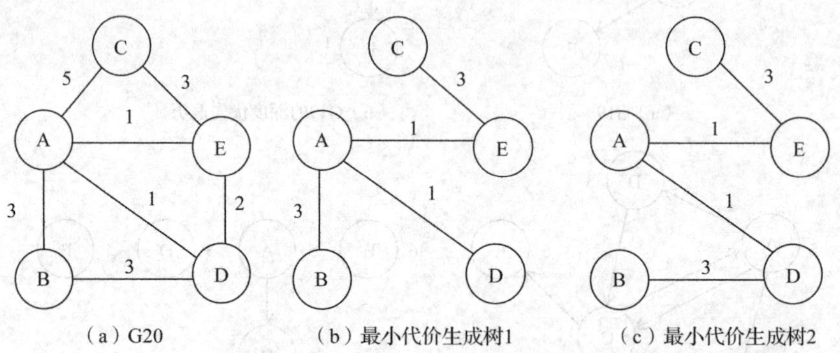

图 5-18　无连通向图 G20 的最小代价生成树

下面首先看引理 5-1，它保证了常见的普里姆（Prim）算法和克鲁斯卡尔（Kruscal）算法这两个求最小代价生成树算法的正确性。

引理 5-1：设 $G = \{V,E\}$是一个连通图，U 是顶点集合 V 的一个非空子集。若(u,v)是一条代价最小的边，且 $u\in U, v\in V-U$，则必存在一棵包括边(u,v)在内的最小代价生成树。

证明：参看图 5-19，假定在图 $G = \{V,E\}$中存在一棵不包括代价最小的边(u,v)在内的最小代价生成树，设其为 T。将边(u,v)添加到树 T，由于顶点 u 和 v 本来就是连通的，现在又增加了一条新的通路，所以便形成了一条包含边(u,v)的回路。因此，必定存在另一条边(u',v')，且 $u'\in U, v'\in V-U$。为了消除上述回路，可以将边(u',v')删除，记为 $T'=T+(u,v)-(u',v')$，T'仍然包含 V 的所有顶点，而且这些顶点之间仍然是连通的。即使像 U 中的某些顶点原先和 $V-U$ 中其他某些顶点连通路径要经过(u',v')边，则这条路径只要通过顶点 u'、u、v、v'之间的路径，仍然可以和这些顶点有路径相连，即在边(u',v')删除之后，这些顶点之间的连通性仍然可以保持。这样，由于 T'包含 V 的所有顶点，并且它们都是连通且没有回路的，所以它是图 G 的一棵生成树。另外，又因为边(u,v)的代价最小，当其代价小于边(u',v')的代价时，则新的生成树 T'成为代价更小的树，树 T 则不再是代价最小的生成树；如果最小边(u,v)的代价等于边(u',v')的代价，则新的生成树 T'也是一棵最小代价的树，命题得证。

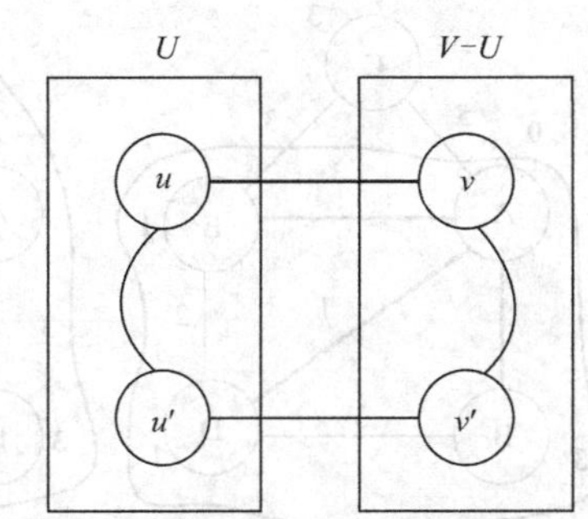

图 5-19 最小代价生成树引理

5.4.1 普里姆算法

prim 算法

普里姆算法采用着眼顶点、逐次选择具有最短距离的顶点的原则来构建最小代价生成树。

普里姆算法思想：对一个无向连通图 $G = \{V, E\}$，用 W 表示顶点集合，U 表示最小生成树顶点集合，T 表示最小生成树边集合，数组 tag[j]表示顶点 j 到 U 集合的最短距离，数组 ver[j]记录一个顶点的地址，这个顶点含义是如果 tag[j]的当前值是由边(i,j)刷新造成的，则 ver[j]=i。初始时，W=V 包含所有顶点，U 和 T 为空，数组 tag 全部赋为无穷大，数组 ver 全部赋值为-1。因为每个顶点最终都会进入最小生成树，故首先在 W 中任选一个顶点 u，将其移入集合 U。然后检查 u 的所有仍在 W 中的相邻顶点 v，如果边(u,v)的权值小于顶点 v 上的最短距离 tag[v]，用边的权重刷新 tag[v]的值并记录 ver[v]=u，在集合 W 中选择 tag 值最小的顶点 u，将其移入集合 U，并将边(ver[u],u)并入集合 T；然后继续循环上述操作，直到 U 集合中包含了所有顶点，循环结束。此时 T 集合便包含了最小生成树中的所有边，如果在以上构建过程中加一个权值累加器，便能得到最小生成树边的权值和。在 W 中选择距离最小的顶点时，可以在数组 tag 中顺序查找，也可以将顶点到 U 的距离保存为一个最小化堆，达到降低时间复杂度的目的。

普里姆算法的具体示例如图 5-20 所示。

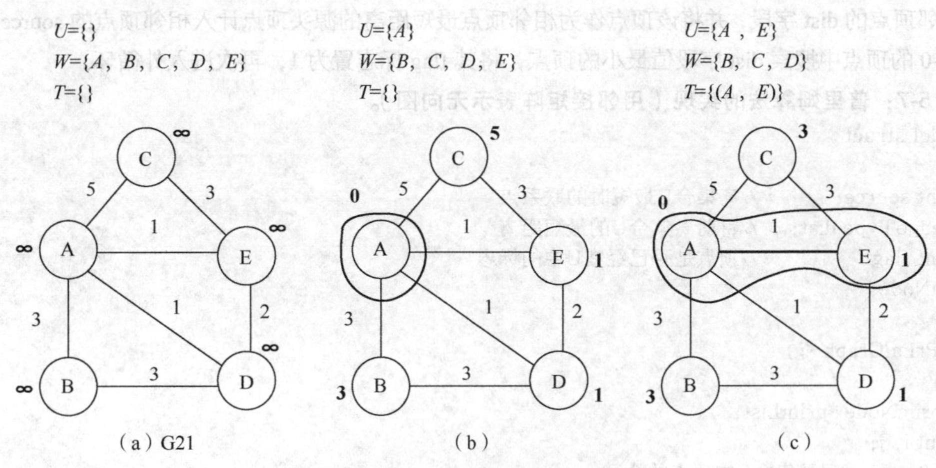

图 5-20 普里姆算法过程

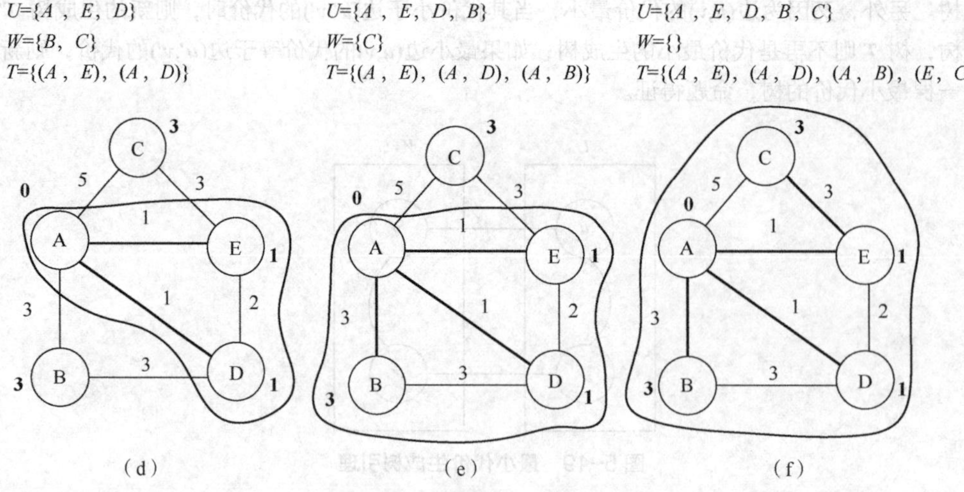

图 5-20 普里姆算法过程（续）

在图 5-20 中，在 *W* 中任选一个顶点，这里选择了 *A*，将 *A* 从 *W* 中移到 *U* 中，于是 *W* 中所有 *A* 的相邻顶点的 tag 值获得刷新的机会，*C* 因(*A*,*C*)由无穷刷新为 5，*E* 因(*A*,*E*)由无穷刷新为 1，*D* 因(*A*,*D*)由无穷刷新为 1，*B* 因(*A*,*B*)由无穷刷新为 3，且这些顶点的源头结点都记为 0；从 *W* 中选取 tag 最小的顶点，这里可以在 *E*、*D* 中任选一个，如选择 *E*，将 *E* 移入 *U* 中，并将边(*A*,*E*)移入集合 *T*，继续刷新 *W* 中所有和 *E* 相邻的顶点的 tag 值，结果 *C* 因(*E*,*C*)由 5 刷新为 3，源头结点记为 4，如图 5-20（c）所示。继续反复找最小 tag 值、从 *W* 移顶点到 *U*、将边并入 *T*、刷新 *W* 中相邻顶点 tag 值，最后得到结果如图 5-20（f）所示，此时便得到了一个最小代价生成树，且最小生成树中边的权值和为 8。

普里姆算法的实现中定义了一个结构类型 primNode，它描述了顶点信息，包括描述该顶点是否在集合 *U* 中的字段 flag、目前离集合 *U* 的最短距离大小的字段 dist、最短距离是其相邻的哪个顶点造成的即其源头顶点字段 source。初始化时，令 primList[i].source = −1，表示没有相邻顶点造成其最短距离；令 primList[i].dist = MAXNUM，表示目前最短距离为无穷大；令 primList[i].flag = 0，表示该顶点还在 *W* 中而不在 *U* 中。选中 0 下标元素作为起始顶点，移入 *U* 中，令其 source=0、dist=0、flag=1，然后开始外循环，直到顶点全部入 *U*。外循环的内容为：逐个检查图中该顶点的每个相邻顶点，如果相邻顶点是自己则放过，如果相邻顶点已经进入 *U* 也放过，否则判断该顶点与相邻顶点之间边上的权重是否小于相邻顶点的 dist 字段，如果是，则用权重值刷新相邻顶点的 dist 字段，并将该顶点作为相邻顶点最短距离的源头顶点计入相邻顶点的 source 字段。在所有 flag=0 的顶点中搜索 dist 字段值最小的顶点，将其 flag 标志置为 1，再次进入外循环。

程序 5-7：普里姆算法的实现（用邻接矩阵表示无向图）。

```
typedef struct
{
    int source;          //离集合U最短时的联系点
    edgeType dist;       //目前离集合U的最短距离
    int flag;            //顶点是否已经在U中的标志
}primNode;

void Prim(Graph *g)
{
    primNode *primList;
    int i, j;
    int cnt; //记录集合U中顶点的个数
    int min; //选出的当前离集合最短的顶点
```

```
    int source, dist;

    primList = (primNode *) malloc (sizeof(primNode)*g->verts);
    for (i=0; i<g->verts; i++)
    {
        primList[i].source = -1;
        primList[i].dist = MAXNUM;
        primList[i].flag = 0;
    }

    //从下标为0的点开始
    min = 0;
    cnt = 1;
    primList[0].dist = 0;
    primList[0].flag = 1;

    while (cnt<g->verts)
    {
        //根据min顶点发出的边，判断是否刷新相邻顶点的最短距离
        for (j=0; j<g->verts; j++)
        {
            if (g->edgeMatrix[min][j]==0) //对角线元素
                continue;
            if (primList[j].flag==1) //已经加入集合U
                continue;
            if (g->edgeMatrix[min][j]<primList[j].dist)
            {
                primList[j].dist = g->edgeMatrix[min][j];
                primList[j].source = min;
            }
        }

        //搜索当前离集合U最近的顶点
        min = -1;
        dist = MAXNUM;
        for (i=0; i<g->verts; i++)
        {
            if (primList[i].flag == 1) continue;
            if (primList[i].dist < dist)
            {
                min = i; dist = primList[i].dist;
            }
        }

        //此时min一定为某个顶点的下标，如果仍然为-1，表示该无向图不连通
        //将顶点min加入集合U
        cnt++;
        primList[min].flag = 1;
    }

    for (i=0; i<g->verts; i++)
        printf("source: %d   dist: %d\n", primList[i].source, primList[i].dist);
}
```

算法分析：在程序 5-7 中，图使用了邻接矩阵表，程序中外循环次数为顶点个数 n，循环体内刷新相邻顶点的最短距离和找最近顶点都是遍历了整个一行，因此时间消耗是 $n+n=2n$，故其时间复杂度为 $O(n^2)$。可改进的一个思路是使用一个具有 n 个元素的最小化堆，建堆的时间为 n，每次挑选最小值的时间为 $O(\log_2 n)$，这样有望达到 $O(n\log_2 n)$。

5.4.2 克鲁斯卡尔算法

克鲁斯卡尔算法

克鲁斯卡尔（Kruscal）算法是另外一个经典的求最小生成树的算法。它不像普里姆算法着眼于顶点，而是着眼于边，普里姆算法每次找的是距离最小的顶点，克鲁斯卡尔算法每次找的是权值最小的边，然后检查它是否能成为最小代价生成树中的边。

克鲁斯卡尔算法思想：对于一个无向连通图 $G=\{V, E\}$，其中 V 是顶点的集合，E 是边的集合，算法开始时，令 MST=$\{V, \phi\}$，MST 仅由图 G 的 n 个顶点构成，这 n 个顶点最初形成 n 个连通分量，MST 不包含图 G 的任何一条边。算法在图 G 中选择权值最小的边，如果该边的加入会使 MST 中已有的图形成回路，则放弃另选，否则将该边并入 MST；反复操作，直到 MST 中边的条数达到 $n-1$。在算法运行过程中，MST 中的连通分量逐步减少，从最初的 n 个减少到最后的一个。

图 5-21 所示是克鲁斯卡尔算法实施的一个示例，表 5-1 所示为从连通分量角度观察克鲁斯卡尔算法在图 G22 上的实施过程。在图 5-21 中，权值最小为 1 的边有两条，任选其中一条，如(A, E)，并入 MST；然后选出权值最小为 1 的边(A, D)，并入 MST；再选出权值最小为 2 的边(E, D)，如果边(E, D)并入，MST 中的边会形成回路，放弃；再次选出权值最小为 3 的边，目前有 3 条，任选一条，如(A, B)，并入 MST；再选出权值最小为 3 的边(D, B)，如果边(D, B)并入，MST 中的边会形成回路，放弃；再选出权值最小为 3 的边(C, E)，并入 MST，此时 MST 中边数达到 $n-1=4$，算法结束。

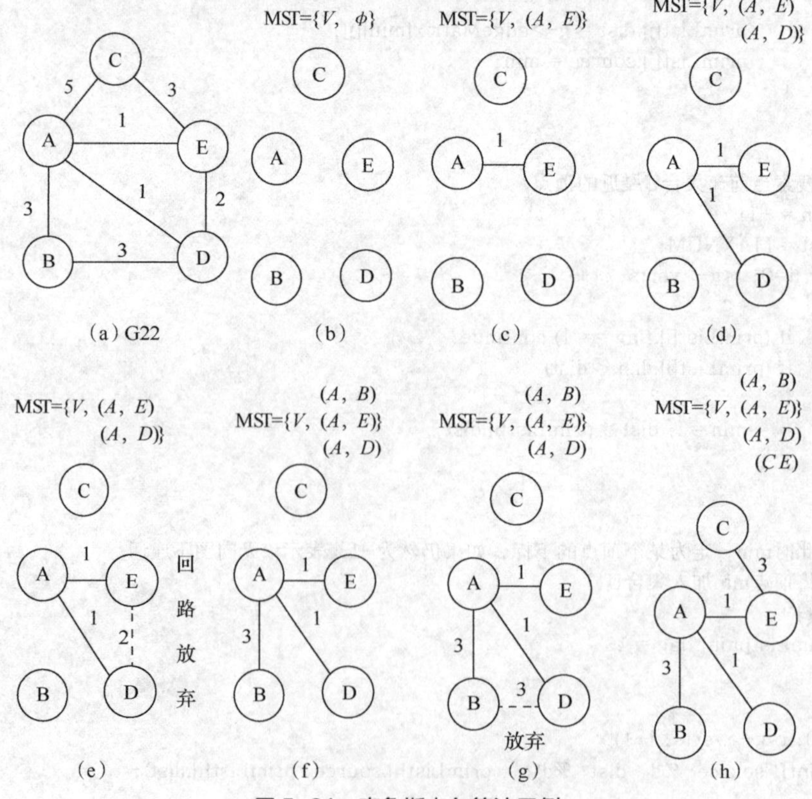

图 5-21　克鲁斯卡尔算法示例

算法实现过程中，每次将边并入 MST 都要判断是否和 MST 中已有的边形成回路，这里用一个连通分量标志判断回路，具体操作如表 5-1 所示。从连通分量角度观察克鲁斯卡尔算法在图 G22 上的实施过程，如果选择了一条权值最小的边(u,v)，且 MST 加入边(u,v)前顶点 u 和 v 的连通分量标志就相同，则说明顶点 u 和 v 目前在一个连通分量中，u 和 v 间已有一条路径互达，如果将(u,v)并入 MST，这条边加上 u、v 间原有的路径就形成了回路，因此放弃；如果顶点 u 和 v 的连通分量标志不同，则说明顶点 u 和 v 目前不在一个连通分量中，那么将(u,v)并入 MST 就不会产生回路，并入后 u 和 v 进入同一个连通分量中，因此需要将 v 及所有连通分量标志和 v 相同的顶点的连通分量标志都改为 u 的连通分量标志，或者将 u 及所有连通分量标志和 u 相同的顶点的连通标志都改为 v 的连通分量标志，原则上统一由大标志改为小标志，如果 u 的连通标志小，则将 v 和所有与 v 连通标志一样的顶点的连通标志都改为 u 的连通标志。反复如此操作，直到并入 MST 中的边达到 n-1 条，此时所有顶点的连通标志都一致了。

表 5-1　克鲁斯卡尔算法实施过程

边	权值	操作	连通分量：{A}，{B}，{C}，{D}，{E} 连通分量标志：1，2，3，4，5
(A，E)	1	并入 MST	连通分量：{A，E}，{B}，{C}，{D} 1，2，3，4
(A，D)	1	并入 MST	连通分量：{A，E，D}，{B}，{C} 1，2，3
(E，D)	2	相同边通分量标志 即存在回路、放弃	连通分量：{A，E，D}，{B}，{C} 1，2，3
(C，E)	3	并入 MST	连通分量：{A，E，D，C}，{B} 1，2
(B，D)	3	并入 MST	连通分量：{A，E，D，C，B} 1

在算法中，可以借助最小化堆来实现求最小权值的边。如果图中边的条数为 e，则建堆的时间代价为 $O(e)$；找最小边即从堆中删除一个结点，时间代价是 $O(\log_2 e)$；当找到最小边后，需要检查边的两个连通分量标志，如果不在一个连通分量里面，还需要检查所有顶点的连通分量标志，因此时间代价是 $O(n)$。尽管最小生成树中只含有 n-1 条边，但可能要检查所有边，即所有边都可能从堆中作为最小值被删除，而其中 n-1 条边的加入需要修改顶点的连通分量标志。所以总的时间是 $O(e)+O(e\log_2 e)+O(n)$，又因连通图中 $e \geqslant n-1$，所以时间复杂度为 $O(e\log_2 e)$。

5.5　最短路径问题

求最短路径也是生活中常遇到的问题。例如，旅行时把学校所在城市设置为起点，如何用最短里程距离、最短时间等到达国内其他城市（即目的地）的问题，城市间的道路网可以用图来表示，其中顶点表示城市，边表示城市间公路，边的权重表示城市间的公路距离或者时间。下面称起点为源点，目的地为终点，求从源点到各个终点间的最短距离为单源最短路径问题，而求各个顶点间的最短路径称为所有顶点对之间的最短距离问题。

5.5.1　单源最短路径

Dijkstra 算法

已知加权有向图 $G = \{V, E\}$中每条边有一个权重，且权重为非负值，其中 V 中的一个顶点作为源点。问题要求找出从源点出发，到达其他各个顶点的最短路径，即到达各个顶点时所经过的路径上各条边的权值之和最小。

求解单源最短路径常用的算法是 Dijkstra 算法，算法的思想：设置一个顶点集合 S，初始时 S 为空，设置每个顶点到源点的距离标签为无穷大，然后将源点放入 S 中，源点到源点距离设置为 0，现在以源点作为当前顶点，逐条检查当前顶点射出的边，如果该邻接点不在集合 S 中，且当前顶点的距离标签加上边的权值，小于当前顶点的这些邻接点上的距离标签，则用当前顶点的距离标签加上边的权值刷新相邻顶点的距离标签；在 V-S 集合中找到距离标签最小的顶点，将该顶点加入集合 S，并以它为当前顶点，再次回到循环操作，当所有顶点都在 S 中时，循环结束。每个顶点上的距离标签即为其到源点的最短距离。

图 5-22 所示是 Dijkstra 算法的一个示例，图 5-22（a）中首先设置每个顶点的距离标签为无穷大，S 集合为空；现在将源点 E 加入 S，E 的距离标签改为 0，因为 E 有 3 条射出的边，用 E 的距离标签 0 加上 3 条边的权值分别为 0+5、0+10、0+80，和 E 的 3 个邻接点 D、C、F 的距离标签比较，都比原本的标签值小，因此 D、C、F 的距离标签分别刷新为 5、10、80，结果见图 5-22（b）；再从 V-S 中找距离标签最小的顶点，这里为 D（标签为 5），将 D 并入 S，再逐个检查由 D 射出的边，这里只有边<D,A>，D 上的距离标签 5+<D,A>边的权值 30=35，小于 D 的邻接点 A 的距离标签，刷新 A 的距离标签到 35，结果见图 5-22（c）；再从 V-S 中找距离标签最小的顶点，这里为 C（标签为 10），将 C 并入 S，再逐个检查由 C 射出的边，这里有边<C,A>、<C,D>、<C,B>，其中顶点 A、B 在 V-S 中，而 C 的距离标签 10+<C,A>的权值 35=45，大于 A 上的距离标签 35，因此 A 上的距离标签不刷新；C 的距离标签 10+<C,B>的权值 15=25，小于 B 上的距离标签无穷大，因此 B 上的距离标签刷新为 25；再从 V-S 中找距离标签最小的顶点，这里为 B（标签为 25），将 B 并入 S，再逐个检查由 B 射出的边，这里有边<B,A>、<B,F>，其中顶点 A、F 在 V-S 中，而 B 的距离标签 25+<B,A>的权值 50=75，大于 A 上的距离标签 35，因此 A 上的距离标签不刷新；B 的距离标签 25+<B,F>的权值 10=35，小于 F 上的距离标签 80，因此 F 上的距离标签刷新为 35；再从 V-S 中找距离标签最小的顶点，这里为 F 和 A（标签都为 35），任选其一，如选择 F，将 F 并入 S，再逐个检查由 F 射出的边，这里为无，因此不检查和刷新任何顶点；再从 V-S 中找距离标签最小的顶点，这里为 A（标签为 35），将 A 并入 S，至此并入 S 中的顶点达到了 n 个，处理结束。

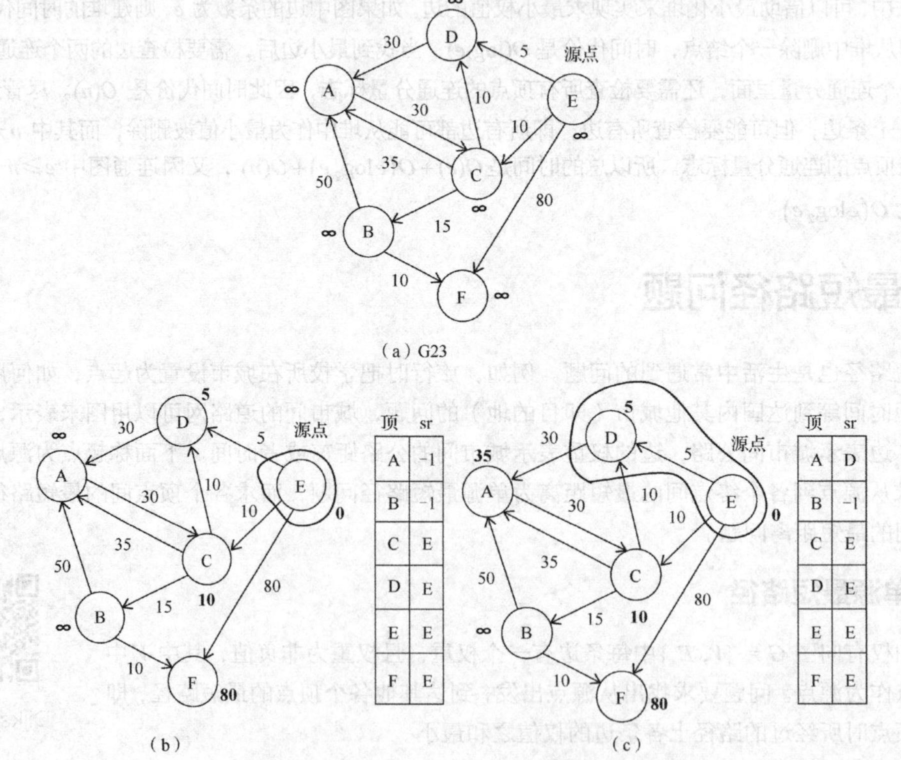

图 5-22 用 Dijkstra 算法计算单源最短路径示例

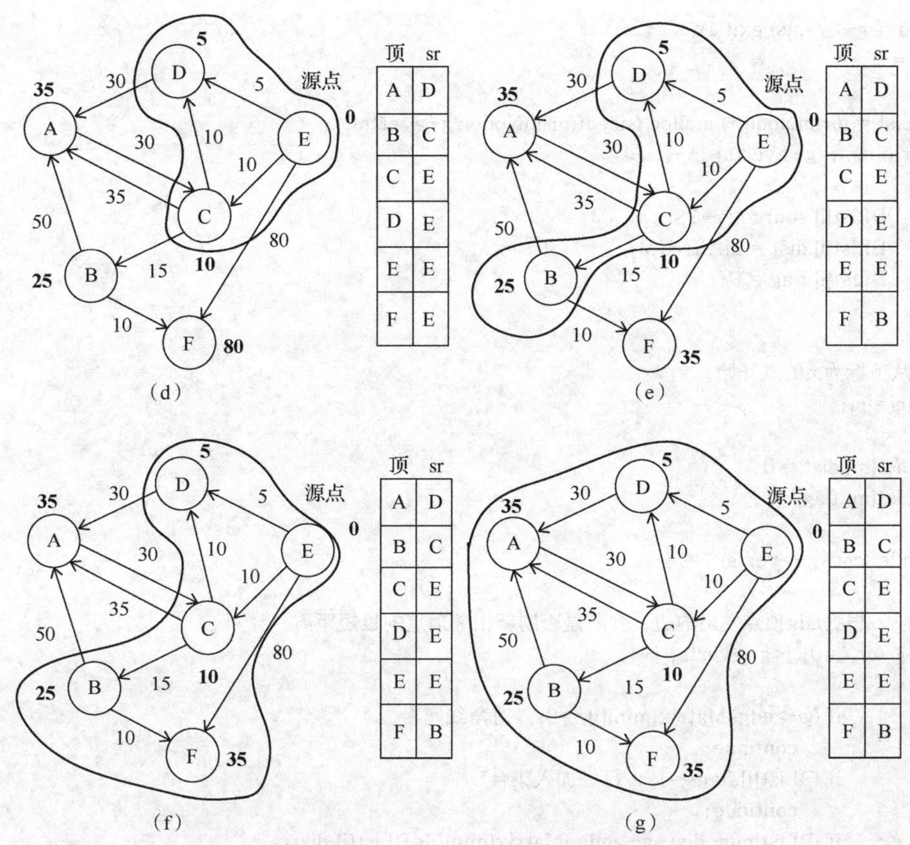

图 5-22 用 Dijkstra 算法计算单源最短路径示例（续）

这里请读者思考一个问题：最初 S 中只有源点 E，而自源点 E 出发到达 D、C、F 的最短路径距离分别为 5、10、80，其中 5 最短，由此确定了源点 E 到顶点 D 的最终最短路径距离就是 5，将顶点 D 并入顶点集 S，以后就不再考虑为 D 计算新的距离。为什么 D 现在的最短距离就是最终源点到它的最短距离？有没有另外一条经过 C、F 之一并到达 D 的路径长度小于 5？显然不可能，因为 C、F 自身由 E 出发的距离就已经因这次比较不是最小而超过了 5，再加任意一条权值非负的边都只会更大。

比较求单源最短路径的 Dijkstra 算法和求最小生成树的普里姆算法，可以看出它们非常相像。在普里姆算法中，将在 $V-U$ 中的顶点并入顶点集 U 的条件是寻找 $V-U$ 中距离 U 最小的顶点，并入顶点集 U 中；在 Dijkstra 算法中，将在 $V-S$ 中的顶点并入顶点集 S 的条件是寻找顶点集 $V-U$ 中距源点路径长度最短的顶点，并入顶点集 S 中。Dijkstra 算法的实现如程序 5-8 所示。

程序 5-8：Dijkstra 算法的实现（用邻接矩阵表示有向图）。

```
void Dijkstra (Graph *g, verType start  )
{
    primNode *DList;
    int i, j, m;
    int cnt; //记录集合U中顶点的个数
    int min; //选出的当前离集合最短的顶点
    int source, dist;

    for (i=0; i<g->verts; i++)
        if (g->verList[i] == start)
            break;
```

```
    if (i==g->verts) exit(1);
    m = i;

    DList = (primNode *) malloc (sizeof(primNode)*g->verts);
    for (i=0; i<g->verts; i++)
    {
        DList[i].source = -1;
        DList[i].dist = MAXNUM;
        DList[i].flag = 0;
    }

    //从下标为m的点开始
    min = m;
    cnt = 1;
    DList[m].dist = 0;
    DList[m].flag = 1;

    while (cnt<g->verts)
    {
        //根据min顶点发出的边，判断是否刷新相邻顶点的最短距离
        for (j=0; j<g->verts; j++)
        {
            if (g->edgeMatrix[min][j]==0) //对角线元素
                continue;
            if (DList[j].flag==1) //已经加入集合U
                continue;
            if (DList[min].dist+g->edgeMatrix[min][j]<DList[j].dist)
            {
                DList[j].dist = DList[min].dist+g->edgeMatrix[min][j];
                DList[j].source = min;
            }
        }

        //搜索距离标签最小的顶点
        min = -1;
        dist = MAXNUM;
        for (i=0; i<g->verts; i++)
        {
            if (DList[i].flag == 1) continue;
            if (DList[i].dist < dist)
            {
                min = i; dist = DList[i].dist;
            }
        }

        //此时min一定为某个顶点的下标，如果仍然为-1，表示该无向图不连通
        //将顶点min加入结合U
        cnt++;
        DList[min].flag = 1;
    }

    // 打印顶点的最短路径和至源点的顶点序列
```

```
        for (i=0; i<g->verts; i++)
        {
            printf("Shorstest path from %d to vertex %d is:   %d.   ", m, i, DList[i].dist);
            j = i;
            printf("All vertices are: ");
            while ( j != -1 )
            {   printf("%d <- ", j);
                j = DList[j].source;
            }
            printf("%d.\n", m);
        }
    }
```

程序 5-8 中使用数组 DList[*i*]记录算法执行过程中顶点信息的变化，每个顶点包含 3 个字段，DList[*i*].source 记录顶点当前的最短距离标签是由哪个邻接点造成的，DList[i].dist 记录顶点当前的最短距离，DList[*i*].flag 记录顶点是否在集合 *S* 中。算法开始时，每个顶点的这 3 个字段分别被赋值为-1、无穷大和 0（0 表示不在 *S* 中，1 表示在 *S* 中）。在顶点表中找到源点 start 的下标 *m*，将下标为 *m* 的顶点的信息赋值为-1、0、1，表示源点距离是 0、并入 *S* 中；将 *m* 视作当前顶点，检查所有顶点，如果此顶点不在 *S* 中且当前顶点有射向它的边，并且当前顶点的距离标签+边的权重和小于此顶点的距离标签值，则用这个和值刷新该顶点的距离标签，并将当前顶点下标置入该顶点的 Source 字段。然后反复操作，直到并入 *S* 中的顶点个数为 *n*。搜索距离标签最小的顶点，将其视作当前顶点，再次进入循环。当循环结束后，不仅能从 DList[i].dist 中得到源点 *m* 到顶点 *i* 的最短距离，也能顺着 DList[*i*].source 一路追溯，获知从源点到顶点 *i* 的最短路径是哪条。具体看图 5-22 中顶点的 source 情况变化表，表中左列为顶点，右列为 source。当循环结束后，表中内容见图 5-22（g）。任选一个顶点，如 *F*，从顶点值为 *F* 的这一行看，其 source 为 *B*，顶点为 *B* 的 source 为 *C*，顶点为 *C* 的 source 为 *E*（源点），逆序看，从源点 *E* 到 *F* 的最短路径为 *E*-*C*-*B*-*F*，最短路径长度为 35。

Dijkstra 算法分析：在程序 5-8 中，图用邻接矩阵来存储，可以明显看出时间复杂度为 $O(n^2)$。另外，从 *E* 到 *D*、*C*、*F* 的距离分别为 5、10、80，按照 Dijkstra 算法，可以判定最终从 *E* 到 *D* 的最短距离为 5。但如果允许有负权值，如存在边<*C*,*D*>，且该边的权值为-8，则从 *E* 到 *D* 的最短路径就可能是从 *E* 到 *C* 再到 *D*，该路径距离是 2，比 5 更小。因此，Dijkstra 算法只适合边的权值为非负值的情况。

5.5.2 所有顶点对之间的最短路径

Floyd 算法

Dijkstra 算法给出了单源最短距离，如果要求任意两个顶点间的最短距离，可以逐次将图中顶点设定为源点，再利用 Dijkstra 算法求解。Dijkstra 算法的时间复杂度为 $O(n^2)$，因此如果用它来解决所有顶点对之间的最短距离，时间复杂度就将达 $O(n^3)$。

在算法技术的发展进程中出现了一种新的方法——弗洛伊德（Floyd）算法。弗洛伊德算法的思想是任意取两个顶点对< *i*,*j* >，在顶点对之间增加另外一个顶点 *k*，观察增加后的路径 *i*-*k*-*j* 是否比原本 *i* 到 *j* 间的距离更小，如果是，则用新的路径、距离替代原本两个顶点间的路径、距离，如图 5-23 所示。

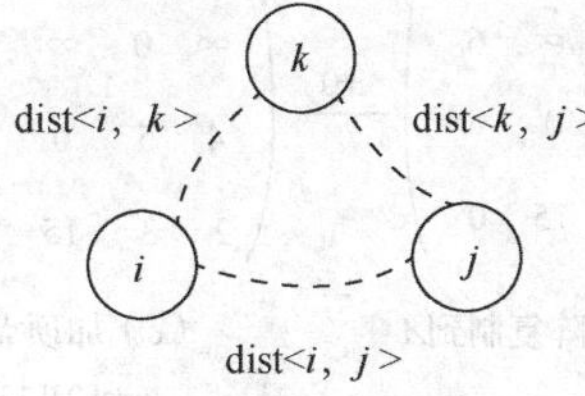

图 5-23 弗洛伊德算法

如果 dist<*i*,*j*><(dist<*i*,*k*> + dist<*k*,*j*>)，则用 dist<*i*,*k*> + dist<*k*,*j*>刷新 dist<*i*,*j*>。图 5-24 是利用弗洛伊德

算法进行计算的一个具体示例。用一个邻接矩阵表示图 G24，用一个二维数组 pre 记录 *k*（当用 dist<*i*,*k*> + dist<*k*,*j*>刷新 dist<*i*,*j*>时），表示目前 *i* 到 *j* 之间的最小距离是以 *k* 为中介点。初始时，pre 数组全部赋值为 −1，见图 5-24（a）。先将邻接矩阵复制到矩阵 A，然后对 A 中的各个元素进行迭代刷新：首先加入顶点 0，注意加 0 顶点时不需要考虑第 0 行和第 0 列中的所有元素，因为第 0 行某个元素 dist<0,*j*>中间如果加入了 0，即比较 dist<0,*j*>和 dist<0,0>+dist<0,*j*>的值，而 dist<0,0>=0，所以 dist<0,0>+dist<0,*j*>=dist<0,*j*>，等于没有考虑加入 0 点；第 0 列的元素同理也不会改变。因顶点到自己的最短距离为 0 即对角线元素全部为 0，所以不用考虑。这样加入顶点 0 后，只需要考虑 A 中的元素 a12、a13、a21、a23、a31、a32，逐个考查如下。

因 a10+a02=无穷大+无穷大，值和 a12 的值无穷大比没有变小，a12 不用改变。

因 a10+a03=无穷大+无穷大，值和 a13 的值 6 比没有变小，a13 不用改变。

因 a20+a01=4+1=5 和 a21 的值无穷大比变小了，a21 的值刷新为 5。

因 a20+a03=4+无穷大，值和 a23 的值无穷大比没有变小，a23 不用改变。

因 a30+a01=2+1=3 和 a31 的值无穷大比变小了，a31 的值刷新为 3。

因 a30+a02=2+无穷大，值和 a32 的值 15 比没有变小，a32 不用改变。

由此得到图 5-24（c），两个元素 a21、a31 在加顶点 0 后，得到刷新，所以 pre[2][1]和 pre[3][1]都置为 0，表示现在<2,1>、<3,1>间的最短距离是因为顶点 0 的介入造成的；用类似的方法对图 5-24（c）中的矩阵考虑加入顶点 1，a03、a23 得到刷新，pre[0][3]、pre[2][3]都置为 1，得到图 5-24（d）；用类似的方法对图 5-24（d）中的矩阵考虑加入顶点 2，没有元素得到刷新，得到图 5-24（e）；用类似的方法对图 5-24（e）中的矩阵考虑加入顶点 3，元素 a02、a10、a12 得到刷新，pre[0][2]、pre[1][0]和 pre[1][2]都置为 3。至此，全部计算完毕。

此时矩阵 ***A*** 中的元素 a[*i*][*j*]的值就是顶点 *i* 到 *j* 的最短距离，并且从数组 pre 也可以得到 *i* 和 *j* 之间有着最短距离的那条路径。如 a[1][2]=21，pre[1][2]=3，表示 a[1][2]的值是由 3 的插入造成的，即 a[1][2]=a[1][3]+a[3][2]，pre[1][3]= −1，表示没有顶点介入，是原本 1 到 3 自身的边形成的；pre[3][2]= −1，表示也没有顶点介入，是原本 3 到 2 自身的边形成的；如果 pre[1][3]和 pre[3][2]不是−1，则再将 a[1][3]、a[3][2]分解为两个元素的和，直到全部元素的 pre 为−1。这里 a[1][3]+a[3][2]中全部元素的 pre 都是−1 了，结束。由 a[1][2]=a[1][3]+a[3][2]可以得出，顶点 1 到 2 间的最短路径为 1−3−2，距离为 6+15=21。

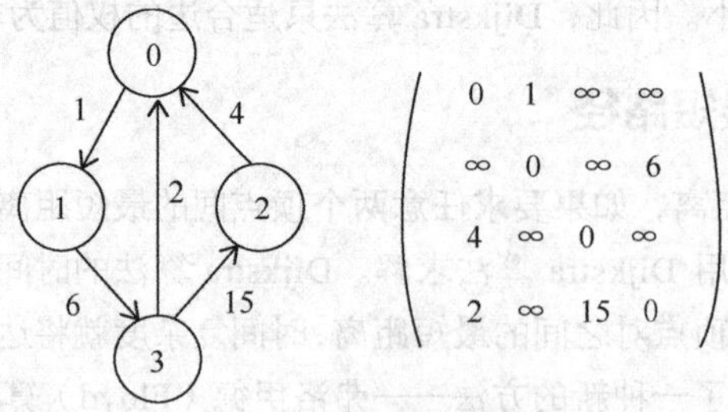

（a）G24和它的邻接矩阵***G***

$$\begin{pmatrix} 0 & 1 & \infty & \infty \\ \infty & 0 & \infty & 6 \\ 4 & \infty & 0 & \infty \\ 2 & \infty & 15 & 0 \end{pmatrix} \xrightarrow{+0} \begin{pmatrix} 0 & 1 & \infty & \infty \\ \infty & 0 & \infty & 6 \\ 4 & 5 & 0 & \infty \\ 2 & 3 & 15 & 0 \end{pmatrix} \xrightarrow{+1}$$

（b）邻接矩阵复制到***A***　　（c）加顶点0后

pre[2][1]=0
pre[3][1]=0

图 5-24　弗洛伊德算法示例

$$\begin{pmatrix} 0 & 1 & \infty & 7 \\ \infty & 0 & \infty & 6 \\ 4 & 5 & 0 & 11 \\ 2 & 3 & 15 & 0 \end{pmatrix} \xrightarrow{+2} \begin{pmatrix} 0 & 1 & \infty & 7 \\ \infty & 0 & \infty & 6 \\ 4 & 5 & 0 & 11 \\ 2 & 3 & 15 & 0 \end{pmatrix} \xrightarrow{+3} \begin{pmatrix} 0 & 1 & 22 & 7 \\ 8 & 0 & 21 & 6 \\ 4 & 5 & 0 & 11 \\ 2 & 3 & 15 & 0 \end{pmatrix}$$

（d）加顶点1后
pre[0][3]=1
pre[2][3]=1

（e）加顶点2后

（f）加顶点3后
pre[0][2]=3
pre[1][0]=3
pre[1][2]=3

图 5-24　弗洛伊德算法示例（续）

弗洛伊德算法实现如程序 5-9 所示。这里动态二维数组 floyd 代表了上面的矩阵 ***A***，动态二维数组 path 代表了上面的数组 pre。

程序 5-9：弗洛伊德算法的实现（用邻接矩阵表示有向图）。

```
void Floyd(Graph *g)
{
    int i,j,k,t;
    edgeType **floyd;        // 数组floyd[i][j]记录顶点i到j间的最短距离
    int **path;              // 数组path[i][j]记录顶点对i到j的最短路径上顶点j的前一个顶点,
                             // 通过数组path能找到顶点对i到j的最短路径

    //创建动态数组floyd
    floyd = (edgeType **) malloc(sizeof(edgeType *)*g->verts);
    for (i=0; i<g->verts; i++)
        floyd[i]= (edgeType *) malloc(sizeof(edgeType)*g->verts);

    //创建动态数组path
    path = (int **) malloc(sizeof(int *)*g->verts);
    for (i=0; i<g->verts; i++)
        path[i]= (int *) malloc(sizeof(int)*g->verts);

    //初始化数组floyd
    for (i=0; i<g->verts; i++)
        for (j=0; j<g->verts; j++)
            floyd[i][j]= g->edgeMatrix[i][j];

    //初始化数组path，i和j之间的最短路径为直达
    for (i=0; i<g->verts; i++)
       for (j=0; j<g->verts; j++)
            path[i][j]=-1;

    //迭代计算矩阵A
    for (k=0; k<g->verts; k++)
    {   for (i=0; i<g->verts; i++)
        {   if (i==k) continue; //避开加floyd[i][i]
            for (j=0; j<g->verts; j++)
            {   if (j==k) continue;//避开加floyd[j][j]
                if (j==i) continue;//避开计算floyd[i][i]
```

```
                    if (floyd[i][j]>(floyd[i][k]+floyd[k][j]))
                    {    floyd[i][j]=floyd[i][k]+floyd[k][j];
                         path[i][j]=k;
                    }
                }
            }

        }

   //通过数组path显示顶点间的最短路径
        for (i=0; i<g->verts; i++)
        {    for (j=0; j<g->verts; j++)
                  printf("%d\t",path[i][j]);
             printf("\n");
        }
        printf("\n");


        //通过数组path显示顶点间的最短路径
        for (i=0; i<g->verts; i++)
             for (j=0; j<g->verts; j++)
             {    if (i==j) continue;
                  printf("dist and short path from %d to %d : %d, ", i, j, floyd[i][j]);
                  printf("%d <-",j);
                  t=path[i][j];
                  while (t!=-1)
                  {
                       printf("%d <-",t);
                       t=path[i][t];
                  }
                  printf("%d\n",i);
             }
}
```

从程序 5-9 可以看出，时间代价主要取决于迭代计算数组 Floyd，时间复杂度为 $O(n^3)$，这个似乎和将各个顶点逐次作为源点，多次调用求单源最短路径的 Dijkstra 算法的时间代价是一样的，但是弗洛伊德算法形式上更简单些。

进一步思考：Dijkstra 算法是一个贪心算法，一旦一个顶点的距离最短，就将之作为最终源点到该顶点的最短距离，不考虑后面是否有负权值的边出现，所以 Dijkstra 算法不支持边上带有负权值的情况；弗洛伊德算法可以允许带有负权值的边，但不允许带有负权值的边出现在回路中，因为如果在回路中反复绕这个回路多次，路径距离会越来越短，但没有尽头。

图 5-25（a）一个边带负权值，但带负权值的边不在回路中，如观察顶点对 0 到 2 之间的最短距离，如果以 0 为源点用单源最短路径算法计算，先将 0 并入集合 S 中，则顶点 2 到 S 的距离最短为 6，选中 2 并将 2 并入 S 中，0 到 2 的最短距离由此计算终结，结果为 6，但根据弗洛伊德算法可算得 a02=3，最短路径为 0-1-2。图 5-25（b）一个边带了负权值，且这个带负权值的边还在一个回路中，根据弗洛伊德算法 0 到 2 的最短距离为 a02=-7，但事实上路径 0-1-2-0-1-2（围绕回路再绕一圈）距离将会得到-8，更小，因此弗洛伊德算法不支持图中带有负权值的边在一个回路中的情况。

$$\begin{pmatrix} 0 & 8 & 6 \\ \infty & 0 & -5 \\ \infty & \infty & 0 \end{pmatrix} \xrightarrow{+0} \begin{pmatrix} 0 & 8 & 6 \\ \infty & 0 & -5 \\ \infty & \infty & 0 \end{pmatrix} \xrightarrow{+1} \begin{pmatrix} 0 & 8 & 3 \\ \infty & 0 & -5 \\ \infty & \infty & 0 \end{pmatrix} \xrightarrow{+2} \begin{pmatrix} 0 & 8 & 3 \\ \infty & 0 & -5 \\ \infty & \infty & 0 \end{pmatrix}$$

pre[0][2]=1

（a）

$$\begin{pmatrix} 0 & 8 & \infty \\ \infty & 0 & -15 \\ 6 & \infty & 0 \end{pmatrix} \xrightarrow{+0} \begin{pmatrix} 0 & 8 & \infty \\ \infty & 0 & -15 \\ 6 & 14 & 0 \end{pmatrix} \xrightarrow{+1} \begin{pmatrix} 0 & 8 & -7 \\ \infty & 0 & -15 \\ 6 & 14 & 0 \end{pmatrix} \xrightarrow{+2} \begin{pmatrix} 0 & 7 & -7 \\ -9 & 0 & -15 \\ 6 & 14 & 0 \end{pmatrix}$$

pre[2][1]=0 pre[0][2]=1 pre[0][1]=2 pre[1][0]=2

（b）

图 5-25 带负权值的图用弗洛伊德算法的过程

程序 5-10 所示为求最小生成树的普里姆算法，求单源最短路径的 Dijkstra 算法，求任意点之间最短路径的弗洛伊德算法的测试函数。

程序 5-10：测试函数。

```
typedef struct
{
    verType u, v;
    edgeType weight;

}Edges;

int main()
{
    Graph g;
    int i,n,m;
    Edges e[10]={{'A','B',1},{'A','C',2},{'A','D',3},{'B','C',4},{'C','D',5},{'B','E',6},
                {'C','E',7},{'C','F',8},{'F','D',9},{'E','F',10}};

    intialize(&g,0,MAXNUM);
    n=6;
    m=10;

    for (i=0; i<n; i++)
        insertVertex(&g,'A'+i);

    for (i=0; i<m; i++)
    {
        insertEdge(&g,e[i].u,e[i].v,e[i].weight); //插入边
    }
```

```
    disp(&g);
    printf("最小代价生成树：\n");
    Prim(&g);
    printf("单源最短路径：\n");
    Dijkstra(&g,'A');
    printf("任意两点间的最短路径：\n");
    Floyd(&g);

    return 0;
}
```

5.6 AOV 网和 AOE 网

在实际问题中，有向无环图的应用通常分为两种，一种是 AOV（Activity On Vertex NetWork）网，一种是 AOE（Activity on Edge Network）网。AOV 网将活动赋予顶点之上，顶点间的有向边表示活动发生的先后顺序，表达了活动之间的前后关系，例如，图 5-26 所示为课程的先修关系图作为 AOV 网的具体示例。AOE 网将活动赋予边之上，顶点表达了活动发生后到达的某种状态或事件，而某个状态或事件既意味着前面的所有活动结束，也意味着后面的活动可以开始。工程问题中，一个大的工程项目通常分成若干个子工程，每个子工程作为活动用 AOE 网来描述，具体示例如图 5-29 所示。下面讨论如何用 AOV 网解决拓扑排序问题和用 AOE 网解决关键路径问题。

5.6.1 拓扑排序

拓扑排序

为了讨论拓扑排序问题，先来定义一组关系。

在一个集合 X 中，若关系 R 是传递的、自反的、反对称的，则称 R 是集合 X 上的偏序关系。

若关系 R 是集合 X 上的偏序关系，且对于每个 $a, b \in X$，必有 aRb 或 bRa，则称 R 是集合 X 上的全序关系。

对集合 X 上的一个偏序关系 R，通过将集合中原本不满足 R 关系的所有元素对人为地补充设定拥有 R 关系，从而将 R 改变为集合 X 上的一个全序关系，并按照此全序关系将元素排成一个线性序列，在这个序列中，任何两个元素都满足关系 R，这样一个操作称为拓扑排序（Topological Sort）。

图 5-26 所示是一个有向无环图，反映了计算机专业部分课程的先修关系。图中顶点代表了课程，课程之间用有向边相连，表达了课程间的先修后修关系，可以看出它是一个偏序关系。图中的有向边<3,4>表示了离散数学是数据结构的先修课程；0、1 之间没有边，说明它们之间不存在先修关系。现在通过拓扑排序安排一张课程先后次序表，使得所有课程排成一个线性序列，在这个线性序列中，排在前面的课程是排在后面的课程的先修课程，不仅满足了图中约定的课程先修关系，而且任何两个课程都有先有后，即存在了先修关系，这时的先修关系就是这组课程集合上的一个全序关系，而这个线性序列就是原本图中表达的关系的一个拓扑序列。

拓扑排序的一个解决方案是：首先在图中找到入度为 0 的顶点，将这些顶点全部入栈，然后循环判断栈是否空，非空时，顶点出栈，如果由该顶点射出了 m 条有向边，则射入的这 m 个邻接点的入度减 1（相当于该顶点对其 m 个邻接顶点的先修约束已经消失），在各邻接点入度减 1 的过程中，一旦发现哪个邻接点的入度已经变为 0，则将它进栈，然后再回到循环，直到栈空。

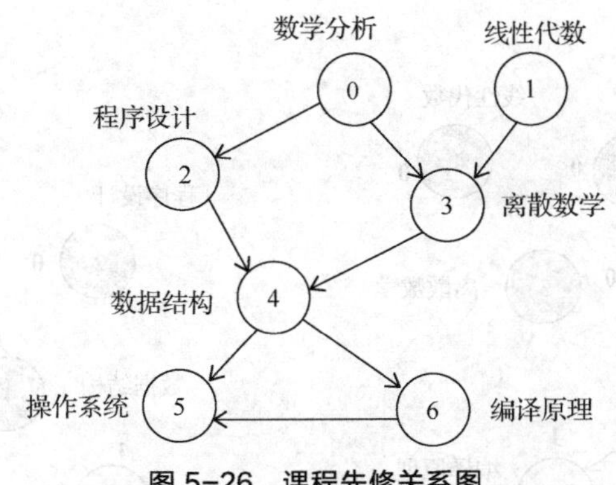

图 5-26 课程先修关系图

图 5-27 显示了对图 5-26 进行拓扑排序的过程，每个顶点旁的数字是其当前入度值。

在图 5-27 中，图 5-27（a）中计算出了图中每个顶点的入度，其中顶点 0、1 的入度为 0。现在选择一个入度为 0 的顶点进入最后的拓扑序列，这时 0、1 都可以作为备选，假如先选择顶点 0，则由顶点 0 射出的边<0,2>、<0,3>失效，为了在图中明显表示其影响消失，可以直接删除这些边，邻接点 2、3 的入度减 1，结果见图 5-27（b）；现在再选择入度为 0 的顶点，2、1 都可以作为备选，假如选择顶点 2，则由顶点 2 射出的边消失，邻接点 4 的入度减 1，结果见图 5-27（c）；反复进行以上操作，可得到线性序列 0、2、1、3、4、6、5。

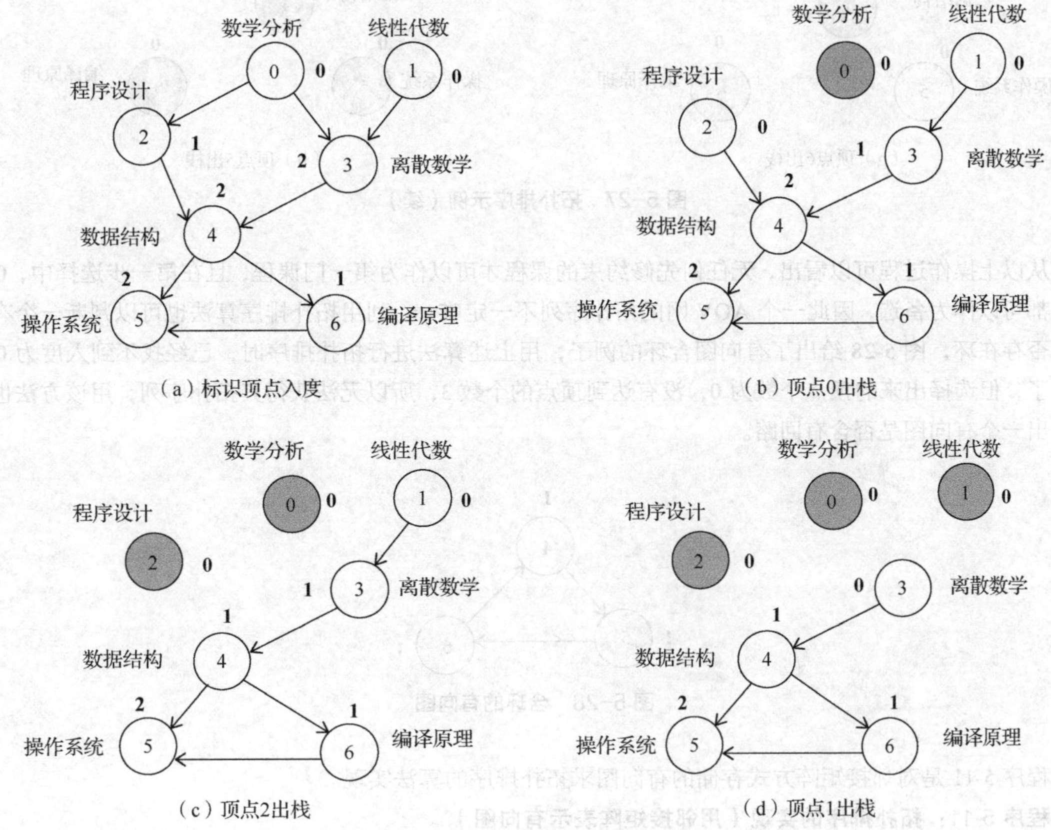

图 5-27 拓扑排序示例

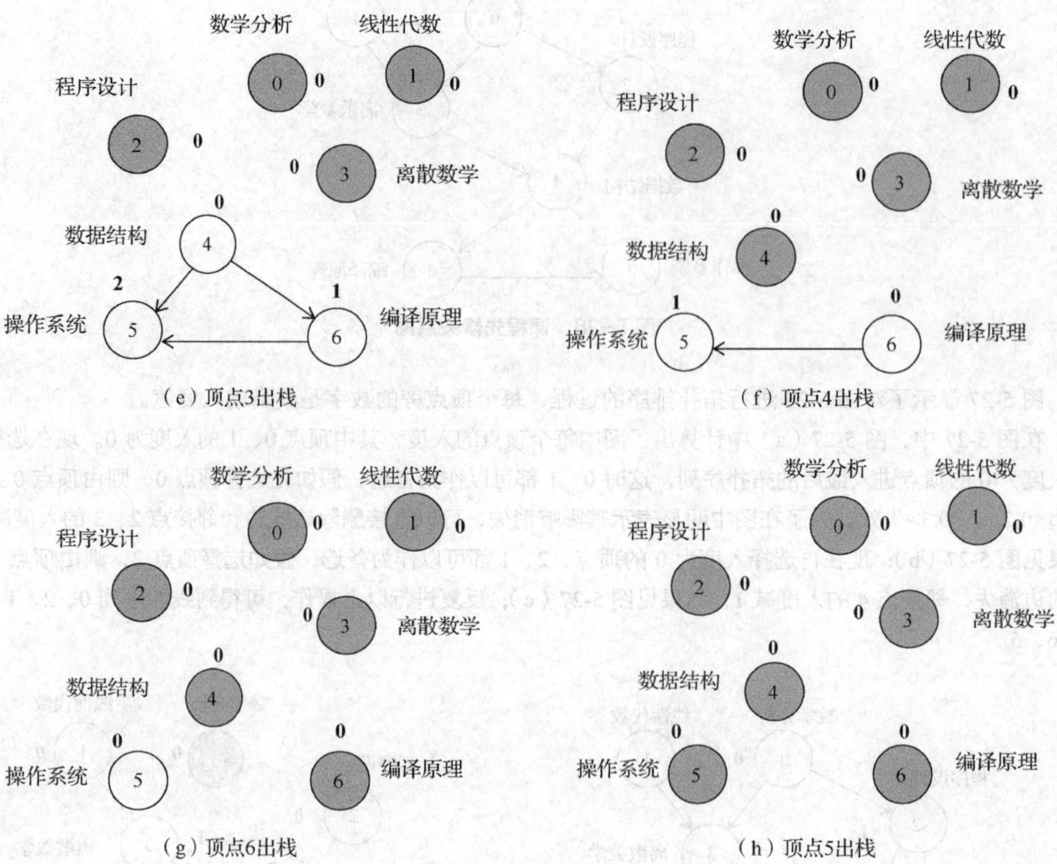

（e）顶点3出栈　　（f）顶点4出栈

（g）顶点6出栈　　（h）顶点5出栈

图 5-27　拓扑排序示例（续）

从以上操作过程可以看出，无任何先修约束的课程才可以作为第一门课程，且在第一步选择中，0 或者 1 都可以作为备选，因此一个 AOV 网的拓扑序列不一定唯一。利用拓扑排序算法也可以判断一个有向图是否存在环，图 5-28 给出了有向图含环的例子，用上述算法进行拓扑排序时，已经找不到入度为 0 的顶点了，但选择出来的顶点个数为 0，没有达到顶点的个数 3，所以无法获得其拓扑序列，用该方法也可判断出一个有向图是否含有回路。

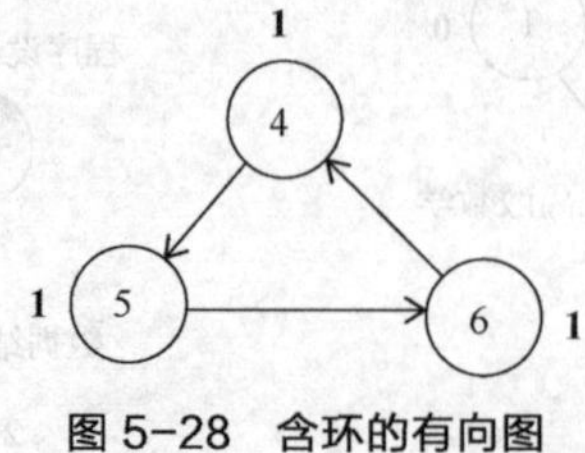

图 5-28　含环的有向图

程序 5-11 是对邻接矩阵方式存储的有向图求拓扑排序的算法实现。

程序 5-11：拓扑排序的实现（用邻接矩阵表示有向图）。

```
void topoSort(Graph *g)
{
```

```
    int *inDegree;
    stack s;
    int i, j;
    inDegree = (int *) malloc (sizeof(int)*g->verts);
    initialize(&s);

    //计算每个顶点的入度，邻接矩阵每一列元素相加，加完入度为零的压栈
    for (j=0; j<g->verts; j++)
    {
        inDegree[j] = 0;
        for (i=0; i<g->verts; i++)
        {
            if (g->edgeMatrix[i][j]!=g->noEdge)
              inDegree[j]++;
        }
        if (inDegree[j]==0) push(&s,j);
    }

    //逐一处理栈中的元素
    while (!isEmpty(&s))
    {
        i = top(&s); pop(&s);
        printf("%d ", i);
        //将i射出的边的箭头顶点入度减1，减为0时压栈
        for (j=0; j<g->verts; j++)
            if (g->edgeMatrix[i][j]!=g->noEdge)
            {
                inDegree[j]--;
                if (inDegree[j]==0) push(&s,j);
            }
    }
}
```

程序 5-11 中用一个动态数组 **inDegree** 保存顶点的入度，用一个栈 s 保存入度为 0 的顶点。程序在执行过程中首先逐个检查邻接矩阵中的每个元素，计算出每个顶点的入度，存入 **inDegree**；然后检查数组 **inDegree** 中的值，入度为 0 的压入栈 s 中。循环出栈、检查出栈顶点所在行，如顶点下标为 *i* 时，检查第 *i* 行，如果该行中某个元素不为 0，则将对应顶点入度减 1，如果减为 0，则将该顶点加入栈 s 中，循环操作，直到栈中顶点为空。

拓扑排序算法的时间代价是 $O(n^2)$，如果图用邻接表来存储，则时间代价为 $O(n+e)$。

5.6.2 关键路径

一个工程通常由若干个子工程构成，大多子工程在开始实施时既要有一定的先觉条件，自身也需要一定的时间来完成。如何根据这些信息求得工程需要的总时间？在整个工程项目中哪些子工程是关键的子工程？所有关键子工程必须在可以开始时马上进行，中间不得拖延工期，必须按照计划如期完成，否则将影响整个工程工期；每个不是关键子工程的工程有多少时间余量？这些问题都是工程施工前要

关键路径

精确计算的。

为了描述工程和子工程以及子工程之间的关系，可以使用 AOE 网。在 AOE 网中，顶点表示事件或者状态，边表示活动（这里就是子工程活动），边上的权值表示完成活动所需要的时间。一个顶点如果有 *n* 条边射入，则表示当这 *n* 个活动全部完成后才说该顶点表达的事件发生，或者说达到了该顶点表示的状态，之后由该顶点发出的边表示的活动才可以启动。通常 AOE 网至少会有一个起点（或称源点），起点没有边射入，入度为 0，说明该状态不需要条件已经到达或者说事件不需要条件就发生了；AOE 网也会有一个终点（或称汇点），终点没有边射出，出度为 0，说明当到达该顶点表示的状态时就意味着整个工程结束。图 5-29 所示就是用一个 AOE 网表示的工程图，其中 C 是起点，H 是终点，其他顶点（如顶点 B）表示了一个事件，此事件须当活动<A,B>和<E,B>都完成了才能发生。

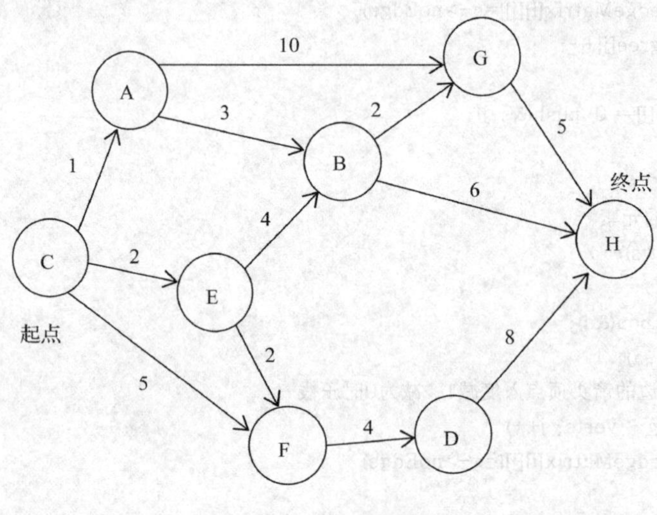

图 5-29 AOE 网

利用 AOE 网求工程中的关键活动的过程如下所述。

（1）求得每个顶点事件的最早发生时间，即到达顶点表示的状态所需要的最短时间。

（2）求得每个顶点事件的最迟发生时间，即到达顶点表示的状态所能容忍的最长花费时间。

（3）求得每个活动的最早发生时间，即每个边表示的活动最早何时能具备条件并开始。

（4）求得每个活动的最迟发生时间，即每个边表示的活动最晚何时必须开始，否则影响整个工程工期。

（5）当某个活动的最早发生时间和最迟发生时间相同时，表示这些活动一旦条件具备必须马上开始，刻不容缓，否则将延长整个工程的工期，这些活动便是关键活动。

1. 求顶点事件的最早发生时间

如果一个顶点有若干条边射入，即说明该顶点表示的事件须当从起点到经由这些边到达该顶点的全部路径上的活动都完成后才能发生，因此事件的最早发生时间是最长路径所消耗的时间。如图 5-30 所示，A 顶点是起点，B 顶点事件的最早到达时间是 A 到 B 间最长路径上的活动所消耗的时间 k=max($n1$，$n2$，$n3$，…，nt)，k 时间后由顶点 B 发出的所有活动才可以开始。

图 5-31 所示是图 5-29 中 AOE 网顶点事件最早发生时间的具体计算过程，图中顶点旁的加黑数字为该顶点当前的最早发生时间。

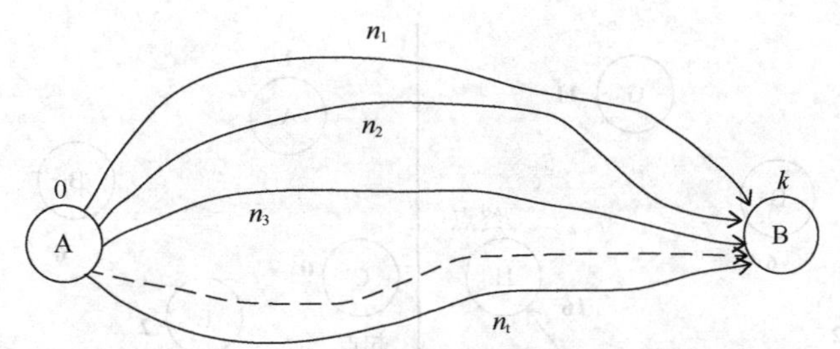

图 5-30　顶点事件的最早发生时间计算原理

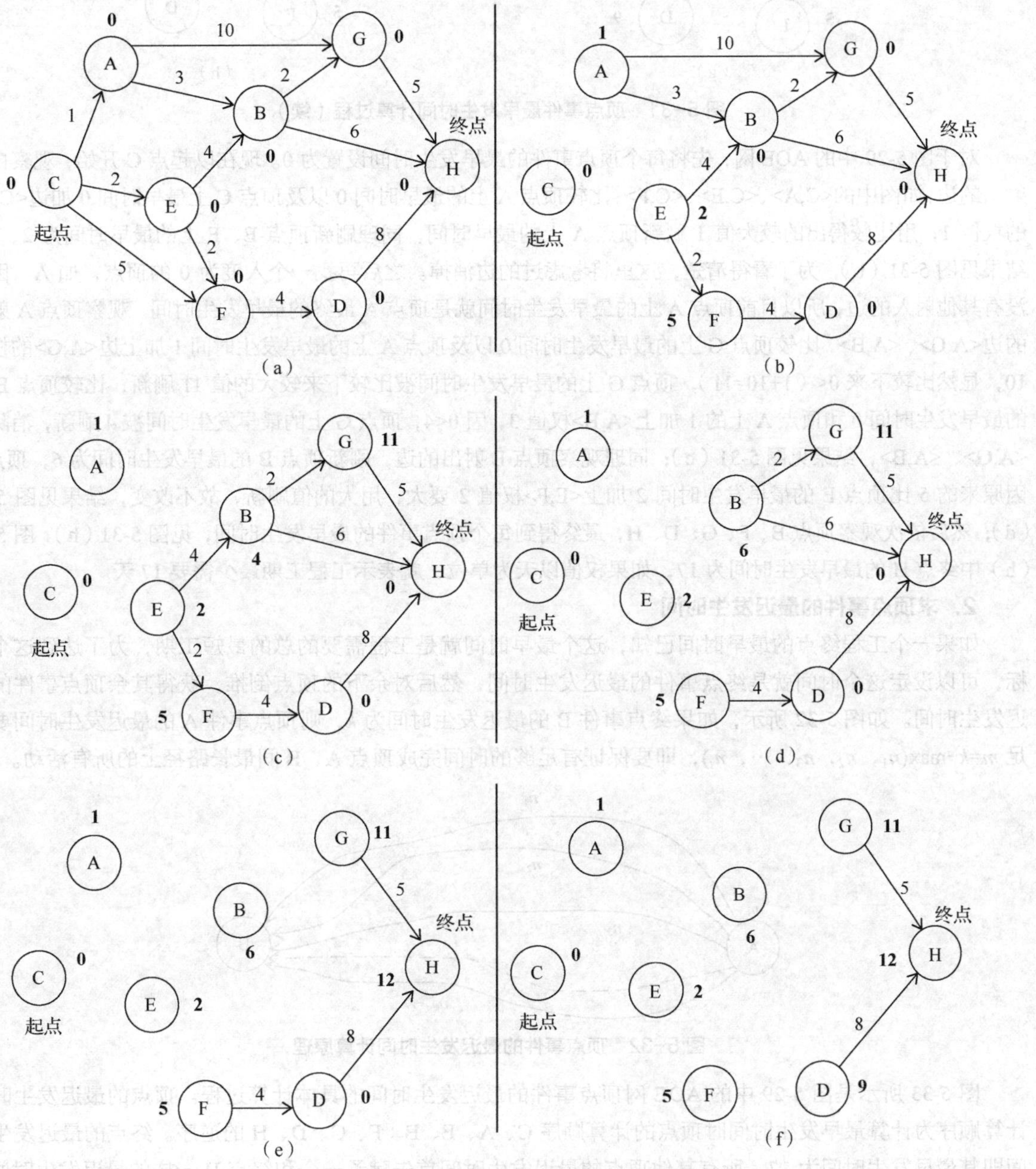

（a）　（b）

（c）　（d）

（e）　（f）

图 5-31　顶点事件最早发生时间计算过程

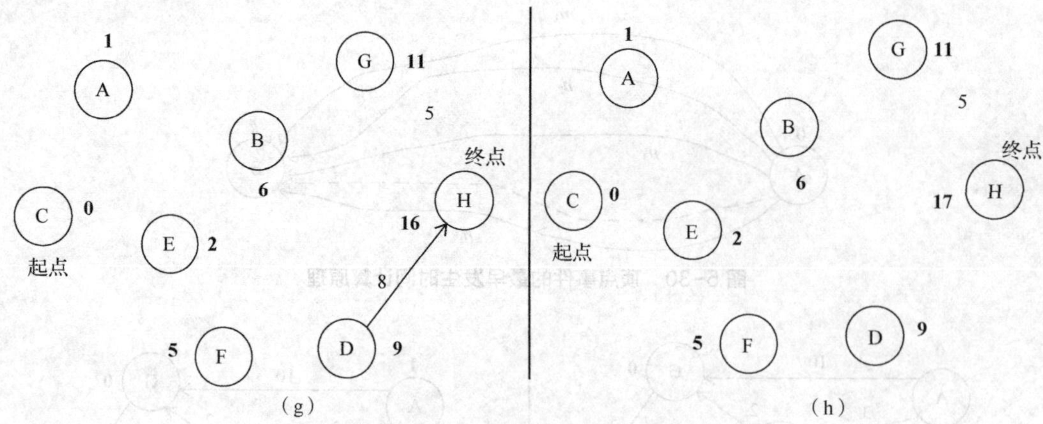

图 5-31　顶点事件最早发生时间计算过程（续）

对于图 5-29 中的 AOE 网，先将每个顶点事件的最早发生时间设置为 0。现在以起点 C 开始，观察由它射出的边，如图中的<C,A>、<C,E>、<C,F>，比较顶点 A 上的最早时间 0 以及顶点 C 上最早时间 0 加边<C,A>的权值 1，用比较得出的较大值 1 刷新顶点 A 上的最早时间，同理刷新顶点 E、F 上的最早时间为 2、5，结果见图 5-31（b），为了看得清楚，这里将考虑过的边消掉。之后再找一个入度为 0 的顶点，如 A，因为没有其他射入的边，所以目前顶点 A 上的最早发生时间就是顶点 A 最终的最早发生时间，观察顶点 A 射出的边<A,G>、<A,B>，比较顶点 G 上的最早发生时间 0 以及顶点 A 上的最早发生时间 1 加上边<A,G>的权重 10，显然比较下来 0<（1+10=11），顶点 G 上的最早发生时间被比较下来较大的值 11 刷新；比较顶点 B 上的最早发生时间 0 和顶点 A 上的 1 加上<A,B>权值 3，因 0<4，顶点 G 上的最早发生时间被 4 刷新，消除边<A,G>、<A,B>，结果见图 5-31（c）；同理观察顶点 E 射出的边，刷新顶点 B 的最早发生时间为 6，顶点 F 因原来的 5 比顶点 E 的最早发生时间 2 加上<E,F>权值 2 要大，用大的值刷新，故不改变，结果见图 5-31（d）；然后依次观察顶点 B、F、G、D、H，最终得到每个顶点事件的最早发生时间，见图 5-31（h）。图 5-31（h）中终点 H 的最早发生时间为 17，如果权值以天为单位，就表示工程工期最少需要 17 天。

2．求顶点事件的最迟发生时间

如果一个工程终点的最早时间已知，这个最早时间就是工程需要的总的最短工期，为了达到这个目标，可以设定这个时间就是终点事件的最迟发生时间，然后对余下的顶点倒推，获得其余顶点事件的最迟发生时间。如图 5-32 所示，如果终点事件 B 的最迟发生时间为 k，则顶点事件 A 的最迟发生时间要满足 $m=k-\max(n_1，n_2，n_3，\cdots，n_t)$，即要保证有足够的时间完成顶点 A、B 间最长路径上的所有活动。

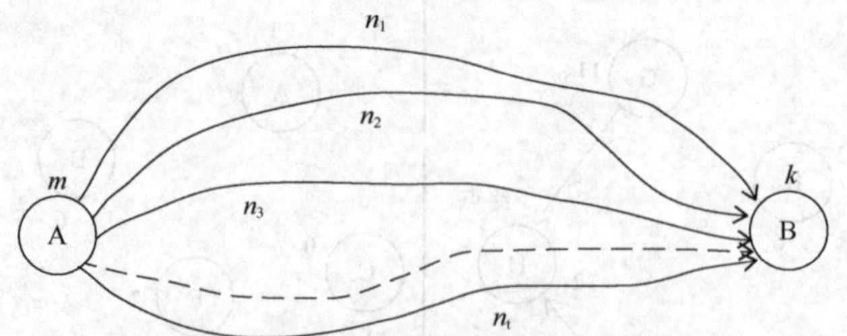

图 5-32　顶点事件的最迟发生时间计算原理

图 5-33 所示是图 5-29 中的 AOE 网顶点事件的最迟发生时间的具体计算过程。顶点的最迟发生时间计算顺序为计算最早发生时间时顶点的计算顺序 C、A、E、B、F、G、D、H 的逆序。终点的最迟发生时间即其最早发生时间为 17，所有其他顶点的最迟发生时间首先赋予一个和终点 H 一样的最迟发生时间，这里为 17，然后按照逆序 H、D、G、F、B、E、A、C 顺序进行如下运算。

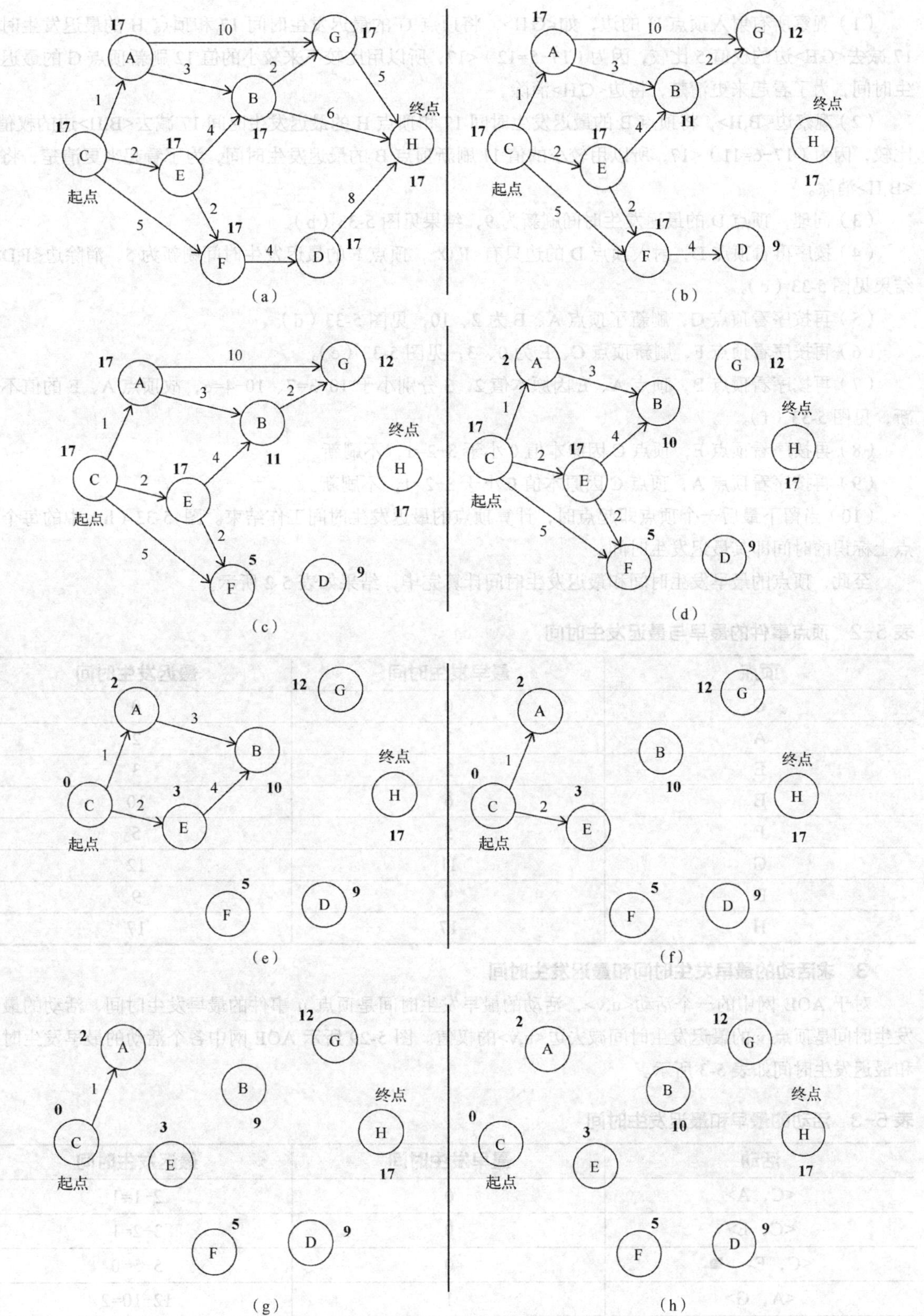

图 5-33　顶点事件最迟发生时间计算过程

（1）观察所有射入顶点 H 的边，如<G,H>，将顶点 G 的最迟发生时间 17 和顶点 H 的最迟发生时间 17 减去<G,H>边的权值 5 比较，因为（17−5=12）<17，所以用比较下来较小的值 12 刷新顶点 G 的最迟发生时间，为了看起来更清楚，将边<G,H>消除。

（2）观察边<B,H>，将顶点 B 的最迟发生时间 17 和顶点 H 的最迟发生时间 17 减去<B,H>边的权值 6 比较，因为（17−6=11）<17，所以用较小的值 11 刷新顶点 B 的最迟发生时间，为了看起来更清楚，将边<B,H>消除。

（3）同理，顶点 D 的最迟发生时间刷新为 9，结果见图 5-33（b）。

（4）按序再看顶点 D，射入顶点 D 的边只有<F,D>，顶点 F 的最迟发生时间刷新为 5，消除边<F,D>，结果见图 5-33（c）。

（5）再按序看顶点 G，刷新了顶点 A、B 为 2、10，见图 5-33（d）。

（6）再按序看顶点 F，刷新顶点 C、E 为 0、3，见图 5-33（e）。

（7）再按序看顶点 B，顶点 A、E 因原本值 2、3 分别小于 10−3=7、10−4=6，故顶点 A、E 的值不刷新，见图 5-33（f）。

（8）再按序看顶点 E，顶点 C 因原本值 0 小于 3−2=1，不刷新。

（9）再按序看顶点 A，顶点 C 因原本值 0 小于 3−2=1，不刷新。

（10）当留下最后一个顶点即起点时，计算顶点的最迟发生时间工作结束。图 5-33（h）中的每个顶点上标识的时间即其最迟发生时间。

至此，顶点的最早发生时间和最迟发生时间计算完毕，结果如表 5-2 所示。

表 5-2　顶点事件的最早与最迟发生时间

顶点	最早发生时间	最迟发生时间
C	0	0
A	1	2
E	2	3
B	6	10
F	5	5
G	11	12
D	9	9
H	17	17

3. 求活动的最早发生时间和最迟发生时间

对于 AOE 网中的一个活动<u,v>，活动的最早发生时间是顶点 u 事件的最早发生时间，活动的最迟发生时间是顶点 *v* 的最迟发生时间减去边<u,v>的权值。图 5-29 所示 AOE 网中各个活动的最早发生时间和最迟发生时间如表 5-3 所示。

表 5-3　活动的最早和最迟发生时间

活动	最早发生时间	最迟发生时间
<C，A>	0	2−1=1
<C，E>	0	3−2=1
<C，F> ■	0	5−5=0
<A，G>	1	12−10=2
<A，B>	1	10−3=7

续表

活动	最早发生时间	最迟发生时间
<E，B>	2	10-4=6
<E，F>	2	5-2=3
<B，G>	6	12-2=10
<B，H>	6	17-6=11
<F，D> ■	5	9-4=5
<G，H>	11	17-5=12
<D，H> ■	9	17-8=9

4．求关键路径

当活动的最早发生时间和最迟发生时间一致时，表示该活动为关键活动（如表 5-3 中旁边加黑方块的边），这些关键活动组成的由起点到终点的路径称为关键路径。关键活动在最早发生时间时就必须马上开始，不得延缓，因为这个时间也是活动的最迟发生时间，一旦活动开始时间晚于这个最迟发生时间或者活动中没有按预定的活动时间（边的权值）完成活动，都会影响整个工程工期，因此在项目设计和施工中要精确计算、严密监控关键路径上的所有活动。图 5-29 所示的 AOE 网的关键活动如图 5-34 所示，其中 C-F-D-H 就是一条关键路径（长 17），其上的每一个活动都是关键活动。必须注意，关键路径不一定唯一，但关键路径长度一定是最长的，也是唯一的。如果要缩短工期，也是首先要注意这些关键路径，在保持原有关键路径的前提下，缩减关键活动时间就能缩短工期。但也不可以无限制地缩短，因为当缩到一定程度时，原本的关键路径不再是关键路径，而是出现了新的关键路径，则工程工期又由新的关键路径决定了。

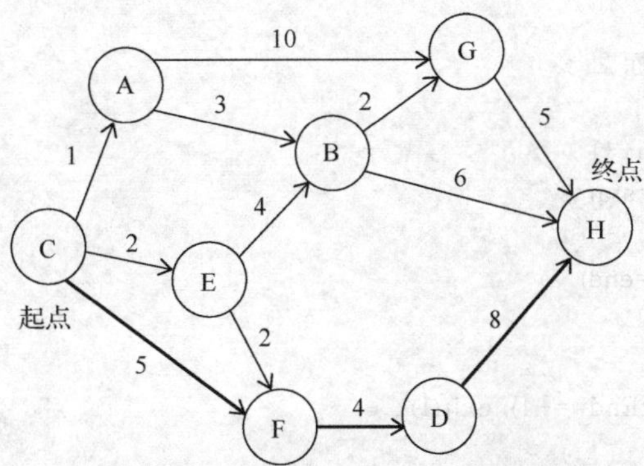

图 5-34　AOE 网中的关键活动

对于图 5-34 中的非关键活动，表 5-3 也给出了每个活动的时间情况。如活动<*B*,*G*>，其最早发生时间为 6，最迟发生时间为 10，如果这个数字的单位是天，就意味着活动<*B*,*G*>在保证 2 天完成的前提下，既可以从第 6 天开始，也可以休息 4 天后从第 10 天才开始，但不得晚于第 10 天，中间的时间余量有 4 天。

程序 5-12 是关键路径的算法实现，其中假设用邻接矩阵表示图。程序首先定义边结点结构，包括和边相邻的两个顶点 ***u*** 和 ***v***、权重 weight、活动的最早发生时间 early 以及最迟发生时间 last；定义了记录顶点入度的数组 indegree、记录顶点的最早发生时间数组 verEarly 和最迟发生时间数组 verLast；定义了两个栈 s1 和 s2，其中 s1 保存入度为 0 的顶点，s2 保存 s1 出栈的顶点序列，s1 中顶点出栈的顺序就是计算最早发生时间的顶点顺序，s2 中顶点出栈的顺序是计算最早发生时间时顶点序列的逆序，此逆序用于计算顶点的最迟发生时间。

程序 5-12：求关键路径（用邻接矩阵表示有向图）。

```
typedef struct
{
    int u, v, weight;
    int early, last;
}Edges;

void keyActivity (Graph *g, verType start, verType end)
{
    int *inDegree;
    int *verEarly, *verLast;//事件-顶点的最早发生时间、最迟发生时间
    Edges *edgeEL; //活动-边的最早发生时间、最迟发生时间
    stack s1,s2;
    int i, j, k;
    int u, v;
    int intStart, intEnd;
    int total;

    inDegree     = (int *) malloc (sizeof(int)*g->verts);
    verEarly     = (int *) malloc (sizeof(int)*g->verts);
    verLast      = (int *) malloc (sizeof(int)*g->verts);
    edgeEL       = (Edges *) malloc (sizeof(Edges)*g->edges);
    initialize(&s1);
    initialize(&s2);

    //找到起点和终点的下标
    intStart = intEnd = -1;
    for (i=0; i<g->verts; i++)
    {   if (g->verList[i]==start)
            intStart = i;
        if (g->verList[i]==end)
            intEnd = i;
    }
    if ((intStart==-1)||(intEnd==-1)) exit(1);

    //计算每个顶点的入度，计数邻接矩阵每一列中非无穷大元素
    for (j=0; j<g->verts; j++)
    {
        inDegree[j] = 0;
        for (i=0; i<g->verts; i++)
        {
            if (g->edgeMatrix[i][j]!=g->noEdge)
              inDegree[j]++;
        }
    }

    //初始化顶点最早发生时间
```

```
for (i=0; i<g->verts; i++)
{
    verEarly[i] = 0;
}

//计算每个顶点的最早发生时间
verEarly[intStart] = 0;
push(&s1,intStart);
i = intStart;
while (i!=intEnd) //当终点因为入度为0压栈、出栈时，则计算结束
{
    for (j=0; j<g->verts; j++)
    {
        if (g->edgeMatrix[i][j]!=g->noEdge)
        {
            inDegree[j]--;
            if (inDegree[j]==0) push(&s1, j);
            if (verEarly[j]<verEarly[i]+g->edgeMatrix[i][j])
                verEarly[j] = verEarly[i]+g->edgeMatrix[i][j];
        }
    }
    i = top(&s1); pop(&s1); push(&s2,i);
}

printf("顶点的最早发生时间：\n");
for (i=0; i<g->verts; i++)
    printf("%d ",verEarly[i]);
 printf("\n");

//初始化顶点最迟发生时间
total = verEarly[intEnd];
for (i=0; i<g->verts; i++)
{
    verLast[i] = total;
}

//按照计算顶点最早发生时间逆序依次计算顶点最迟发生时间
while (!isEmpty(&s2))
{
    j = top(&s2); pop(&s2);

    //修改所有射入顶点j的边的箭尾顶点的最迟发生时间
    for (i=0; i<g->verts; i++)
        if (g->edgeMatrix[i][j]!=g->noEdge)
            if (verLast[i] > verLast[j] - g->edgeMatrix[i][j])
                verLast[i] = verLast[j] - g->edgeMatrix[i][j];
}

printf("顶点的最迟发生时间：\n");
```

```
    for (i=0; i<g->verts; i++)
        printf("%d ",verLast[i]);
    printf("\n");

    //建立边信息数组
    for (i=0; i<g->verts; i++)
        for (j=0; j<g->verts; j++)
            if (g->edgeMatrix[i][j]!=g->noEdge)
            {
                edgeEL[k].u = i;
                edgeEL[k].v = j;
                edgeEL[k].weight = g->edgeMatrix[i][j];
            }

    //将边的最早发生时间<u,v>设置为箭尾顶点u的最早发生时间
    //将边的最迟发生时间<u,v>设置为箭头顶点v的最迟发生时间-<u,v>边的权重
    for (k=0; k<g->edges; k++)
    {
        u = edgeEL[k].u;
        v = edgeEL[k].v;
        edgeEL[k].early = verEarly[u];
        edgeEL[k].last   = verLast[v] - edgeEL[k].weight;
    }

    //活动的最早发生时间、最迟发生时间
    printf("活动的最早、最迟发生时间:\n");
    for (k=0; k<g->edges; k++)
    {
        u = edgeEL[k].u;
        v = edgeEL[k].v;
        printf("%d ->   %d :   %d   %d\n", g->verList[u],
                g->verList[v], edgeEL[k].early, edgeEL[k].last);
    }

    //输出关键活动
    printf("关键活动：\n");
    for (k=0; k<g->edges; k++)
        if (edgeEL[k].early == edgeEL[k].last)
        {
            u = edgeEL[k].u;
            v = edgeEL[k].v;
            printf("%d ->   %d :   %d\n", g->verList[u], g->verList[v], edgeEL[k].early);
        }
}
```

分析以上程序，找起点和终点下标需花费时间 $O(n)$，计算顶点入度需花费时间 $O(n^2)$，计算顶点最早发生时间需花费时间 $O(n^2)$，计算顶点最迟发生时间需花费时间 $O(n^2)$，建立边信息需花费时间 $O(n^2)$，计算活动的最早发生时间需花费时间 $O(e)$，计算活动的最迟发生需花费时间 $O(e)$，输出关键活动需花费时间 $O(e)$，而 e 小于 $n(n-1)$，所以总的时间代价为 $O(n^2)$。

5.7 小结

图是一种最一般的数据结构，图中的顶点表示元素，边表示元素间的关系，图中任何两个元素之间都可能有关联关系。元素及元素关系的存储如果按照线性结构、树形结构存储思路延续考虑，存储会变得异常艰难。现在换种思路，把元素和元素关系的存储分割开来，各自独立存储，如元素值单独存储在一个数组中，而元素之间的关系即可以按照顺序结构存储在一个二维数组中，也可以按照链式结构存储在邻接表中，这样存储问题的解决变得简单了。如同二叉树的遍历，图的遍历算法仍然是其他操作的基础。在遍历算法的基础上可以解决许多属性类问题，如图中各顶点的度、入度、出度，无向图是否连通，无向图有几个连通分量，有向图是否是强连通图，有向图有几个强连通分量，每个连通分量是什么等。本章讨论了深度优先遍历和广度优先遍历两种典型的算法，它们和二叉树的先序遍历、层次遍历思路相似。图的应用非常广泛，本章详细讨论了对一个图如何求出最小代价生成树、顶点之间的最短路径、拓扑排序和工程中的关键路径、关键活动。利用图结构能解决的问题很多，本章讨论的算法也多，但具体的实现都依托于邻接矩阵和邻接表，而这两种存储方式的具体操作涉及的都是最基础的数组和单链表操作，因此相对来说算法实现难度并不很大。

5.8 习题

1. 对有向图 5-35（a）：

（1）指出每个顶点的出度、入度；

（2）画出邻接矩阵存储图；

（3）画出邻接表存储图；

（4）画出逆邻接表存储图；

（5）画出十字链表存储图；

（6）指出强连通分量个数并画出所有强连通分量；

（7）写出一个深度优先遍历序列和对应的生成树或者森林；

（8）写出一个广度优先遍历序列和对应的生成树或者森林；

（9）写出所有可能的拓扑排序序列；

（10）指出起点为 A、终点为 F 的工程项目图中的关键活动和关键路径；

（11）指出从顶点 A 到图中其他每个顶点的最短路径和最短路径长度。

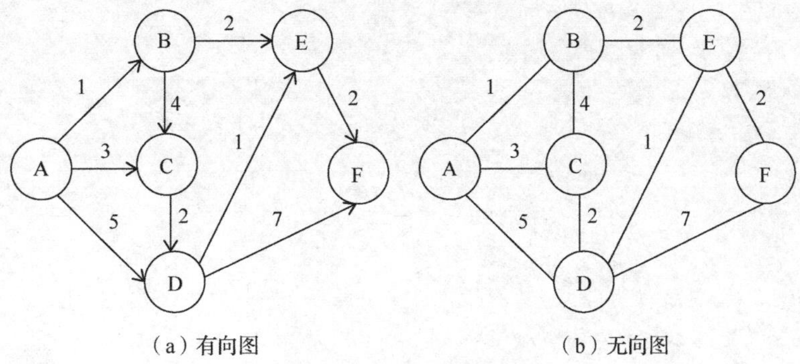

图 5-35　有向图和无向图

2. 对无向图 5-35（b）：

（1）指出每个顶点的度；

（2）画出邻接矩阵存储图；

（3）画出邻接表存储图；

（4）画出多重邻接表存储图；

（5）指出连通分量个数并画出所有的连通分量；

（6）写出一个深度优先遍历序列和对应的生成树或生成森林；

（7）写出一个广度优先遍历序列和对应的生成树或生成森林；

（8）画出一个最小代价生成树。

3. 对于一个用邻接表表示的有向图，写出算法构建一个逆邻接表。

4. 如果一个有向图用邻接表表示，试写出算法判断图中是否存在回路。

5. 假设一个无向图用邻接表表示，试写一个函数，找出每个连通分量所含的顶点集合。

6. 假设一个有向图用邻接矩阵表示，试写一个函数找出每个强连通分量所含的顶点集合。

7. 假设图用邻接矩阵存储，分别实现深度优先遍历和广度优先遍历算法，并分析其时间复杂度。

8. 编程实现利用克鲁斯卡尔算法找出无向连通图的最小代价生成树，要求输出最小代价生成树的各条边及最小代价。

9. 设计一个算法找出一个无向图的最大代价生成树。

10. 假设一个 AOE 网用邻接表存储，写一个函数实现求单源最短路径。

11. 假设一个 AOE 网用邻接表存储，写一个函数求关键路径。

**12. 设计算法，找出所有从指定顶点出发，长度为 K 的简单路径。并以邻接表为例，实现该算法。

Chapter 06

第6章

查找

■ 查找是对数据最常见的操作。当内存中的一组数据相对稳定、鲜有变化，则因数据是静态的，这组数据便被称为静态查找表。静态数据的存储仅需朝着有利于查找的目标来完成，最便利的存储方式是顺序存储，相应的查找技术称为静态查找技术。当一组数据不太稳定、有频繁的进出操作，则因数据是动态的，这组数据便被称为动态查找表。动态数据的存储既要有利于数据的查找操作，也要有利于数据的插入、删除操作，一般采用链式存储，相应的查找技术称为动态查找技术。

6.1 静态查找技术

静态查找技术

6.1.1 顺序查找

顺序存储是静态查找表最方便的存储方式。对于用数组实现顺序存储的一组数据，如果用户给出了一个待查找的值，简单而直观的方法便是对这组数据逐个查找。可以用两种策略，一种是对数组从前往后查找，一种是对数组从后往前查找，两种策略都是当查找越界时得到元素不存在的结论。从后往前查找比较常用，通常的做法是：空出下标为 0 的存储位置，不存储任何一个实际的数据元素，而是将其作为哨兵位，元素从 1 下标存到 n 下标。当要查找数据 x 时，首先将 x 存入哨兵位，然后从 n 下标开始向前一直到 0 下标去查找 x，显然查找一定成功，因为哨兵位保证了即便数据中没有 x，x 也能在哨兵位被找到，哨兵位起到了阻止下标越界的挡板作用。用这种方式，假设下标为 m 的数据在查找中匹配成功，显然当 m 大于 0 时表示查找成功、m 等于 0 时表示查找不成功。这样就避免了每次检测匹配元素的下标是否越界，只需要比较元素的值是否匹配，用增加一个空间的方式换取时间，提高了效率。顺序查找算法的实现如程序 6-1 所示。

程序 6-1：顺序查找算法程序。

```
#include <stdio.h>
#include <stdlib.h>

int main()
{
    int a[11]={0, 72, 90, 25, 60, 30, 70, 80,19, 20, 35};
    int i, x;

    printf("Input the data you want to seek: ");
    scanf("%d", &x);

    a[0] = x;
    for (i=10; i>=0; i--)
        if (a[i]==x) break;   //比较成功，退出循环

    if (i==0)
        printf("%d doesn't exist! %d ", x, i);
    else
        printf("%d exits! %d ", x, i);

    printf("\n");
    return 0;
}
```

算法时间复杂度分析：待查找元素如果不存在，就从 n 下标比较到 0 下标，元素比较次数为 n+1。待查找元素如果存在：当查找的元素为倒数第一个元素时，比较次数为 1；当查找元素为倒数第二个元素时，比较次数为 2，以此类推；当查找元素为第一个元素时，比较次数为 n。每个元素如果被查找的概率相同（均为 $1/n$），则平均查找时间即其数学期望，为

$$(1+2+3+\cdots+n)*1/n=(n+1)/2$$

因此无论查找成功与否，时间复杂度均为 $O(n)$。

6.1.2 折半查找

顺序查找适用于任何元素序列，但当元素序列有序时，还可以使用更加有效的查找方法——折半查找方法。折半查找的思想是：首先比较中间位置元素，比较成功，查找结束。比较不成功，如果待查找元素小于中间位置元素，则在前半段使用上述同样方法继续查找。特殊地，如果前半段没有了，则说明不存在待查找元素；如果待查找元素大于中间位置元素，则在后半段使用上述同样方法继续查找，特殊地，如果后半段没有了，则说明不存在待查找元素。图 6-1 是折半查找的例子：图 6-1（a）为查找成功的示例，图 6-1（b）为查找不成功的示例。其中 low 指向数据段的左边界下标，high 指向数据段的右边界下标，mid 为数据段的中间位置。折半查找算法的实现见程序 6-2。

```
待查找元素150

元素序列：30，35，40，50，80，100，150，200
          ↑              ↑                 ↑
step1：  low=0        mid=(low+high)/2=3   high=7

          30，35，40，50，80，100，150，200
                          ↑   ↑            ↑
step2：         low=mid+1=4  mid=5         high=7

          30，35，40，50，80，100，150，200

step3：                       low=6  mid=6  high=7

150查找成功
```

（a）

```
待查找元素60

元素序列：30，35，40，50，80，100，150，200
          ↑              ↑                 ↑
step1：  low=0        mid=(low+high)/2=3   high=7

          30，35，40，50，80，100，150，200
                          ↑   ↑            ↑
step2：         low=mid+1=4  mid=5         high=7

          30，35，40，50，80，100，150，200
                          ↑
step3：                low=4  mid=4  high=4

          30，35，40，50，80，100，150，200
                      ↑   ↑
step4：            high=3  low=4

high<low    60查找不成功，结束
```

（b）

图 6-1 折半查找示例

程序 6-2：折半查找算法实现。

```
#include <stdio.h>
#include <stdlib.h>

int main()
{
```

```
    int a[10]={20,30,50,60,65,67,70,75,80,100};
    int x, low, high, mid;

    printf("x: ");
    scanf("%d", &x);

    low=0; high=9;
    while (low<=high)
    {
        mid = (low+high);
        if (x==a[mid])//查找成功
            break;
        else
            if (x<a[mid]) //x小于中间位置元素
                high = mid -1;
            else   //x大于中间位置元素
                low = mid +1;
    }

    if (low<=high)
        printf("%d found! position:%d\n", x, mid);
    else
        printf("%d not found! \n", x);

    return 0;
}
```

算法时间复杂度分析：查找成功时，最少比较次数 1，最多是 n 能折半的次数，即 $\log_2 n$；查找不成功时，也是 $\log_2 n$。故算法时间复杂度为 $O(\log_2 n)$。

6.1.3　插值查找

折半查找每次简单地找中间位置，插值查找是根据离所查元素的距离来计算下次查找的位置：mid=low+(high−low)(x−a[low])/(a[high]−a[low])。

能使用插值查找的条件是，不仅数据是有序的，而且这组有序数据的值是均匀分布的。

6.2　二叉查找树

动态查找技术

6.2.1　二叉查找树的定义

静态查找表通常采用顺序存储法，表无序时查找时间为 $O(n)$，表有序时查找时间为 $O(\log_2 n)$。一旦有插入、删除操作，都会如顺序表的插入、删除一样，引起数据的大量移动。因此当查找表有频繁插入、删除操作时，顺序存储在时间上就没有优势了。如何解决这一问题？我们分析有序表的顺序存储，对某一元素而言，比它小的存其左边，比它大的存其右边，我们把该元素的左右两翼折下，便形成了一棵二叉查找树，如图 6-2 所示。当然折下的位置不同，二叉树的形态就不同。换言之，一个二叉树是二叉查找树的条件是：二叉树中的任何一个结点都有其值大于左孩子结点的值并小于右孩子结点的值的特点，或者说，任何一个结点的值比其左子树上所有结点的值都大，比其右子树上所有结点的值都小。这里为了简化，假设数据序列中没有任何两个元素的值相等的情况。根据以上定义可知，二叉查找树中以任何一个结点为根的子树也是一棵二叉查找树。二叉查找树最常用的存储方式是二叉链表，它是链式结构，在插入、删除时不会如顺序存储般引起大量数据的移动。

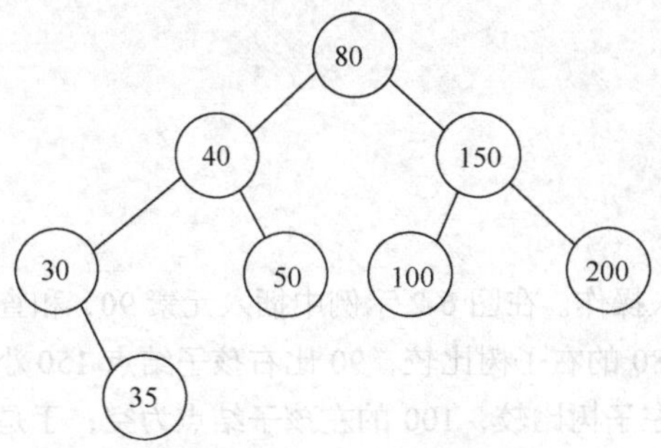

图 6-2 二叉查找树

6.2.2 基本操作

查找树的查找

在二叉查找树中查找元素的步骤如下：首先看根是否空，为空则查找结束。否则将待查找元素和根结点比较，相同则查找成功；不相同但比根结点值小，则在以其左孩子结点为根的二叉查找树中继续如上操作；不相同但比根结点值大，则在以其右孩子结点为根的二叉查找树中继续如上操作。显然在查找中，每一层最多比较一个元素，总的查找时间最多为该二叉查找树的高度。而当二叉树为完全二叉树、甚至不是完全二叉树，但相对于满二叉树只在最后一层缺部分结点时，二叉树的高度都是$\lfloor \log_2 n \rfloor + 1$，即时间复杂度是 $O(\log_2 n)$。但是如果二叉树中任何一个结点都只有一个孩子，则二叉树的高度是 n，时间复杂度将达 $O(n)$。

根据以上叙述的二叉查找树的查找方法，显然用递归的方式实现非常直观，但鉴于递归方法虽然逻辑简单但效率不高，也可以采用迭代的方法。程序 6-3 和程序 6-4 分别采用了递归和非递归方法。

程序 6-3：二叉查找树递归法实现查找。

```
struct node * find1(struct node *r, int x)
{
    struct node *t=r;

    if (t)
    {
        if (x==t->data)
            return t;
        if (x<t->data)
            return find1(t->left, x);
        else
            return find1(t->right,x);
    }
    return NULL;
}
```

程序 6-4：二叉查找树迭代法实现查找。

```
struct node * find2(struct node *r, int x)
{
    struct node *t=r;

    while (t)
    {
```

```
        if (x==t->data)
            return t;
        if (x<t->data)
            t=t->left;
        else
            t=t->right;
    }
    return NULL;
}
```

现在讨论二叉查找树的插入操作。在图 6-2 示例中插入元素 90，和查找的方法类似，首先将 90 和根结点的 80 比较，比 80 大，沿 80 的右子树比较，90 比右孩子结点 150 小，沿 150 的左子树比较，90 比左孩子结点 100 小，沿 100 的左子树比较，100 的左孩子结点为空，于是比较结束，90 直接作为 100 的左孩子结点插入。根据以上插入过程可以得出：插入总在空结点位置上进行，插入实际上是一个查找动作，去搜索用于插入的空结点位置具体在什么地方，故插入的时间消耗也是二叉查找树的高度。具体插入算法的实现见程序 6-5。

程序 6-5：二叉查找树的插入。

查找树的插入

```
void insert(struct node *r, int x)
{
    struct node *tmp;
    if (!r)  //如果查找树的根为空，直接建立一个结点并作为根结点
    {
        tmp = (struct node *)malloc(sizeof(struct node));
        tmp->data = x;
        tmp->left = NULL;
        tmp->right = NULL;
        root = tmp;
        return;
    }
    if (x==r->data) return; //已经在二叉树中
    if (x<r->data)
    {
        if (!r->left)  //左孩子结点为空，插入位置即此地
        {
            tmp = (struct node *)malloc(sizeof(struct node));
            tmp->data = x;
            tmp->left = NULL;
            tmp->right = NULL;
            r->left = tmp;
            return;
        }
        else
            insert(r->left, x);  //左孩子结点不为空，插入以左孩子结点为根的查找树中
    }
    else
    {
        if (!r->right)
        {
            tmp = (struct node *)malloc(sizeof(struct node));
            tmp->data = x;
            tmp->left = NULL;
            tmp->right = NULL;
```

```
                r->right = tmp;
                return;
            }
            else
                insert(r->right, x); //右孩子结点不为空，插入以右孩子结点为根的查找树中

        }
}
```

查找树的删除

二叉查找树的删除相对复杂一些。下面以图 6-2 的示例进行分析：当待删除的结点为叶子结点时，直接删除即可，见图 6-3（a）；当待删除的结点只有一个子结点时，删除该结点，让其子结点占据删除结点原来的位置，见图 6-3（b）；当待删除结点有两个子结点时，我们需要在其左子树或者右子树中找到一个结点，用该结点的值占据待删除结点原来的位置，这个结点称为替身结点。如果替身结点来自待删结点的左子树，它需要满足比待删结点的左子树上所有其他结点都大，因其来自待删结点的左子树，它当然比待删结点的右子树上所有结点都小；如果替身结点来自待删结点的右子树，它需要满足比待删结点的右子树上所有其他结点都小，因其来自待删结点的右子树，它当然比待删结点的左子树上所有结点都大。为了达到这一目的我们可以有两个选择：一是在待删结点的左子树中找最大值。找到左子树中具有最大值的结点很容易，沿着左孩子结点一路右寻，即左子树中的最右侧结点便是左子树中值最大的结点，这个最大值结点显然没有右孩子结点，因此它要么是叶子，要么是只有一个孩子的结点。交换待删除结点和这个最大结点的值（交换后仍能保证左子树是一个二叉查找树），问题就转变为删除这个最大结点了，这是删除一个叶子或者只有一个左孩子的结点的问题，可以用前两种情况的解决方法去解决，见图 6-3（c）；二是以其右孩子结点为根，在右子树中找最小即最左侧结点作为替身结点。

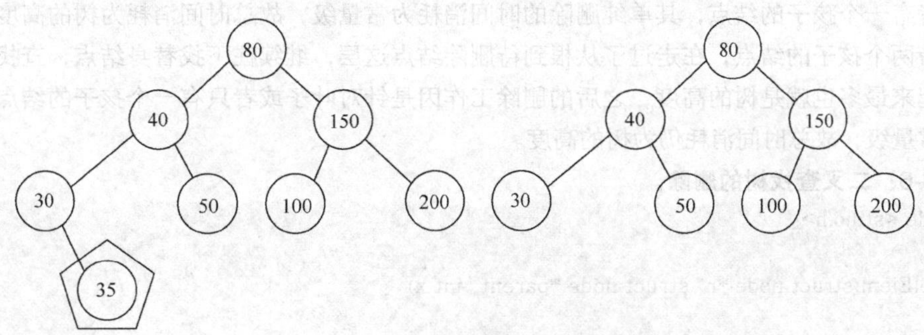

（a）删除叶子结点35

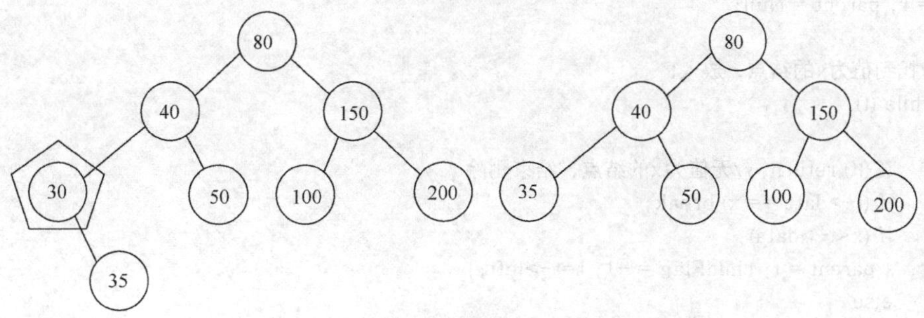

（b）删除有一个孩子的结点30

图 6-3　二叉查找树的删除示例

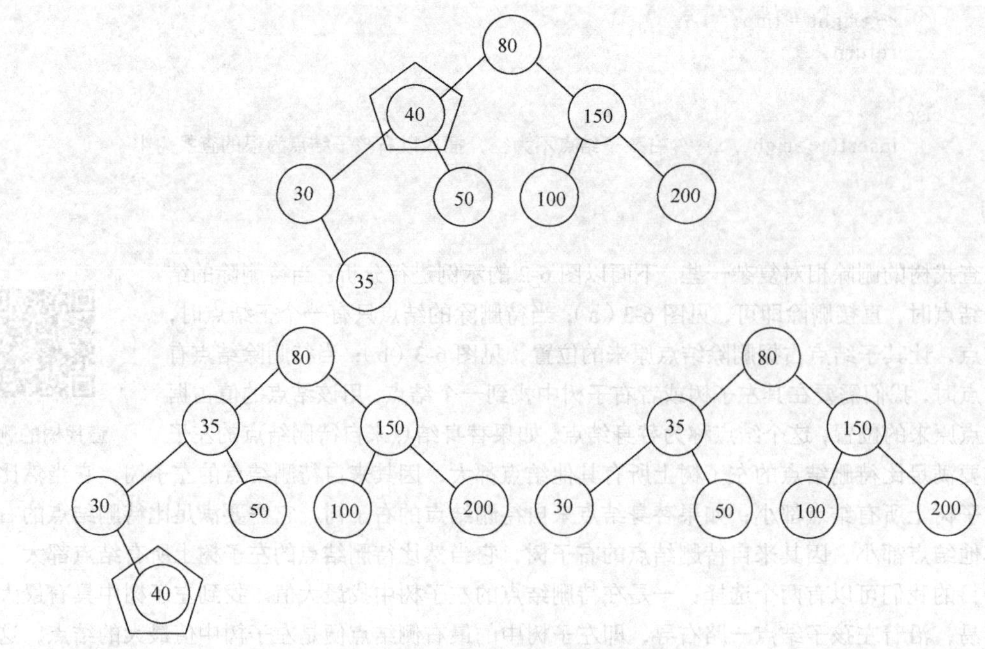

（c）删除有两个孩子的结点40

图 6-3　二叉查找树的删除示例（续）

算法的具体实现见程序 6-6，通过查找、插入、删除等基本操作实现函数的简单测试见程序 6-7。可以看出删除一个结点也如同插入，首先要进行查找，时间消耗为树的高度，查找后如果待删除结点是叶子结点或者有一个孩子的结点，其单纯删除的时间消耗为常量级，故总时间消耗为树的高度；删除的结点如果是带两个孩子的结点，在走过了从根到待删除结点这层，继续往下找替身结点，查找该结点和替身结点加起来最多也就是树的高度，之后的删除工作因是针对叶子或者只有一个孩子的结点，单纯删除时间也为常量级，故总时间消耗仍为树的高度。

程序 6-6：二叉查找树的删除。

```
#include <stdio.h>

void delElem(struct node *r, struct node *parent, int x)
{
        struct node *t,*p;
        int childFlag;
        t= r; parent = Null;

        //找到值为x的结点，放入t
        while (t)
        {
              if (!t) return; //无值为x的结点，结束删除
              if (t->data == x) break;
              if (x<t->data)
              { parent = t; childFlag = -1; t=t->left;}
              else
              {parent = t; childFlag = 1;    t=t->right;}
        }
```

```
//删除t结点
if (parent) //结点t不是根结点
{
    if (!t->left && !t->right) //t为叶子结点
    {
        if (childFlag==-1) parent->left = NULL;
        else parent->right = NULL;
        free(t);
        return;
    }

    if (t->left && !t->right) //t的左孩子结点不空，右孩子结点空
    {
        if (childFlag==-1) parent->left = t->left;
        else parent->right = t->left;
        free(t);
        return;
    }

    if (!t->left && t->right) //t的右孩子结点不空，左孩子结点空
    {
        if (childFlag==-1) parent->left = t->right;
        else parent->right = t->right;
        free(t);
        return;
    }

}
else //结点t是根结点
{
    if (!t->left && !t->right) //t为叶子结点
    {
        root = NULL; free(t); return;
    }

    if (t->left && !t->right) //t的左孩子结点不空，右孩子结点空
    {
        root = t->left; free(t); return;
    }

    if (!t->left && t->right) //t的右孩子结点不空，左孩子结点空
    {
        root = t->right; free(t); return;
    }
}

//左右孩子结点都不为空，在左子树中找最大结点作为替身结点
p = t->left;
while (p->right) p=p->right;

t->data = p->data;   //替身结点值复制上去
```

```
    parent = t; childFlag = -1;
    delElem(t->left, t, p->data); //以左子为根，删除替身结点，替身结点无右孩子结点
}
```

程序 6-7：二叉查找树的基本操作验证。

```
#include <stdio.h>
#include <stdlib.h>
#include "queue.h"

typedef struct node
{
    int data;
    struct node *left, *right;
};

struct node *root;

void disp(struct node *r);
void insert(struct node *r, int x);
struct node* find2(struct node *r, int x);
struct node* find1(struct node *r, int x);
void delElem(struct node *r, struct node *parent, int x);

int main()
{
    int a[10]={80,40,150,30,50,100,200,35};
    int i;

    root = NULL;
    //在二叉查找树中逐步插入元素
    for (i=0; i<8; i++)
        insert(root, a[i]);

    //层次遍历二叉查找树以验证
    disp(root);

    //查找元素
    if (find1(root,400))
        printf("found! \n");
    else
        printf("not found! \n");

    //删除二叉树中的元素
    delElem(root, NULL, 40);
    disp(root);

    return 0;
}
```

6.2.3 顺序统计

顺序统计

顺序统计的一个主要操作是在集合中查找第 i 个顺序统计量（集合中第 i 大或第

i 小的元素）。对于静态表，可以通过顺序存储并排序，然后在下标 i-1 处找到目标元素，时间花费为数组排序的时间。对于动态表，如果使用二叉查找树存储，查找第 1 小元素，顺着根一路左孩子结点下去，找到最左侧结点即为最小结点，时间复杂度是二叉树的高度；查找第 *n* 小元素即最大元素，顺着根一路右孩子结点下去，找到最右侧结点即为最大结点，时间复杂度也是树的高度。

查找第 *i*（不是 1 或者 *n*）小元素的简单方法是，采用对每个结点增加一个 size 字段的方法，size 记录了以该结点为根的二叉查找树中结点的个数。具体查找方式为：首先和根比较，如果根的 size 小于 *i* 则结果为无第 *i* 小结点，结束查找。如果根的 size 值等于 *i*，则沿其右孩子结点找最右侧结点就是第 *i* 小结点。特别地，如果没有右孩子结点，根自己为第 *i* 小结点。如果根的 size 值大于 *i*，那么看它的左孩子结点，如果左孩子结点的 size 小于 *i*，则看右孩子结点，问题变成在右子树中找第 *k* 小结点，其中 k=i-（上面左孩子结点的 size+父结点 1）。特别地，如果 k=0，则其父结点就是第 *i* 小的结点；如果左孩子结点的 size 大于或者等于 *i*，则在以左孩子结点为根的二叉查找树中重复以上操作去找第 *i* 小结点。可以看出，每层最多检查两个结点，故时间消耗为树高的两倍。

具体示例见图 6-4，图中每个结点边的黑数字为其 size 值大小。如果要在图中所示的二叉查找树中找第 3 小元素的值，按照以上方法，根 80 的 size=8，比 3 大，找左孩子结点 40，40 的 size=4，比 3 大，找左孩子结点 30，30 的 size=2，比 3 小，故找 40 的右孩子结点 50，在其中找第 3-(2+1)=0 个结点，因此 50 的父结点 40 就是第 3 小的结点。如果要在图中所示的二叉查找树中找第 6 小元素的值，按照以上方法，根 80 的 size=8，比 6 大，找左孩子结点 40，40 的 size=4，比 6 小，找父结点 80 的右孩子结点 150，在以 150 为根的子树中找第 6-(4+1)=1 个最小的值，这样，顺着 150 一路左孩子结点找最左侧结点 100，它就是第 6 小结点。

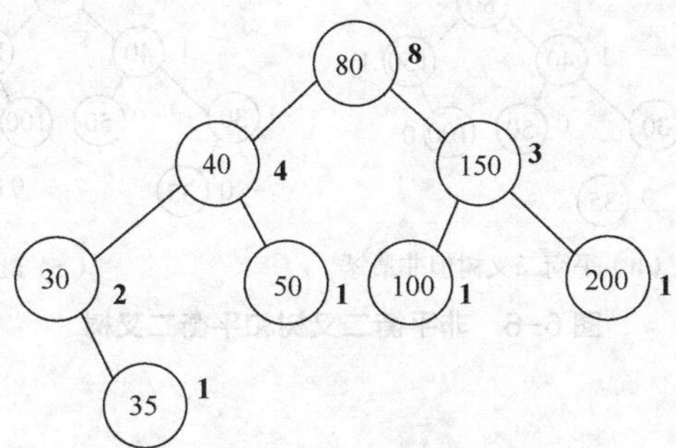

图 6-4　顺序统计示例

还有另外一个办法：对二叉树做一次中序遍历，显然遍历结果序列是从小到大有序的。如果将该结果放入一个数组中，下标为 i-1 的元素即第 *i* 个元素。此方法时间消耗为中序遍历的花费，时间复杂度为 $O(n)$；数组为额外空间消耗，空间复杂度为 $O(n)$。

6.3 平衡二叉查找树（AVL 树）

平衡二叉树的定义

从二叉查找树的基本操作可以看出，时间复杂度都是二叉树的高度。如果该二叉树形态极端，是左单支树，或者是右单支树，或者更一般，每个结点只有一个孩子，无论这个孩子是左孩子结点或者右孩子结点，二叉树的高度都是结点的个数，时间复杂度实际都达到 $O(n)$（见图 6-5）。单支树是如何形成的？按照上面的插入算法，如果输入的数据原本是有序且是升序，则会形成右单支树；相似地，如果输入的数据原本有序且是降序，则会形成左单支树。怎样的二叉树树高会达到最低？对于有 *n* 个元素形成的二叉树，如果元素的个数 $n=2^k-1$，当二叉树的形态为满二叉树时树高最低为 *k*；如果元素个数不能凑成满二叉树，完全二叉树也是树高最低的形态；事实上条件还可以更加宽松，

如果一个 k 层的二叉树，前 k-1 层都是满的，第 k 层有若干个元素（不一定是完全二叉树），二叉树的高度依然是最低；甚至还有 2 个孩子不满结点，只出现在最后 2 层的某些情况。第三种情况实际涵盖了前两种情况：当第 k 层元素个数为 2^{k-1} 即为满二叉树（第一种情况），当第 k 层元素尽量靠左即为完全二叉树（第二种情况）。下面对二叉树给出一种新的特征描述——平衡二叉树，它的条件甚至比第三种情况还要松，有时甚至不是最矮的情况。

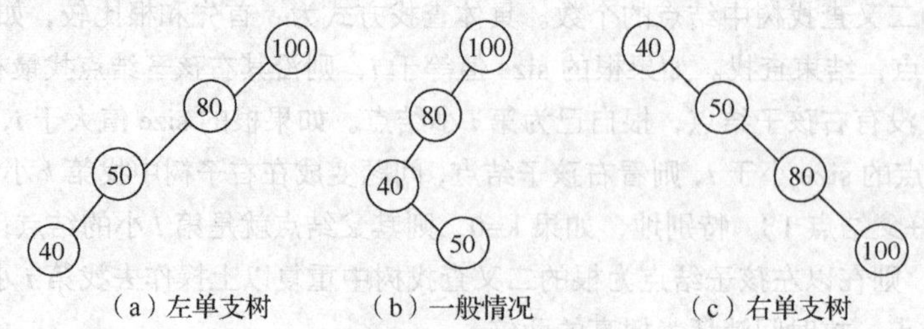

（a）左单支树　（b）一般情况　（c）右单支树

图 6-5　二叉树最高情况

一个结点的平衡因子等于其左子树的高度减去其右子树的高度。如果一棵二叉树中所有结点的平衡因子的绝对值不超过 1，即为-1、0、1 这三种情况，则这棵二叉树为平衡二叉树。上述描述的第三种情况就满足平衡二叉树的定义，非平衡和平衡二叉树示例见图 6-6，可以看出图中的平衡二叉树甚至连第三种情况都不是。

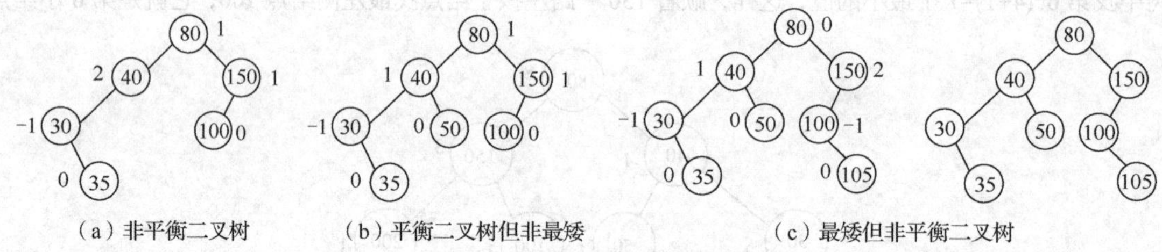

（a）非平衡二叉树　（b）平衡二叉树但非最矮　（c）最矮但非平衡二叉树

图 6-6　非平衡二叉树和平衡二叉树

6.3.1　插入

平衡二叉树的插入

当元素插入到一个平衡二叉树中时，可能造成不平衡。图 6-5 中的单支树就是在元素的逐次插入中形成的，插入后显然不平衡。如在图 6-6（b）所示的平衡树中插入元素 38，38 将作为 35 的右孩子结点插入，于是 30 的平衡因子会变成-2，由此平衡二叉树会变得不平衡。

下面分析，当遇到一个新结点插入时，会引起哪些结点的平衡因子发生变化。依然以插入 38 为例，毫无疑问，新插入结点一定是叶子结点，故新结点的平衡因子为 0。又由于新结点的插入，父结点会因右子树高度的增加，而使得父结点的平衡因子减 1，于是 35 的平衡因子变为-1，这个-1 也说明以 35 为根的子树高度增加了 1，因此 35 的父结点 30 因其右子树增加了高度，平衡因子也要减 1，变为-2。再往上，40 因其左孩子结点 30 的平衡因子变化为-2，说明左子树高度增加了 1，故 40 的平衡加 1，变为 2。再往上到根，根的平衡因子因左子树增高变为 2。

如果在图 6-6（b）中增加结点 200，200 会作为 150 的右孩子结点。结点 200 的平衡因子为 0，200 的父结点 150 的平衡因子因右子树的增高而加 1，由-1 变为 0。150 的平衡因子由 1 变为 0 说明其左子树高度未变，右子树高度增加 1 变得和左子树高度一样，这样以 150 为根的子树高度并未发生变化，因此其父结点 80 的平衡因子不再受影响，向上的传染停止。两种情况见图 6-7。

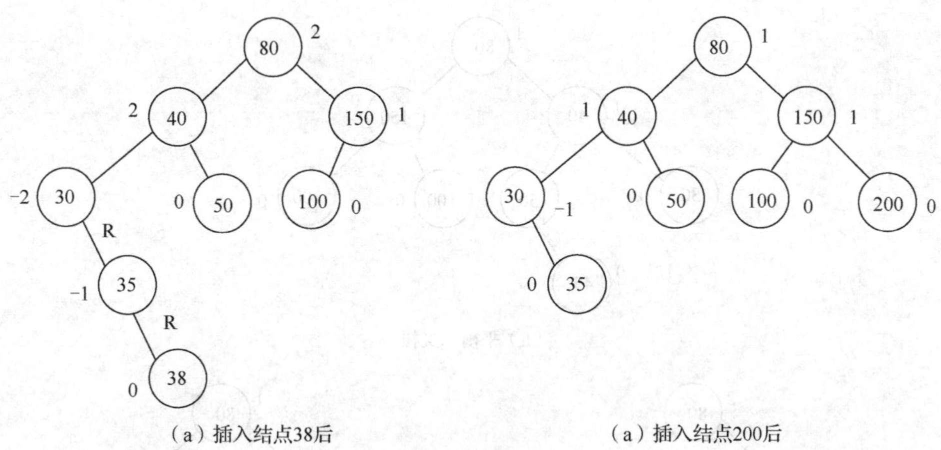

（a）插入结点38后　　（a）插入结点200后

图 6-7　向平衡二叉树中插入结点

总结插入过程中结点平衡因子的变化规律：新插入结点的平衡因子为 0，一路自下而上往祖先结点传导、推算，如果是由左子树传导上来，说明左子树高度增加了 1，父结点平衡因子加 1；如果是由右子树传导上来，说明右子树高度增加了 1，父结点平衡因子减 1。父结点平衡因子变化后，如果结果变为 0，说明原本的左右子树一边高一边低，现在低的长高了，变得和高的一样了，自下而上的传导行为停止，祖父包括更上层祖先结点的平衡因子保持不变；如果结果变为非 0，传导依然按照来自左子树加 1、右子树减 1 的原则向祖父结点传导，直到某一层祖先结点的平衡因子变为 0 或者到达根结点。

二叉查找树中一旦有一个结点的平衡因子不在-1、0、1 的范围内，二叉树就不再平衡。在向上的传导过程中，平衡因子第一个超过-1、0、1 范围的结点称为冲突结点。一旦发现冲突结点，暂停沿祖先向上的传导，先对二叉树在冲突结点附近做调整，直到它变得平衡。以在图 6-8（a）平衡查找树中插入 42 为例，在新结点 42 到祖先中冲突结点 50 间，50 到 45 是一个父到左子的关系，45 到 42 是一个父到左子的关系，这种形态我们称为 LL 型，如图 6-8（b）所示。对于 LL 型，只需以中间结点 45 为固定轴顺势向右折下 45 至 50 的手臂，成为一次右旋，然后让轴 45 结点升到 50 原来的位置成为 40 的右孩子结点，而 50 结点降下来成为 45 的右孩子结点，45 原来的右子树变为 50 的左子树，如图 6-8（c）所示。当然调整是否结束还要看调整后这些结点的平衡因子的变化。

从图 6-8（b）中可以看出，调整过后 50 的平衡因子变为 0，45 的平衡因子也变为 0，由此 45 向上的传导结束，其祖先 40、80 的平衡因子保持原值不变。所以在冲突检测中只要找到了冲突结点，不需要先往上传导并修改祖先结点的平衡因子，只需要先对冲突结点进行相应的调整，然后根据调整后冲突位置结点的平衡因子情况再做决定，如果平衡因子为 0，则结束向上传导。图 6-9 对 LL 型、RR 型调整进行理论上的描述。

比较而言，LR 型和 RL 型比 LL、RR 型的情况要复杂些。LR 和 RL 各有两种形态，图 6-10、图 6-11 给出了 LR1、LR2 型的调整方法，图 6-12、图 6-13 给出了 RL1、RL2 型的调整方法，它们都经历了两次旋转。图 6-10（a）中，以 C 为固定轴，将上臂 B-C 向左下方旋转，C 上升为父，B 下降为 C 的左子树，C 原本的左子树作为 B 的右子树，其余不变，旋转后变为 LL 型，再利用 LL 型旋转调整，两次旋转后，各个相关顶点的平衡因子也为定值，且这段子树新的根 C 的平衡因子为 0，不再向上对祖先进行传导，调整结束。其余几种形态，如 LR2、RL1、RL2 调整方法类似，对应图说明了调整的方法、过程和结果。

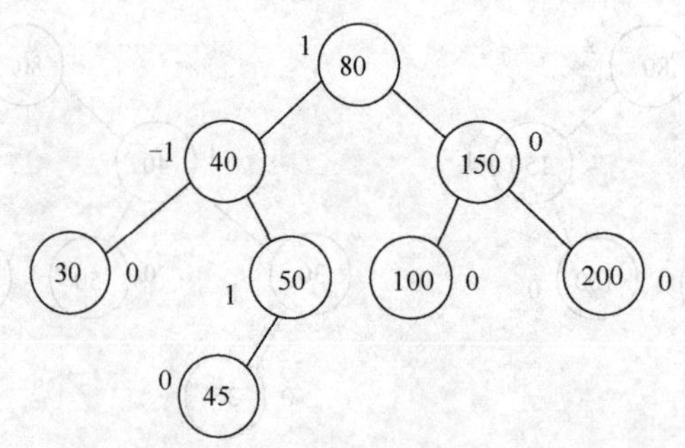

（a）平衡二叉树

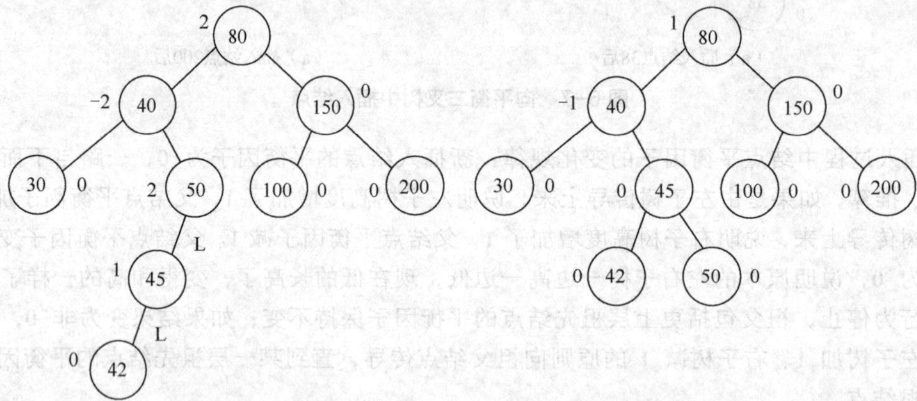

（b）插入42后的非平衡二叉树　　（c）LL型调整后的平衡二叉树

图 6-8　LL 型冲突调整示例

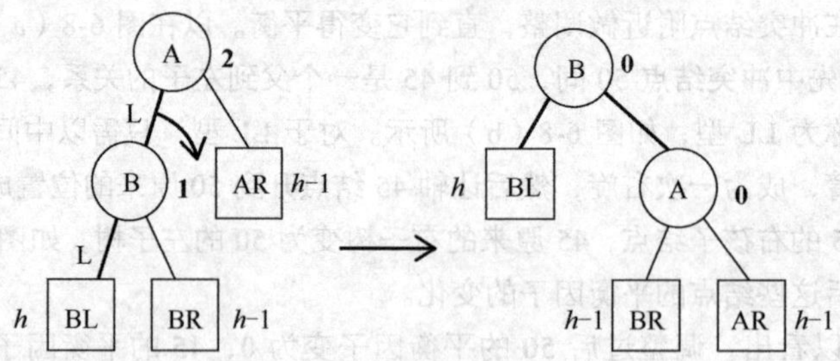

（a）LL型调整

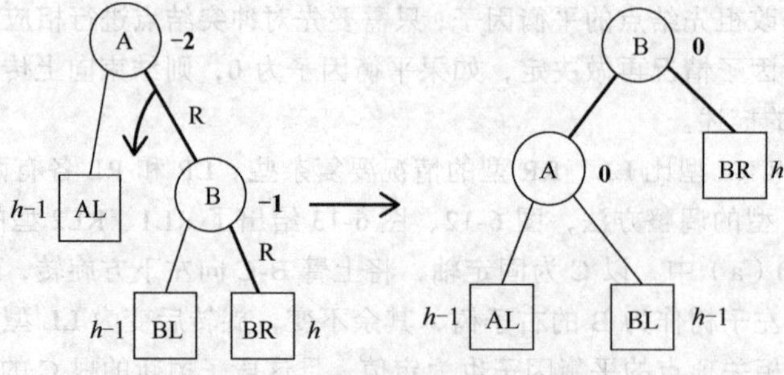

（b）RR型调整

图 6-9　LL、RR 型冲突调整

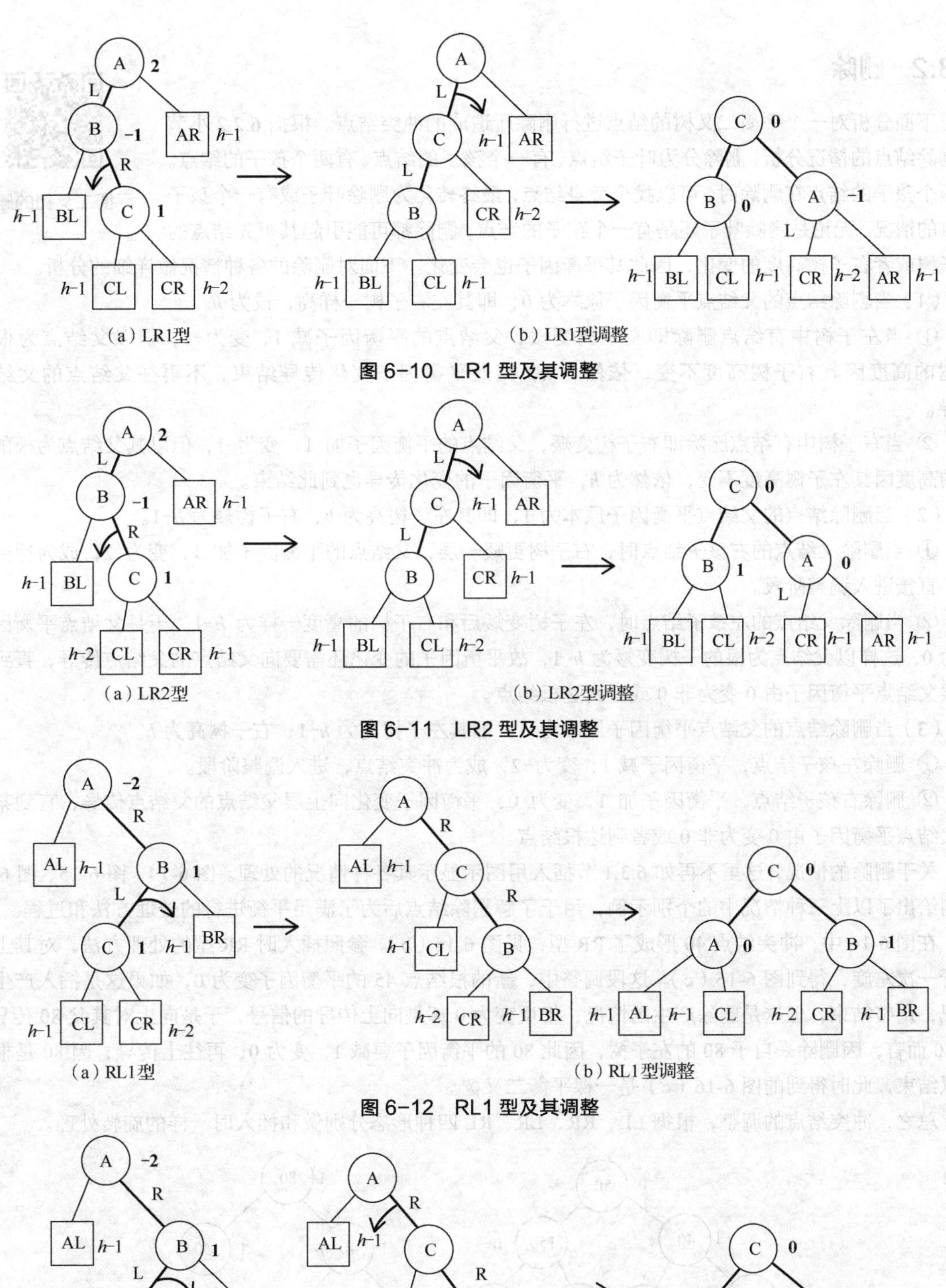

图 6-10 LR1 型及其调整

图 6-11 LR2 型及其调整

图 6-12 RL1 型及其调整

图 6-13 RL2 型及其调整

6.3.2 删除

下面分析对一个平衡二叉树的结点进行删除所造成的冲突结点。根据 6.2.2 小节对删除结点的情况分析，删除分为叶子结点、有一个孩子的结点、有两个孩子的结点。有两个孩子的结点在删除时，可以找个替身结点，最终转化为删除叶子或有一个孩子结点的情况。无论是删除叶子还是有一个孩子的结点，删除都可能引起其祖先结点的左子树或者右子树高度的变化，因此其平衡因子也会变化。下面对删除的各种情况做详细的分析。

（1）当删除结点的父结点平衡因子原本为 0，即其左右子树一样高，设为 *h*。

① 当左子树中有结点删除即左子树变矮，父结点的平衡因子减 1，变为-1，但以父结点为根的子树的高度因其右子树高度不变，依然为 *h*，因此平衡因子变化传导结束，不再往父结点的父结点传导。

② 当右子树中有结点删除即右子树变矮，父结点的平衡因子加 1，变为 1，但以其父结点为根的子树的高度因其左子树高度不变，依然为 *h*，平衡因子的变化传导也到此结束。

（2）当删除结点的父结点平衡因子原本为 1，即其左子树高为 *h*、右子树矮为 *h*-1。

① 当删除父结点的右孩子结点时，右子树更矮一层，父结点的平衡因子加 1，变为 2，成为冲突结点，直接进入调整阶段。

② 当删除父结点的左孩子结点时，左子树变矮后和右子树的高度一样为 *h*-1，于是父结点平衡因子变为 0，这样以父结点为根的子树变矮为 *h*-1，故平衡因子的变化还需要向父结点的父结点传导，直到某一层父结点平衡因子由 0 变为非 0 或者到达根结点。

（3）当删除结点的父结点平衡因子原本为-1，即其左子树高为 *h*-1、右子树高为 *h*。

① 删除左孩子结点，平衡因子减 1，变为-2，成为冲突结点，进入调整阶段。

② 删除右孩子结点，平衡因子加 1，变为 0，平衡因子变化向上层父结点的父结点传导，直到某一层父结点平衡因子由 0 变为非 0 或者到达根结点。

关于删除的情况，这里不再如 6.3.1 节插入用图示显示其各种情况的处理。图 6-14、图 6-15、图 6-16 分别给出了以上三种情况中的个别示例，用于了解删除结点后为了满足平衡进行的处理方法和过程。

在图 6-16 中，冲突结点 40 形成了 RR 型，见图 6-16（b）。参照插入时 RR 型的处理方法，对其上臂进行一次左旋，得到图 6-16（c）。这段调整中，新的根结点 45 的平衡因子变为 0，如果这是插入产生的情况，调整结束，但这是删除产生的情况，相反变为 0 却是向上传导的信号，于是向上对其父 80 传导。对 80 而言，因删除来自于 80 的左子树，因此 80 的平衡因子要减 1，变为 0，再往上传导，因 80 是根才得以结束，此时得到的图 6-16（c）是一棵平衡二叉树。

总之，冲突结点的调整，根据 LL、RR、LR、RL 四种形态分别做和插入时一样的旋转处理。

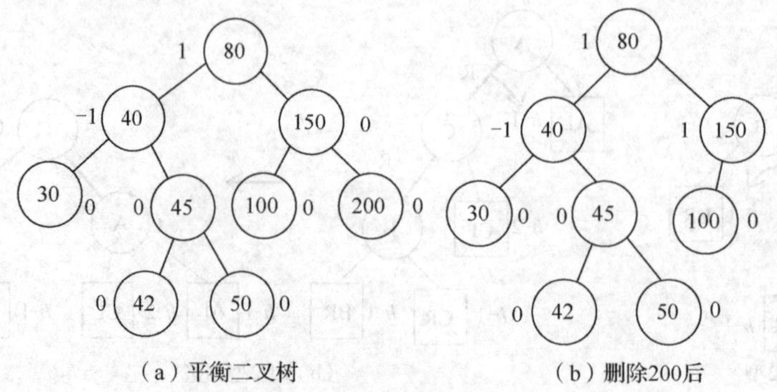

图 6-14 删除结点情况（1）示例

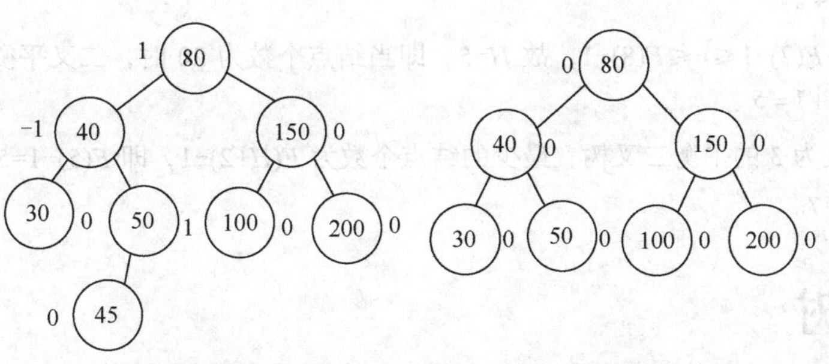

（a）平衡二叉树　　（b）删除45后

图 6-15　删除结点情况（2）示例

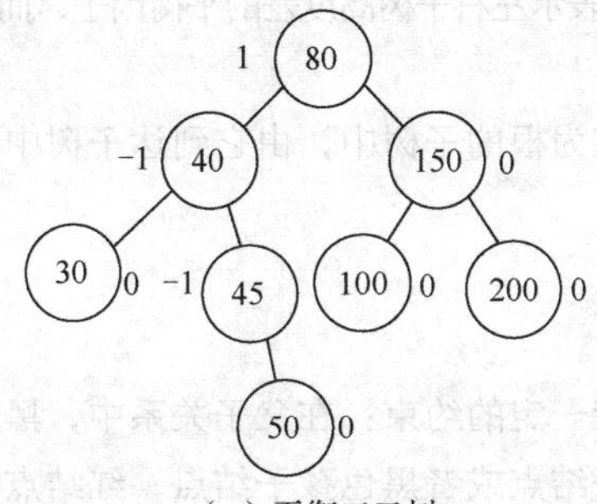

（a）平衡二叉树

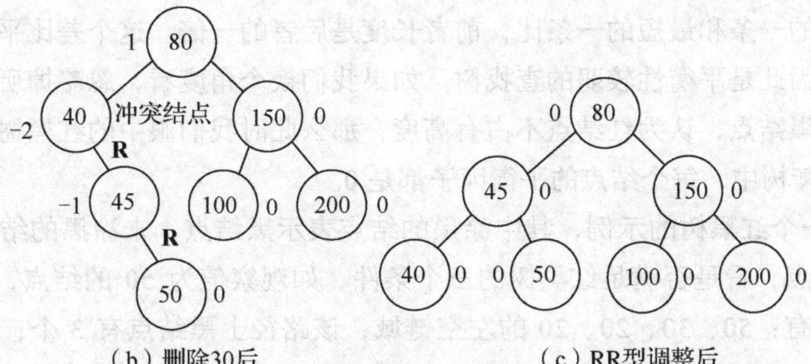

（b）删除30后　　（c）RR型调整后

图 6-16　删除结点情况（3）示例

6.3.3　最大高度

平衡二叉树的最大高度

具有 n 个结点的二叉平衡树的最大高度为：$F(H+2)-1 \leq n \leq F(H+3)-1$，其中 H 为树的最大高度，$F(m)$为斐波那契数列{1，1，2，3，5，8，13，21…下面观察 n 取具体值的情况：

当 n=1 时，$F(1+2)=2$，$F(1+3)=3$，满足 $1 \leq 1 \leq 2$，故 $H=1$；

当 n=2 时，$F(2+2)=3$，$F(2+3)=5$，满足 $2 \leq 2 \leq 4$，故 $H=2$；

当 n=3 时，$F(2+2)=3$，$F(2+3)=5$，满足 $2 \leq 3 \leq 4$，故 $H=2$；

⋮

当 n=12 时，$F(5+2)=13$，$F(5+3)=21$，满足 $12 \leq 12 \leq 20$，故 $H=5$。

也就是说，当结点个数为 12 时，二叉平衡树的最大高度为 5，而最小高度当然就是完全二叉树，其

高度为 $\lfloor \log_2 12 \rfloor + 1 = 4$ 。

当 n=20 时，因 $F(7)-1 \leqslant n \leqslant F(8)-1$，故 H=5。即当结点个数为 20 时，二叉平衡树的最大高度为 5，最小高度为 $\lfloor \log_2 20 \rfloor + 1 = 5$ 。

反过来看，高度为 3 的平衡二叉树，最少的结点个数为 $F(H+2)-1$，即 $F(5)-1=5-1=4$，最多的结点个数为 $F(H+3)-1=8-1=7$。

6.4 红黑树

红黑树

AVL 树要求二叉查找树绝对的平衡，红黑树要求一个相对的平衡。红黑树中所有结点分为黑红两色，其平衡性不再使用表示左右子树高度差的平衡因子，而是需要满足以下几点。

（1）树中任何一个结点，在以它为根的子树中，由它到达子树中任何一个空链域的路径上黑结点个数相等。

（2）根结点是黑色的。

（3）任何红结点不得有红色孩子。

从上面可以看出，黑红结点有着一定的约束：在父子关系中，黑结点可以连续，但红结点不可以连续，也就是说黑结点可以有红色孩子结点或者黑色孩子结点，红结点只能有黑色孩子结点。从红黑树中的某个结点出发，在众多的到空链域的路径中，最长的一条是红黑均匀相间的，最短的一条是全为黑结点的，也就是说最长的一条和最短的一条比，前者长度是后者的一倍。这个差比平衡树中左右子树高度差的条件松弛很多，因此是平衡性较弱的查找树。如果我们换个角度看，忽略掉所有的红结点，即对它视而不见，眼中只有黑结点，认为红结点不占有高度，那么此时我们眼中的红黑树是一个非常标准的平衡树，而且在这个平衡树中，每个结点的平衡因子都是 0。

图 6-17（a）是一个红黑树的示例，其中涂黑的结点表示黑结点，未涂黑的结点表示红结点。我们可以逐个验证每个结点，看是否满足红黑树的三个条件。如观察值为 50 的结点，它到 20 的左孩子结点的空链域的路径上有：50、30、20、20 的左空链域，该路径上黑结点有 3 个；50 到 60 的右孩子结点空链域的路径上有：50、80、65、55、60、60 的右孩子结点空链域，该路径上黑结点也是 3 个。再观察结点 90，90 到 85 的右孩子结点空链域的路径为 90、85、85 的右孩子结点空链域，在这个路径上黑结点为 1 个；90 到 95 的左孩子结点空链域的路径为 90、95、95 的左孩子结点空链域，在这个路径上黑结点也是 1 个。总之，说一个二叉查找树是红黑树，需要对每个结点做这样的验证，但是要说明它不是一个红黑树，只需要找到一个结点，如果存在它到任意两个子孙的空链域上黑结点个数不等，就可判定它不是一个红黑树。图 6-17（b），虽然二叉树的形态和图 6-17（a）一模一样，但因颜色不同，也不是一个红黑树。

图 6-17（a）中，我们为这棵红黑树中每个结点标上平衡因子，结果发现它并不满足 AVL 的约束条件。反之一个 AVL 树，如果我们把其所有的结点后染成黑色，它也不一定满足红黑树的定义。如图 6-18（a）是一个满二叉树却不是红黑树的例子；图 6-18（b）是一个平衡树但也不是红黑树的示例。一个平衡二叉树、甚至一个满二叉树都可能不是红黑树，那么是不是红黑树的条件更苛刻？事实上通过后面红黑树的插入、删除可知，这种颜色搭配的红黑树是不可能实际存在的，通过调整，平衡二叉树是一定存在符合红黑树颜色要求的颜色搭配方案的。

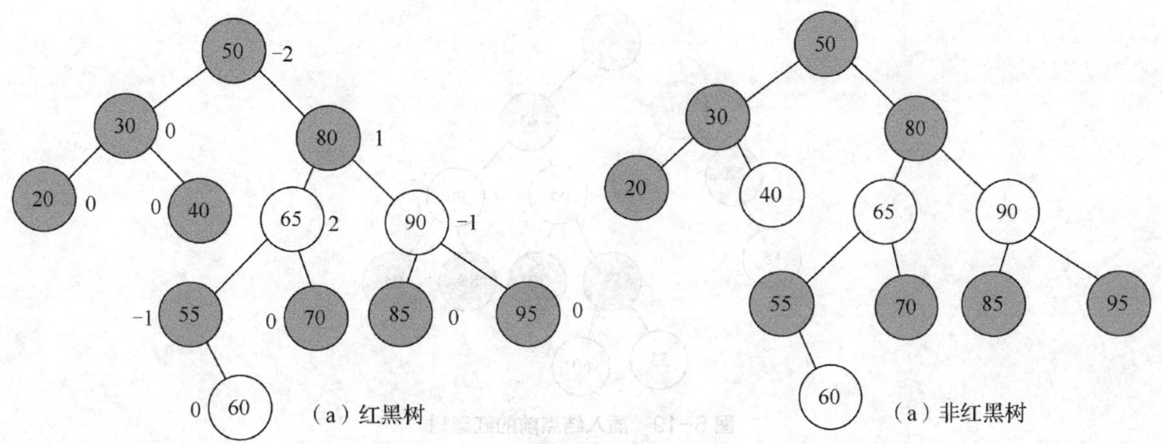

图 6-17　红黑树和非红黑树示例

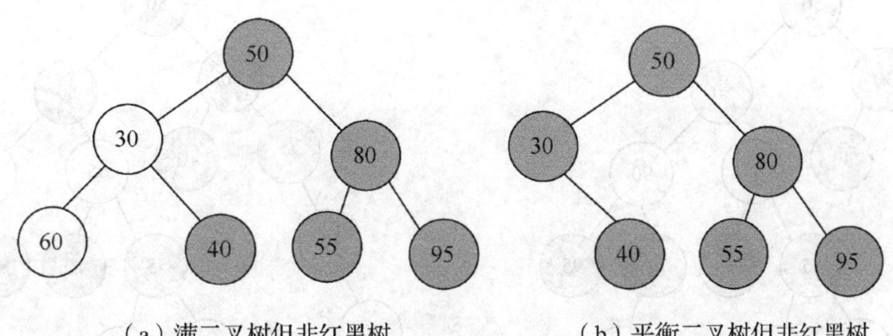

图 6-18　两种特殊的非红黑树示例

如果在一棵红黑树中，从根结点到任何空链域的路径上黑结点有 h 个，结点个数最小规模的红黑树就是每条路径上不含有红结点，树的高度就是 h，红黑树此时一定是一个满二叉查找树，结点的个数为 2^h-1；结点个数最大规模就是从根结点到每个空链域的路径上都是黑红相间的情况，路径上黑结点加红结点个数为 $2h$，这也是一个满二叉树，树的高度为 $2h$，结点的个数为 $2^{2h}-1$。

6.4.1　插入操作

当一个结点插入一个二叉查找树中时，总是插入到某个路径末端的空链域上，原本的空链域指向这个新的结点，新结点是叶子结点。对于红黑树来说，分析这个新加入的结点会有哪些情况？插入前的红黑树示例见图 6-19。

红黑树的插入

首先，按照红黑树条件，新加入的结点肯定是红结点，否则从根到这个新结点的路径上，黑结点的个数就多出一个了。对于新的红结点，如果其父结点是黑色的，插入操作结束，依然保持它是一个红黑树，见图 6-20；如果父结点是红色的，就有了父子两个连续的红结点，图 6-21 就是插入结点 10 后形成连续红结点的情况，这时就需要调整了。

因父结点为红结点造成的连续红结点有多种情况，具体分析如下。

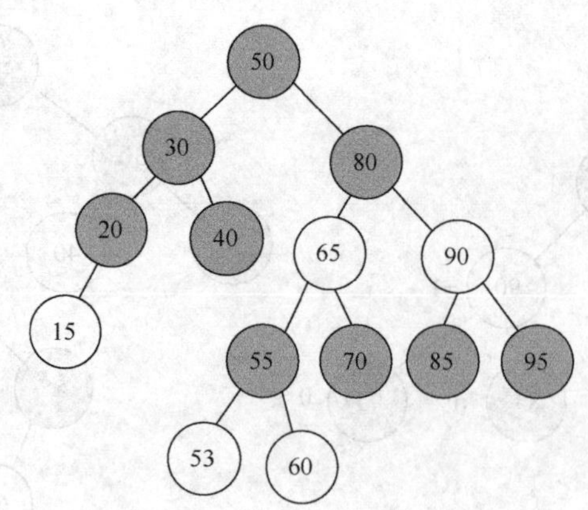

图 6-19　插入结点前的红黑树

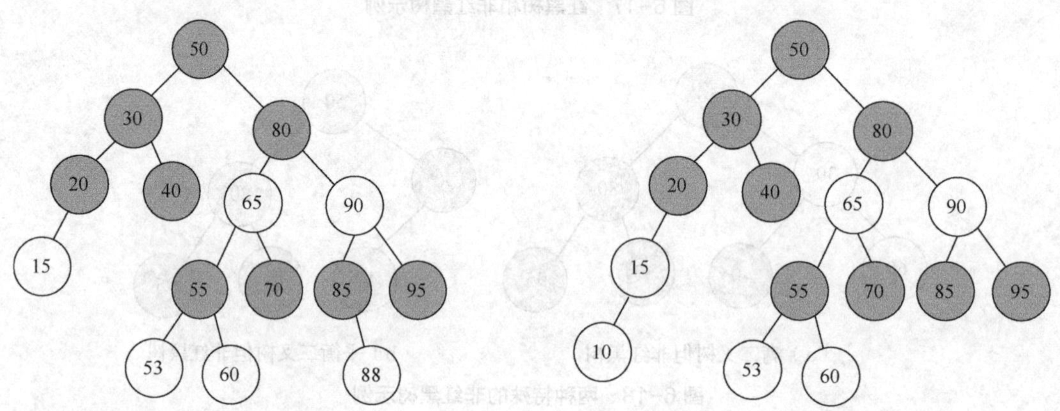

图 6-20　插入结点 88 后　　图 6-21　插入结点 10 后

1. 父结点无兄弟

（1）新结点、父结点、祖父结点形成 LL 形态，见图 6-21。按照 LL 型调整方法，对其上臂进行一次向下右旋，并交换颜色后，形成新的红黑树，调整过程见图 6-22，调整后结果见图 6-23。这种调整一定会获得一个红黑树，因为调整段 10-15-20 的父结点 30，在调整前后虽然左孩子结点变了，但左孩子结点颜色仍为黑色，这样无论 30 的颜色是红是黑，冲突都不会往上传，也就不会产生进一步的冲突；其次 30 的左孩子结点在调整前是 20，从结点 20 到其下所有空链域的路径上黑结点个数都为 1，调整后 30 的左孩子结点是 15，从结点 15 到其下所有空链域的路径上黑结点个数仍为 1。故调整前后对 30 以及 30 的各个祖先结点，到空链域路径上的黑结点个数都保持不变。

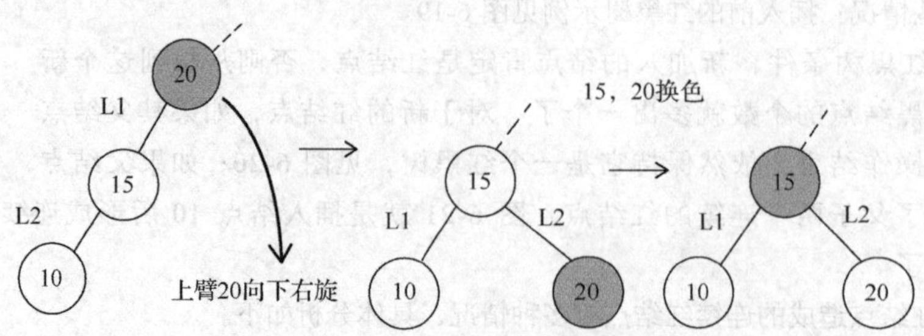

图 6-22　LL 型调整方法和过程

（2）新结点、父结点、祖父结点形成 RR 形态。和 LL 型处理类似，经过 RR 上臂的一次向下左旋和一次换色会得到一个新的红黑树。

（3）新结点、父结点、祖父结点形成 LR 形态，见图 6-24。

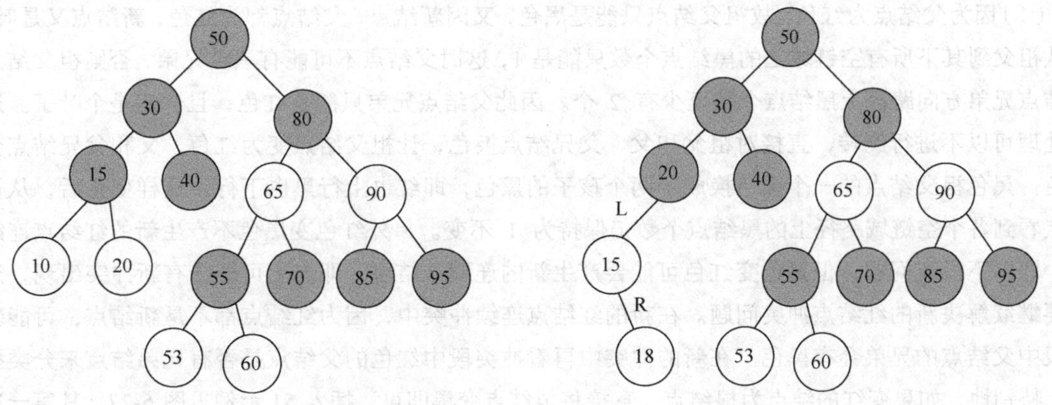

图 6-23 LL 型调整后的红黑树　　　图 6-24 插入结点 18 后

经过 LR 的两次旋转（见图 6-25）并交换颜色，得到新的红黑树，见图 6-26。这种调整结果一定会获得一个红黑树，原因在于对调整段 18-15-20 的父结点 30 而言，在调整前后虽然左孩子结点变了，但左孩子结点颜色仍为黑色，这样无论 30 的颜色是红是黑，冲突都不会往上传，即不产生冲突；其次 30 的左孩子结点在调整前是 20，从结点 20 到其所有空链域的路径上黑结点个数都为 1，调整后 30 的左孩子结点是 18，从结点 18 到其所有空链域的路径上黑结点个数仍为 1。故调整前后对 30 以及 30 的各个祖先结点，到空链域路径上的黑结点个数都保持不变

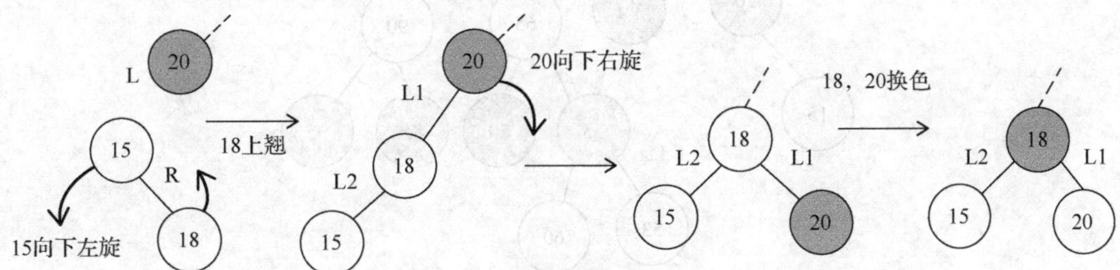

图 6-25 LR 型调整方法和过程

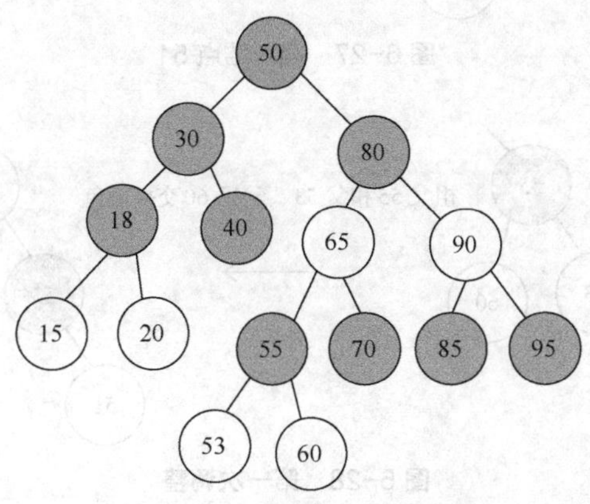

图 6-26 LR 型调整后的红黑树

（4）新结点、父结点、祖父结点形成 RL 形态，经过类似 LR 的两次旋转和换色也会得到一个新的红黑树。

2．父结点有兄弟

（1）因为父结点为红色，故祖父结点只能是黑色，又因新结点、父结点都为红色，新结点又是叶子，故从祖父到其下所有空链域上的黑结点个数只能是 1，这时父结点不可能有黑色兄弟，否则祖父结点在父结点兄弟方向路径上黑结点个数至少有 2 个。因此父结点兄弟只能是红色，且一定是个叶子。这时的处理可以不进行旋转，直接对祖父和父、父兄结点换色，让祖父结点变为红色，父和父兄结点变为黑色。黑色祖父结点的一个黑色换成了两个孩子的黑色，即红也上行黑也下行。这样变化后，从祖父结点看到各个空链域路径上的黑结点个数仍保持为 1 不变。另外红色变黑色不产生新的红结点连续问题，即向下没有问题，但黑色变红色可能会产生新的连续红结点，即向上可能会有新冲突出现，这时就要继续解决新的红结点冲突问题。在新的红结点连续冲突中，因为红结点都不是新结点，可能新冲突段中父结点的兄弟会有黑色。在新的冲突中再看冲突段中红色的父结点是否有兄弟结点来分类型调整。特别地，如果变红的结点为根结点，直接将根结点变黑即可。插入 51 示例见图 6-27，其第一次调整方法和过程见图 6-28，第一次调整结果见图 6-29，第二次调整方法和过程见图 6-30，第二次调整结果见图 6-31。

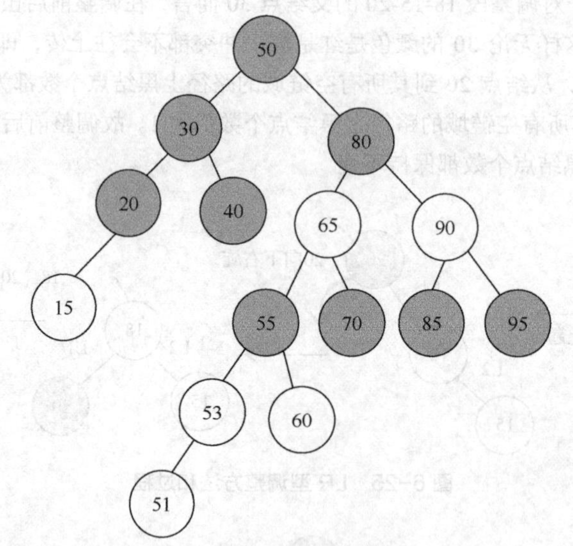

图 6-27　插入结点 51

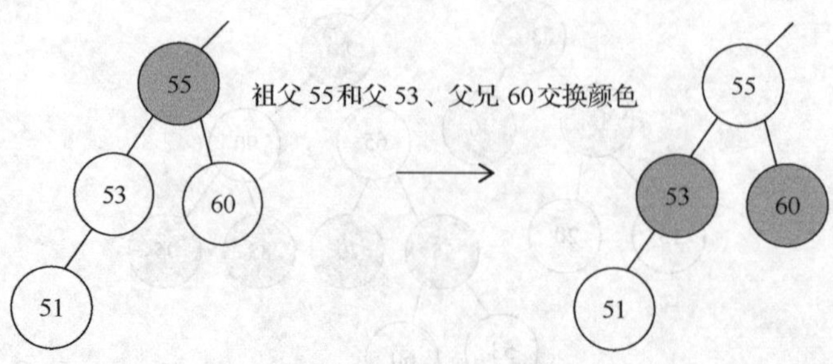

图 6-28　第一次调整

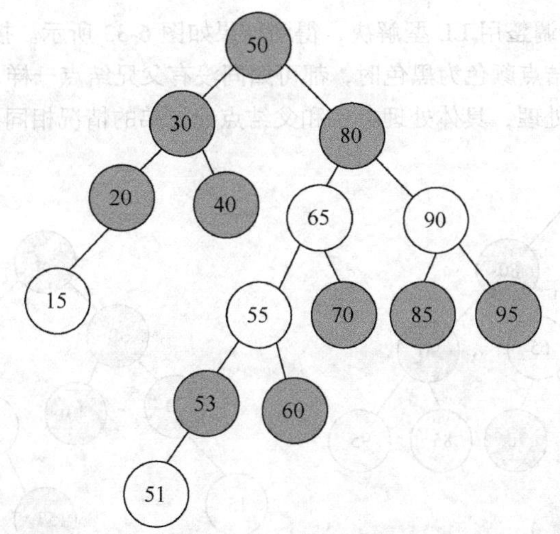

图 6-29 第一次调整结果

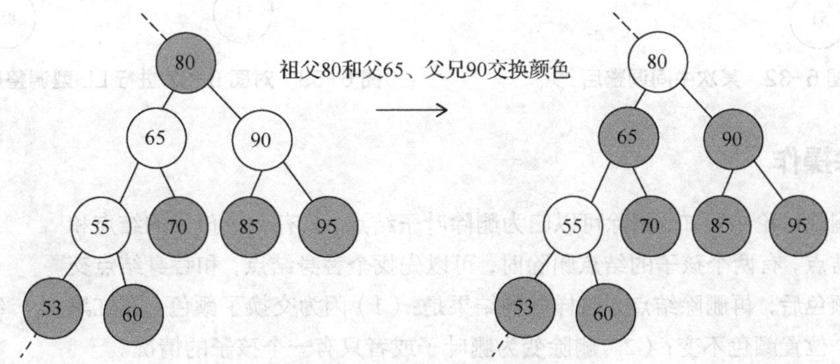

图 6-30 第二次调整

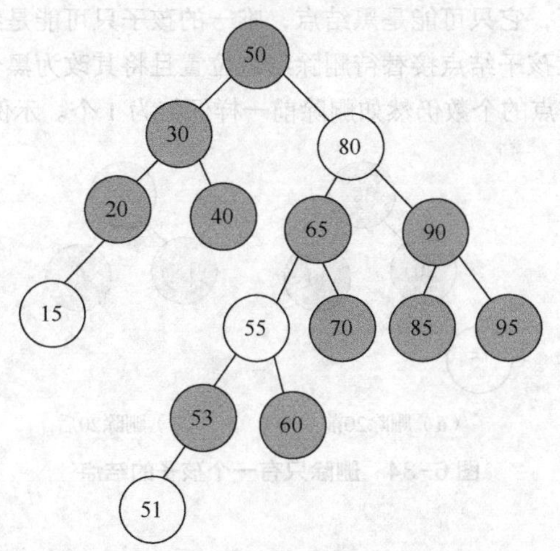

图 6-31 第二次调整结果

（2）在上面（1）的讨论中，我们看到新结点插入过程中，产生的向上转移的冲突段中可能会出现父结点有黑兄弟的情况出现，此时父和父兄颜色一红一黑，和祖父无法交换颜色，可以采用与第 1 小节父结点无兄弟的情况相同的处理办法，因为旋转交换后只交换祖父结点和父结点的颜色，使得父结点变黑色、祖父结点变红色，父兄结点依然作为祖父的右孩子结点，为黑色，不产生冲突。如果某次中间调整后为图 6-32 所示，则进一步调整用 LL 型解决，得到结果如图 6-33 所示。按照 LL 型调整的分析，此时冲突解决。事实上，当父兄结点颜色为黑色时，都可如同没有父兄结点一样，根据 LL、RR、LR、RL 不同形态分别进行相应的调整处理，具体处理办法和父结点无兄弟的情况相同。

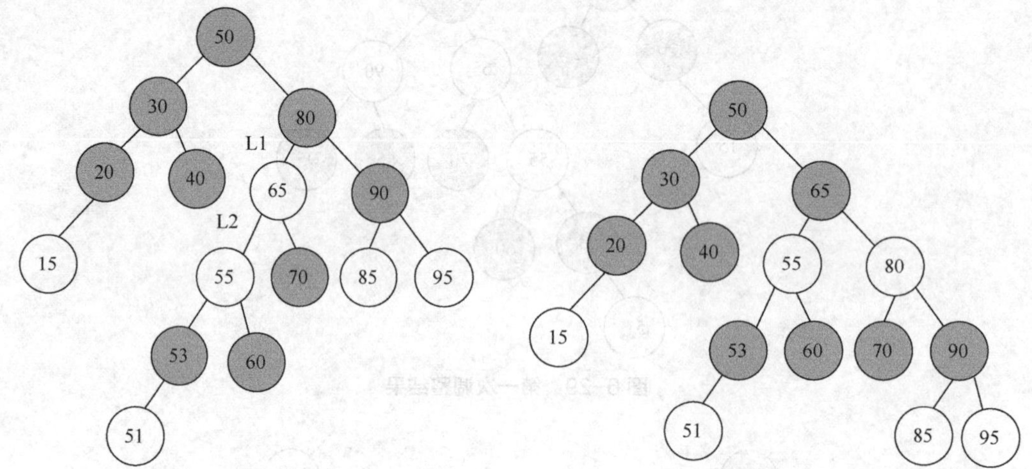

图 6-32　某次中间调整后　　　　图 6-33　对图 6-32 进行 LL 型调整后结果

6.4.2　删除操作

红黑树的删除

从查找树删除讨论中可知，删除可以归为删除叶子结点、只有一个孩子的结点和有两个孩子的结点。有两个孩子的结点删除时，可以先找个替身结点，和替身结点交换位置并交换颜色后，再删除结点。这样做的结果是：（1）因为交换了颜色，在红黑树中仍保持各个位置颜色不变；（2）删除变为删叶子或者只有一个孩子的情况。

1. 删除只有一个孩子的结点

在原本是红黑树的前提下，它只可能是黑结点，唯一的孩子只可能是红结点，且该红结点是叶子结点。处理时，只需要将这个红孩子结点接替待删除结点位置且将其改为黑色即可。这样从删除结点位置往下到各空链域的路径上黑结点的个数仍然如删除前一样保持为 1 个。示例见图 6-34。

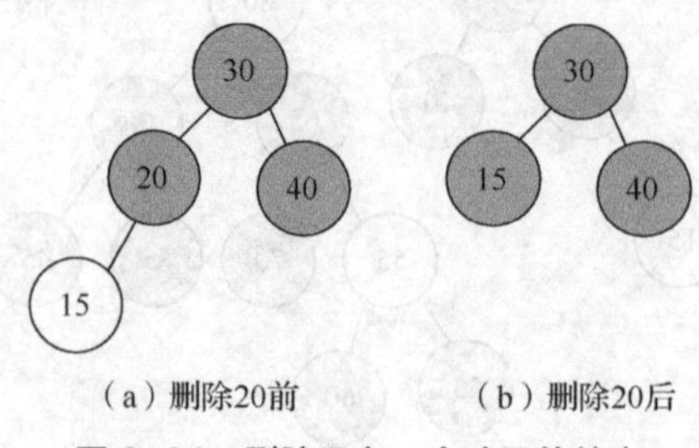

（a）删除20前　　　　（b）删除20后

图 6-34　删除只有一个孩子的结点

2. 删除叶子结点

（1）当叶子结点是红结点时，直接删除，不破坏原来的红黑树条件，仍保持是一棵红黑树。

（2）当叶子结点是黑结点时，删除了黑叶子结点，途经该黑叶子到各个空链域的路径上黑结点个数都少了 1 个，破坏了红黑树的条件，冲突产生了。

图 6-35（b）就是对图 6-35（a）删除了黑叶子 85 后，未做任何调整的结果。删除黑叶子后产生的冲突处理起来比较复杂，要看删除结点的父、兄结点情况。下面根据不同父、兄情况分别进行分析处理。

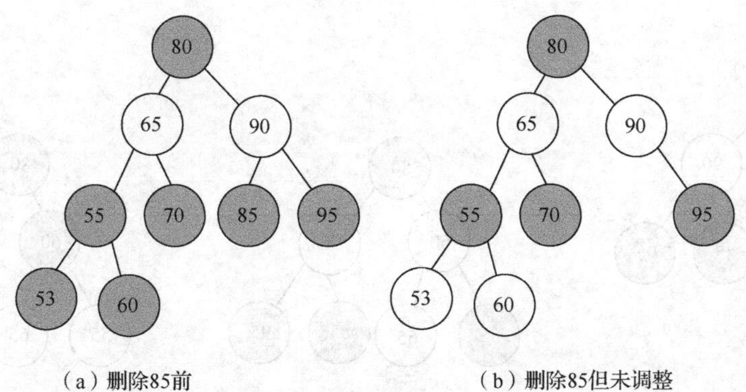

（a）删除85前　　（b）删除85但未调整

图 6-35　删除黑叶子前后示例

① 父红、兄黑、兄无子：图 6-36（a）就是这种情况，处理很简单，只需要让父、兄颜色互换，调整即结束。从父结点 90 往下各条空链域上黑结点个数删除前是 1，删除后保持为 1，且父结点由红变黑，向上无影响，调整即告结束。调整后见图 6-36（b）。

② 父红、兄黑、兄有一子：这时其兄的一子必为红色。如果兄和兄子为 LL 型、RR 型，经过一次旋转即可解决；如果兄和兄子为 LR 型或者 RL 型，先进行一次兄、兄子换色，再进行相应旋转处理即可解决。处理前从以父位置为根的子树上，从父向下到各个空链域上黑结点个数为 1，处理后父结点位置上变为黑结点，其子为红结点，故从父结点向下到各个空链域上黑结点个数仍然为 1，且因父结点位置变为黑色，对祖父结点无影响，调整结束。具体示例见图 6-37 和图 6-38。

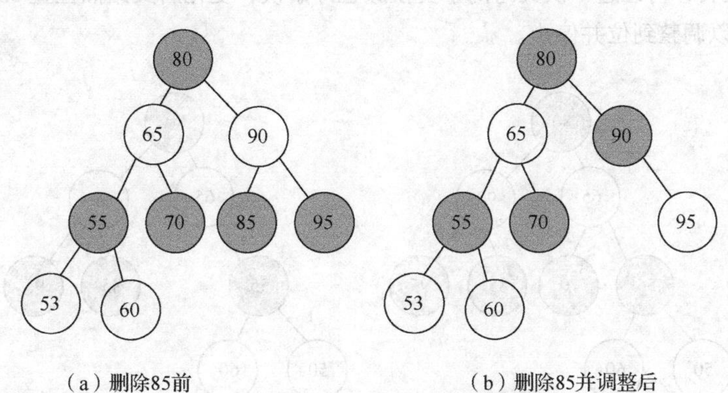

（a）删除85前　　（b）删除85并调整后

图 6-36　父红、兄黑、兄无子调整示例

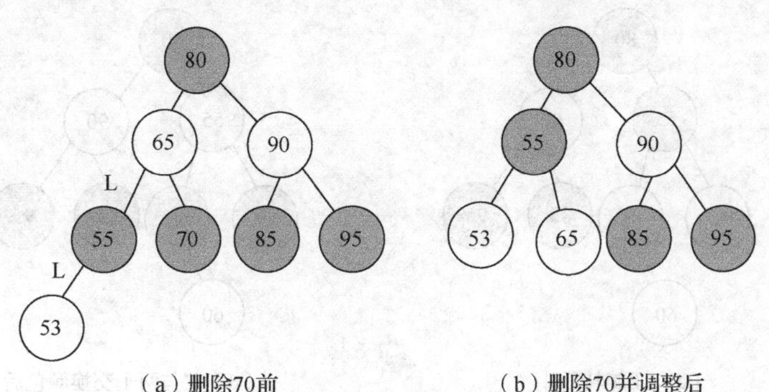

（a）删除70前　　（b）删除70并调整后

图 6-37　父红、兄黑、兄有一子的 LL 型示例

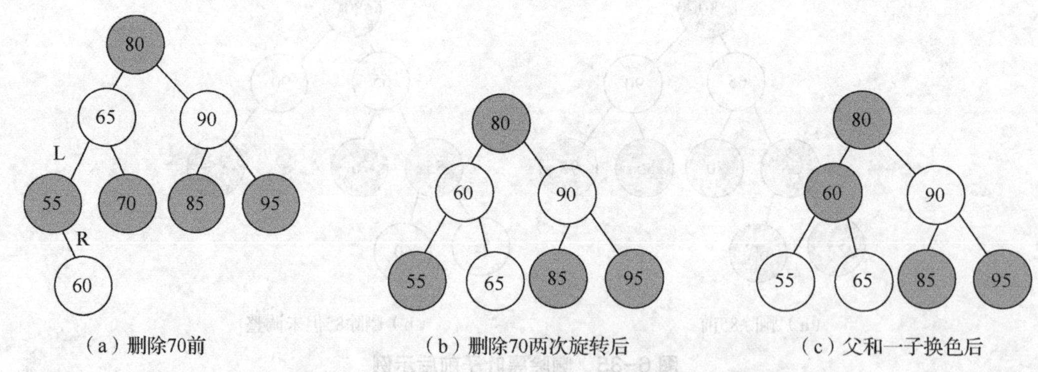

图 6-38　父红、兄黑、兄有一子的 LR 型示例

③ 父红、兄黑、兄有两子：这种情况下，兄的两子也必为红色。删除结点后，先按照 LL 型或者 RR 型进行一次旋转，再进行一次父和两子交换颜色即可解决。但这个解决并不一定意味着调整到位，下面我们来分析。删除前，从父结点位置到向下各个空链域的路径上黑结点个数为 1，调整后父结点变红，两孩子变黑，再往下孙子辈均为红色，因此从父结点位置看向下到各个空链域的路径上黑结点个数保持不变为 1。另一方面，因为父结点位置变红，可能会和祖父结点发生冲突。如果祖父结点为黑色，冲突不出现，调整全部结束；如果祖父结点为红色，则父和祖父出现了连续的红结点，需要继续向上根据情况调整，直到无冲突。特别地，如果调整后根结点为红色，直接把它变为黑色即可。见图 6-39，删除黑叶子 70 后经过一次 LL 旋转，再经过一次父与两子交换颜色即解决，变化后父结点位置 55 为红色，但因祖父结点 80 为黑色，所以调整到位并停止。

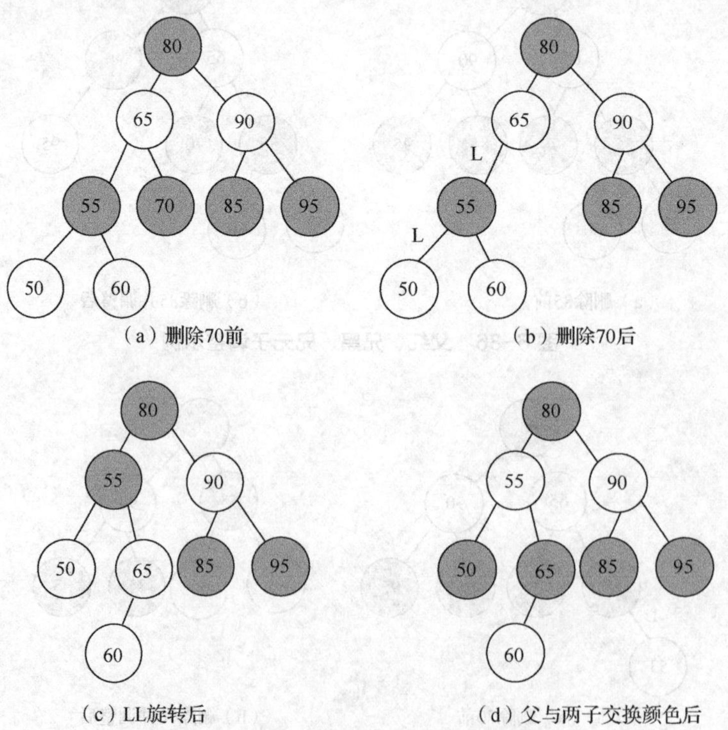

图 6-39　父红、兄黑、兄有两子的示例

④ 父黑、兄黑、兄无子：删除黑叶子后，从父结点向下到删除的黑叶子这条路径上黑结点少 1，现可将黑兄变红，则从父结点向下的所有空链域上黑结点个数都少 1，故相等。从祖父结点的角度看，沿着左孩子结点到空链域的路径和沿右孩子结点到空链域的路径黑结点个数差 1，这时看叔叔结点的颜色。如果叔黑且叔只有黑子，直接将叔叔结点变红，此时如果祖父结点为黑色，以祖父结点为根向下到各个空链域的路径上黑结点少一个（见图 6-40），继续看祖父结点、祖父的兄弟结点、祖父的父亲结点。特别注意，如果祖父结点为红色，还需向上调整连续的红结点问题；如果叔叔有红孩子，需向下调整连续的红结点问题。如果叔为红色（见图 6-41），先做祖父结点、叔叔结点、叔子结点的 LL 或 RR 单旋、换色，然后做一次父及父两子换色，情况转为父红、兄黑、兄无子处理。如在图 6-41 中删除 40。

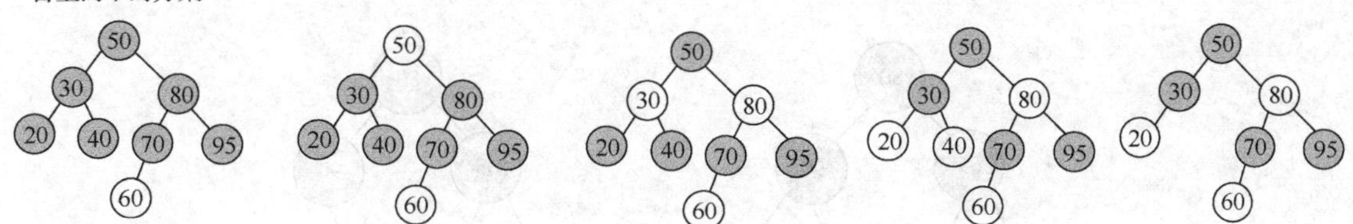

图 6-40　父黑、兄黑、兄无子示例

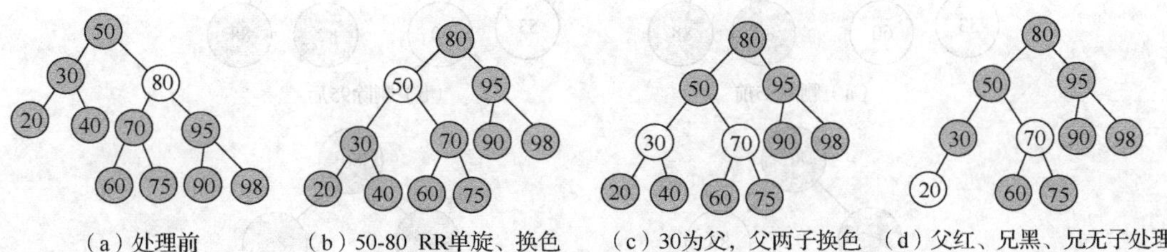

图 6-41　父黑、兄黑、兄无子示例二

⑤ 父黑、兄黑、兄有一子：这种情况下，兄的子一定是红色。删除黑叶子后，父、兄、兄子形成 LL 型或者 RR 型或者 RL 型或者 LR 型，对兄子染黑后进行相应的旋转处理。处理后，父结点位置仍保持为黑色，调整不向上传导。具体示例见图 6-42，对图 6-42（a）删除黑叶子结点 95 后的调整。

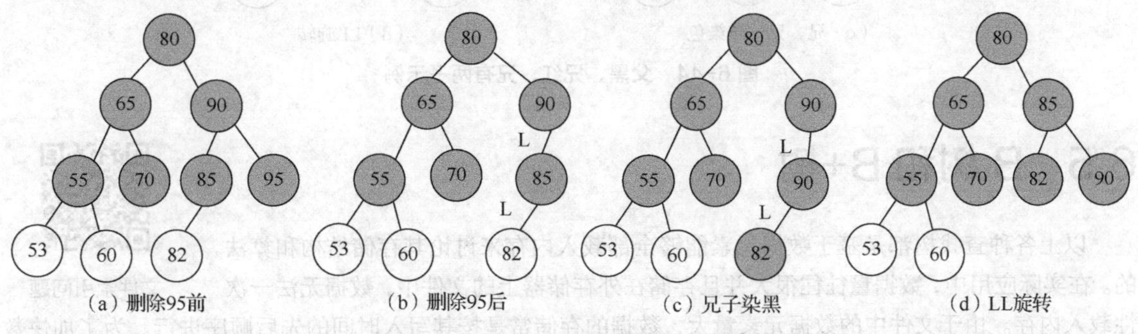

图 6-42　父黑、兄黑、兄有一子示例

⑥ 父黑、兄黑、兄有二子：这种情况下，兄的二子一定是红色，处理方式如同⑤。具体示例见图 6-43，对图 6-42（a）删除黑叶子结点 95 后的调整。

⑦ 父黑、兄红、兄有二子：这种情况下，兄的二子一定是黑色。删除黑叶子后，父、兄、子可以归为 LL 或者 RR 型，处理方法为：首先对兄和兄一子进行换色，然后做 LL 或 RR 旋转。调整后，父结点位置仍是黑色，冲突不向上传导，调整结束。具体示例见图 6-44，对图 6-44（a）删除黑叶子结点 95 后的 LL 型调整。

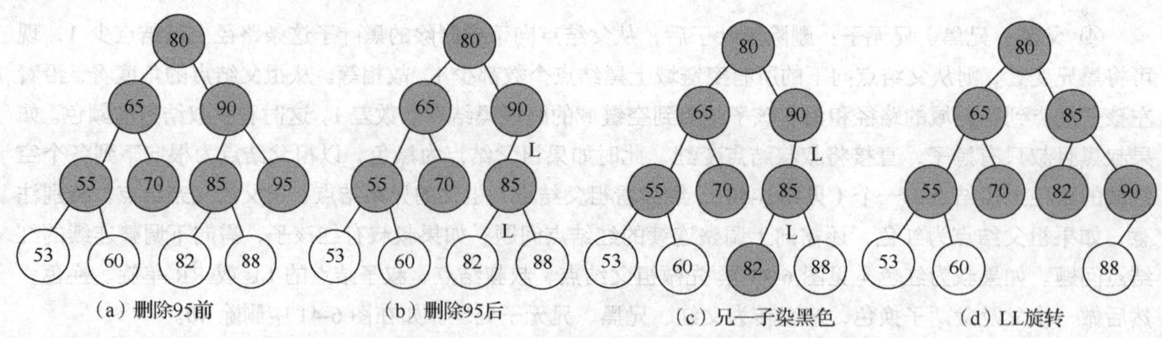

图 6-43 父黑、兄黑、兄有二子示例

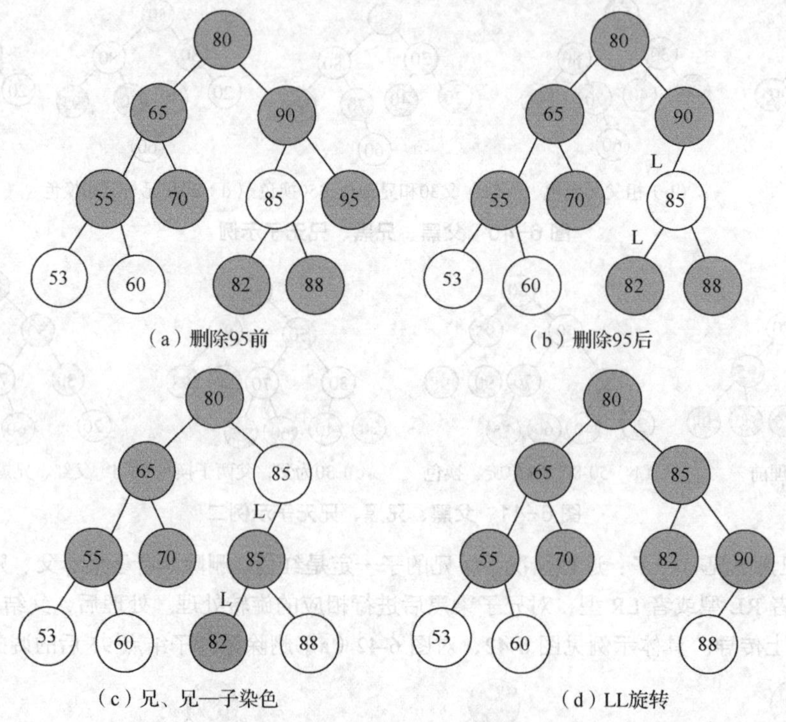

图 6-44 父黑、兄红、兄有两子示例

6.5 B 树和 B+树

文件索引问题

以上各种查找树都是基于数据元素能够全部载入内存来讨论其存储结构和算法的。在实际应用中，数据量往往很大并且存储在外存储器上的文件中，数据无法一次性载入内存。由于文件中的数据元素量大，数据的存储常是按其写入时间的先后顺序进行。为了加快数据的查找速度，建立索引文件是最普遍的做法，索引文件按照索引关键字顺序存储了关键字和数据在原始文件中地址的对应关系。查找时首先在索引文件中按关键字查找，找到待查关键字后，通过对应的地址信息，再到原始数据文件中按查到的地址读取目标数据。

6.5.1 B 树

B 树

B 树就是一个可以用来建立索引的多路查找树，也称多路搜索树，M 阶的 B 树须满足如下定义。

（1）或者为空，或者只有一个根结点，或者除了根还有多个子孙结点。

（2）根结点至少有两个儿子，最多有 M 个儿子。

（3）除了根结点外，每个非叶子结点至少有 $\lceil M/2 \rceil$ 个儿子，最多有 M 个儿子。

（4）非叶子结点结构如下：

$$(n, A_0, K_1, R_1, A_1, K_2, R_2, A_2, \cdots, K_n, R_n, A_n)$$

其中，n 为关键字的个数，有 n 个关键字就意味着有 $n+1$ 个孩子，K_i 为关键字，R_i 为关键字为 K_i 的数据在原始文件中的地址，A_{i-1} 为在树中关键字值小于 K_i 的结点的地址，A_i 为在树中关键字值大于 K_i 的结点的地址。

（5）叶子结点都在同一层上，且不带任何信息，可以视为空结点，表示查找失败。

为什么根结点作为非叶子结点规定却不同？为什么叶子结点都在同一层上？稍后我们可以在树的插入过程中了解到。

图 6-45 是一个 5 阶 B 树的示例，示例中根结点有两个孩子，其余非叶子结点至少有 $\lceil 5/2 \rceil=3$ 个孩子，每个关键字后的空心箭头表示其在原始数据文件中的地址，所有的关键字都会出现在图中某个非叶子结点中，叶子结点其实都是空结点，是查找失败的标志。

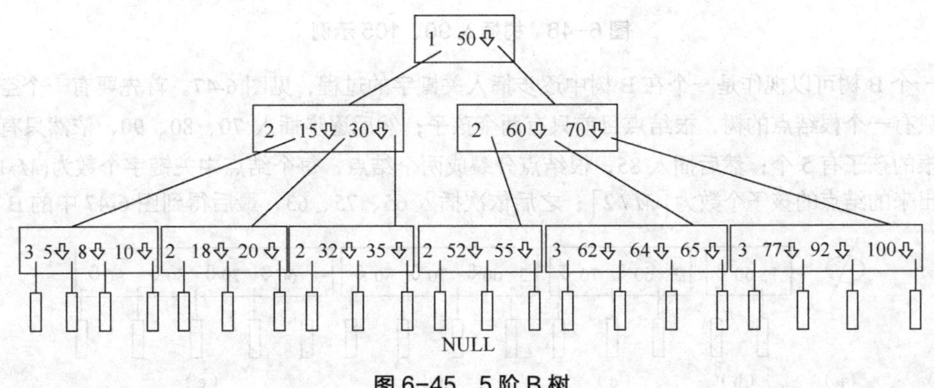

图 6-45　5 阶 B 树

6.5.2　B 树的查找分析

在图 6-45 所示的 B 树中，要查找关键字值为 30 的元素，首先从 B 树的根结点入手，30 关键字不在根结点中，值小于 50，因此顺 50 左侧指针走向第二层的第一个结点，30 在这个孩子结点中，为该孩子结点的第二个关键字，30 关键字找到后，其右侧空心箭头即标志其在原始数据文件中的具体地址。下面查找关键字为 33 的元素，顺着根到第一个孩子，33 大于第一个孩子的第二个关键字，因此再顺 30 右侧指针走到第三层的第三个结点，在第三个结点中，有关键字 32 和 35，顺 32 和 35 之间的指针走向第四层结点，发现指向第四层结点的指针为空，即告查找失败，说明关键字为 33 的结点不在原始数据文件中。

分析以上查找过程，B 树每层只查找一个结点，如果 B 树作为原始数据文件的索引文件驻留在外存储器上，那么每次只要走向下一层并根据指向的地址将 B 树中的一个结点读入内存，即对应着一次磁盘的访问。因为访问外存储器速度比访问内存要慢得多，降低查找 B 树的层次就能减少读取外存储器的次数，B 树因为是多路搜索树，孩子的数量大于 2，所以比二叉查找树高度要少。一个 m 阶 n 层的 B 树最多有多少个结点？最少有多少个结点？或者说 n 个结点组成的一个 B 树最多有多高？最少有多高？这几个问题留待习题中思考。

6.5.3 插入操作

对一个 B 树进行元素插入，如在图 6-46 所示的树中插入关键字 90，按照上一小节 B 树的查找方法，找到第三层最后一个结点，将 90 插入到 77 和 92 之间，该结点关键字个数由 3 变为 4，见图 6-46（a）。现在再插入关键字 105，因插入后所在结点的孩子个数将大于 5 个，故将结点一分为二分裂后，将中间关键字上升到父结点，如果父结点关键字满再次上升，这里父结点关键字未满，最后结果见图 6-46（b）。

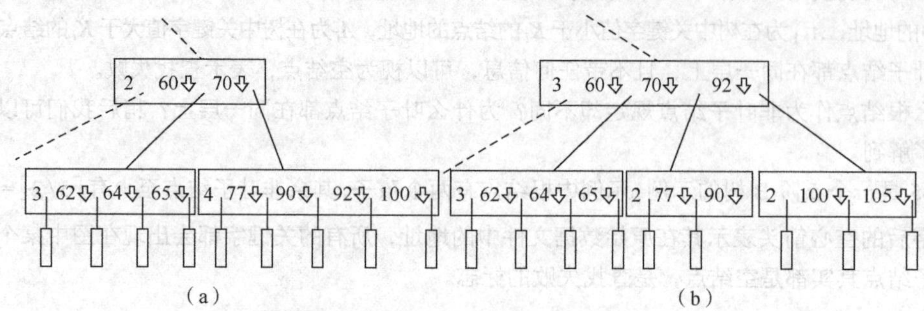

图 6-46　树插入 90、105 示例

新建一个 B 树可以视作是一个在 B 树中逐步插入关键字的过程，见图 6-47。首先要有一个空树；插入 60，成为只有一个根结点的树，根结点目前只有两个孩子；然后逐步插入 70、80、90，依然只有一个根结点，目前根的孩子有 5 个；然后插入 85，根结点分裂成两个结点，每个结点中关键字个数为$(M-1)/2$即 2，两个分裂出来的结点的孩子个数为$\lceil M/2 \rceil$；之后依次插入 65、75、63，最后得到图 6-47 中的 B 树。

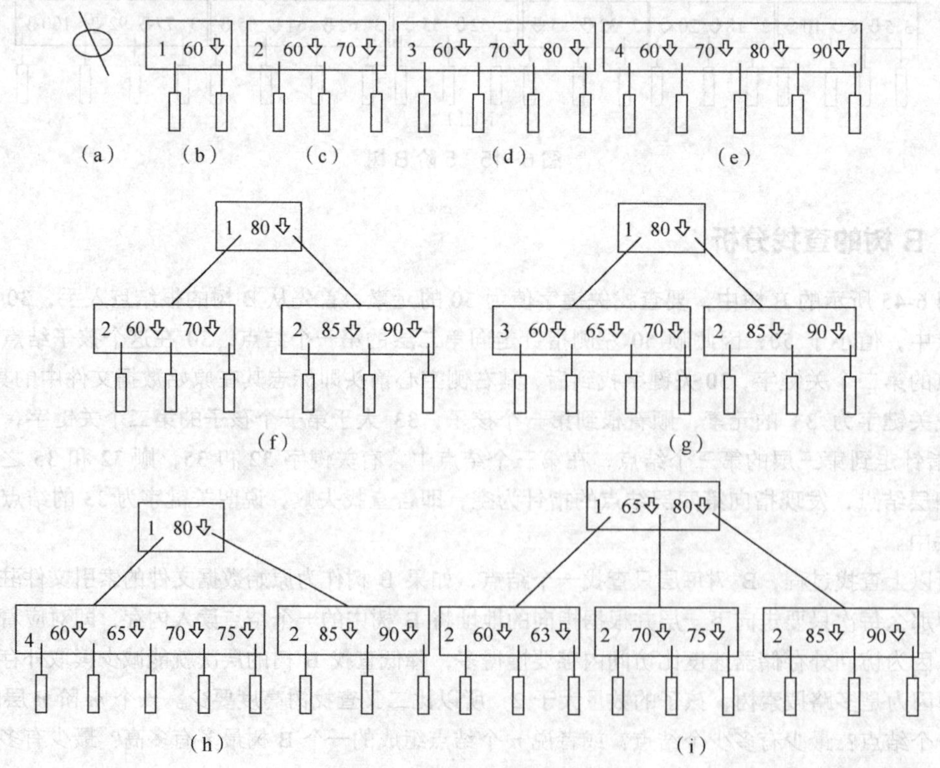

图 6-47　新建一个树的示例

从新建树的过程可以看出，为什么定义树可以为空；为什么树中根可以只有一个关键字，即有两个孩子。插入操作如同查找，首先找到最后一层空结点位置，在其父结点处插入一个新的关键字。如果需要就逐步向上进行结点分裂，树的高度是在逐步插入的过程中分裂结点并向上建立新结点产生的。

插入操作花费的时间，首先从根结点逐步向下移动查找，需要比较的次数为 B 树的高度，插入后如果引起结点分裂，最差情况是分裂逐步上移，直到分裂根结点，所以总的时间花费是两倍于 B 树的高度。

6.5.4 删除操作

B 树的删除

在原始数据文件中删除数据，只需要在其 B 树索引文件中删除该数据关键字，原始文件中数据可以暂时不做处理，留在后面做定期的批量数据清理维护。删除首先也要进行查找，查找待删数据关键字在 B 树中的哪个结点上，然后根据结点的情况，将删除按以下几种情况分别处理。

（1）待删的关键字在最下非叶子结点层，再下层就是空结点了。

如果所在结点中原本关键字个数就大于$\lceil M/2 \rceil$，直接删除它并将结点前的关键字个数减 1 即可。如删除图 6-45 中的关键字 92，删除后见图 6-48。

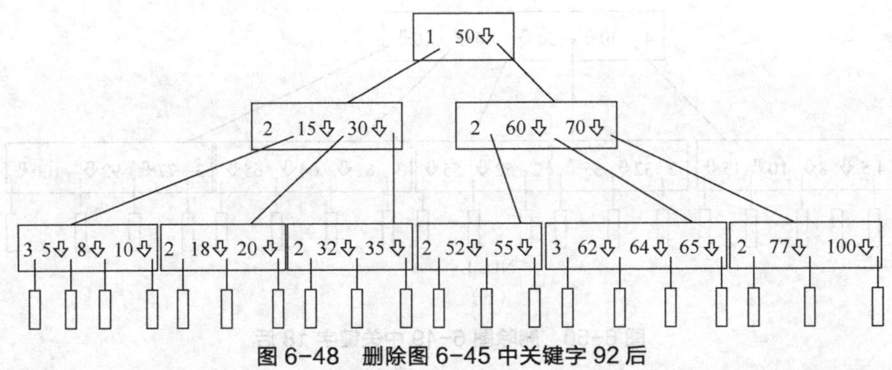

图 6-48　删除图 6-45 中关键字 92 后

如果所在结点中原本关键字个数等于$\lceil M/2 \rceil$，删除一个后会违背 B 树孩子结点个数的最小值，这时如果左右兄弟结点有孩子个数非最小值者，借过来一个。借用时将左结点中的最大关键字或者右结点中最小关键字和父结点交换，将父结点关键字追加到删除关键字的结点中。如删除图 6-45 中的关键字 20，删除后如图 6-49 所示。

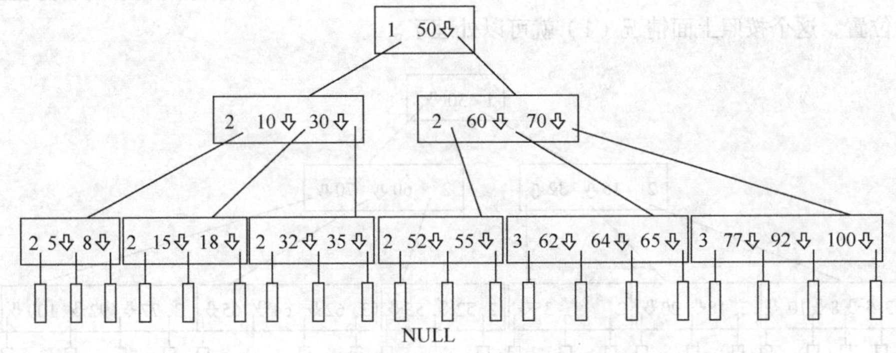

图 6-49　删除图 6-45 中关键字 20 后

如果所在结点中原本关键字个数等于$\lceil M/2 \rceil$，且左右兄弟结点孩子个数均为最小值，和左或者右兄弟结点合并，将父结点中介于两个合并孩子间的关键字下移加入合并结点，如果父结点中关键字由此少于$\lceil M/2 \rceil$个，调整继续上移。如对图 6-49 删除关键字 18 后合并第三层前两个结点，父结点中介于两子之间的关键字 10 下移，父结点不满足 B 树定义，继续和兄弟合并，并将父结点中 50 下移，变成新的根结点，见图 6-50。

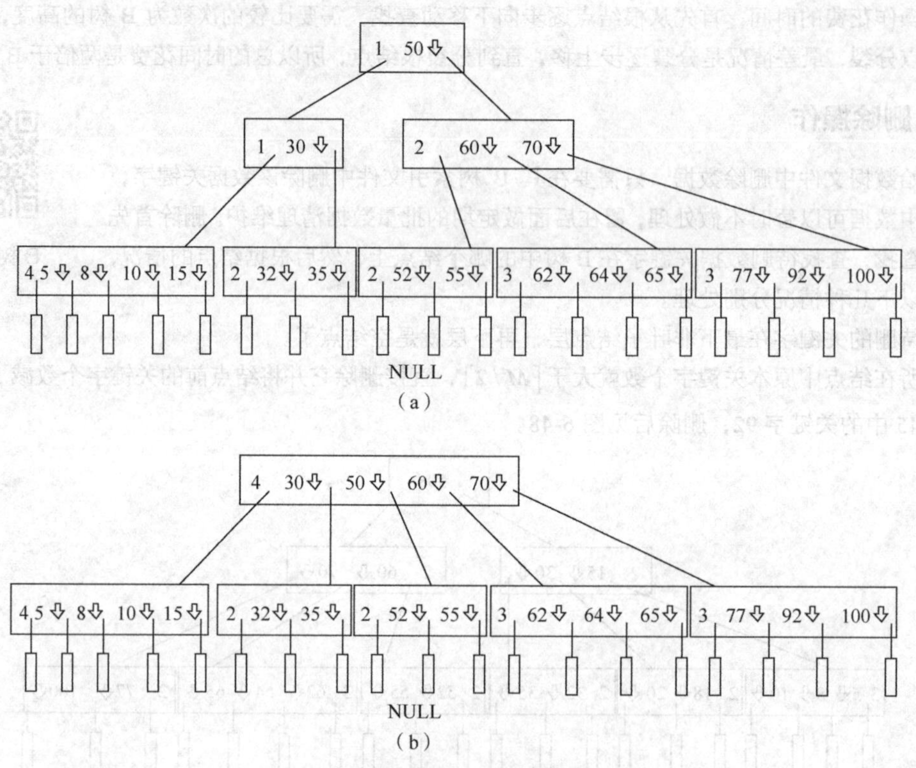

图 6-50　删除图 6-49 中关键字 18 后

（2）待删的关键字在中间层，下层仍为非叶子结点层。

按照二叉查找树，先在树中找到待删数据的关键字，顺关键字左孩子结点找到最大关键字或者顺着关键字右孩子结点找到最小关键字替代它，然后层层下移，直到找到的替身结点为最后一层非叶子结点，具体删除参照情况（1）。如删除图 6-45 中的关键字 50，在其下一层的左孩子结点中找个最大结点 30 上移，继续下行，在原 30 位置的右孩子结点中找个最小结点 32 上移，最后删除关键字的替身位置即图 6-51 中黑色框的位置，这个按照上面情况（1）就可以处理了。

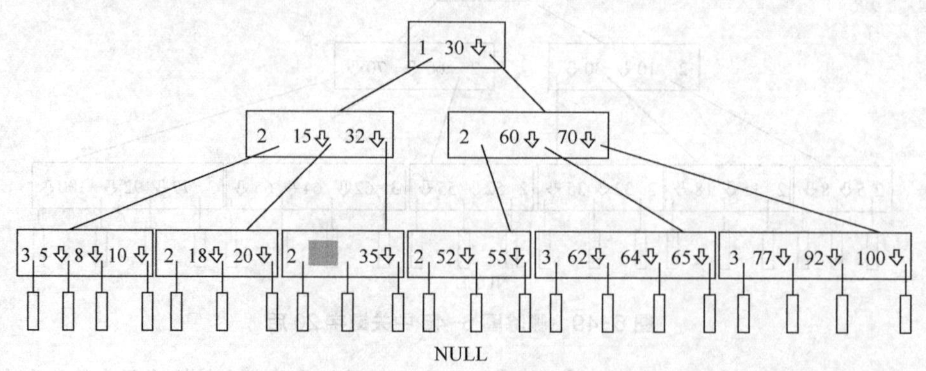

图 6-51　删除图 6-45 中关键字 50 的前期处理

6.5.5 B+树

B 树是一个多线索查找树，所有的数据关键字都挂在了树的非叶子结点中，每个关键字右侧字段标明了其在原始数据文件中的具体地址，因此根据关键字和 B 树的帮助，能非常方便地在数据文件中找到它。其缺点也是明显的，因每个关键字都在 B 树上，造成 B 树过于庞大。另外如果要按关键字大小顺序访问所有数据，B 树没有任何优势。以下对树进行了改进，称 B+树，M 阶的 B+树定义如下。

（1）或者为空，或者只有一个根结点，或者除了根还有多个结点。

（2）每个结点最多有 M 个儿子。

（3）除了根结点外，每个结点至少有 $\lceil M/2 \rceil$ 个儿子，根结点至少 2 个孩子。

（4）有 k 个孩子的结点有 k 个关键字，每个关键字的值代表其孩子结点中关键字的最大值。

（5）叶子结点和中间结点不同，它的孩子是外部数据块。

（6）每个数据块包含最多 L 个，最少 $\lceil L/2 \rceil$ 个数据记录，这里 L 和阶数 M 并无关系。

图 6-52 是一个 3 阶 B+树的示例，其中 M=3，L=4。从图 6-52 中看出每个非根结点都满足孩子个数为 $\lceil M/2 \rceil$ 到 M 之间的要求，数据块满足存储的数据记录在 $\lceil L/2 \rceil$ 和 L 之间的要求，叶子结点在第 3 层上，是实际的索引层，只有这层结点才包含指向实际存储数据的数据块的地址。一个数据块中包含多个记录（每个记录含有一个关键字），因此 B+树的叶子结点层并不包含原始数据中的所有关键字。

B+树的插入和删除关键字的操作和 B 树类似，先查找后进行插入和删除。在插入过程中也面临着结点分裂的可能，在删除的过程中也面临着借用、合并的可能，各种情况的处理方式和 B 树相同。

B 树关键字和地址对应关系可能分布在非叶子结点的任何结点中，所以查找可能停止在任何一层，时间花费小于等于树的高度。但 B+由于数据关键字和数据块地址对应关系全部存储在叶子结点中，查找必须从根到达叶子结点，时间花费一定是树的高度；插入和删除的时间消耗会因 B 树和 B+树中的查找时间不同而不同。

另外，为了方便按照关键字顺序遍历所有数据，可以用一个变量保存第一个叶子结点的地址作为头指针，而每个叶子结点尾部增加一个指针，指向右边相邻的第一个叶子结点的地址，最后一个叶子结点中的该指针指向空，这样便形成了一个单链表。需要按序遍历时，顺着头指针便能访问到所有结点。具体示例见图 6-51。

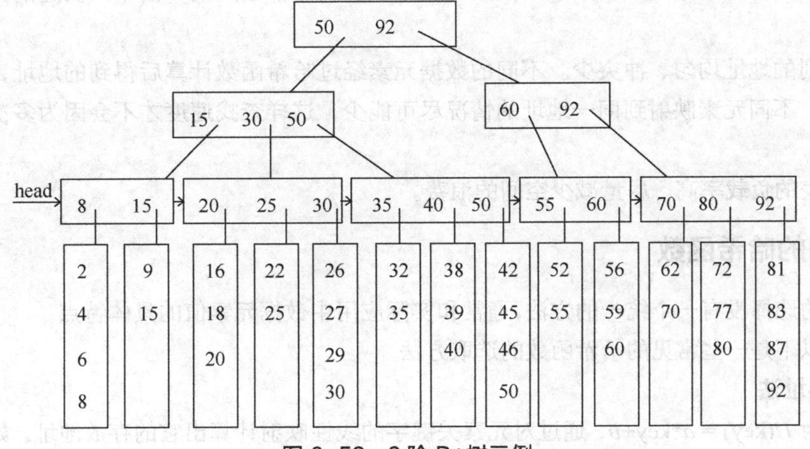

图 6-52 3 阶 B+树示例

计算机读写磁盘一次为一个磁盘块，通常大小为 4KB（4*1 024）字节，为了提高磁盘访问效率，这里的 B+树可以设计为一个磁盘块对应树中的一个结点，也对应树中的一个数据块。假设有一个例子，一个记录为 200 个字节、每个记录中关键字的大小为 16 个字节、磁盘块号为 4 个字节，如果用一个 M 阶的 B+树来表示其索引信息，则每个结点最多 M 个关键字、M 个分支，一个指向下一个叶子结点的指针，故有 $16M+4M+4\leqslant 4*1\,024$，$M$=204，即根可以有[2,204]个分支，其余非根结点可以有[102,204]个分支。

下面看数据块的参数 L，每个数据块可以放 $\lceil L/2 \rceil$ 到 L 个数据记录，因此一个磁盘块要能够存放 $200L$ 个记录，即 $200L\leqslant 4*1\,024$，L=20。现在假设磁盘中原始数据文件中有 1 000 000 个记录，最少需要 1 000 000/L=50 000 个数据块，此时每个数据块放 L 个记录，最多需要 1 000 000/（L/2）=100 000 个数据块。下面来看查找时间最坏即 B+树树高最大的情况：数据块数达到最多 100 000 个。此时，第一层最少 1 个结点、第二层最少 2 个结点、第三层最少 2*102=204 个、第四层最少 2*102*102=20 808，但 20 808<100 000，第五层最少 2*102*102*102=2 122 416，而 2 122 416>100 000，第五层为数据块层，所以最坏情况 B + 树树高为 4 层。

6.6 哈希（hash）方法

哈希方法

以上无论静态还是动态查找，都是通过对数据关键字值的比较来完成的，查找时间的消耗也和数据的规模有关，如顺序查找时间消耗为 $O(n)$，折半查找和平衡二叉树查找为 $O(\log_2 n)$。能否找到查找时间消耗和规模 n 无关的方法？答案是肯定的。具体做法是对一个关键字 key，通过一个函数映射 H(key)计算出关键字为 key 的数据在内存中的存储地址，这种方法称为哈希方法。

为简单起见，以一个可以存储 m 个数据的连续存储空间（数组）为基础，对于所有的数据关键字 k_1，k_2，…，k_n 中的任意一个关键字 k_i，函数 $H(k_i)$的值为 0 到 m−1 之间的整数，这里 $m\geqslant n$。这段连续的空间称为哈希表，m 为哈希表的大小，函数 H 称为哈希函数或散列函数，实际存储的元素和哈希表大小的比值 $\partial = m/n$，称为负载系数。理想的哈希函数是将不同的数据，根据其关键字分别映射到哈希表不同的地址中，且有高负载系数，此时的查找会达到最理想的时间复杂度 $O(1)$。但事实上，负载系数越小，不同关键字通过哈希函数得到相同的地址即冲突的可能性越小，但空间利用率越低；负载系数越大，空间利用率越高，但这样的哈希函数越难找到。为了协调两者的矛盾，通常少量的冲突是允许的。好的哈希函数，通常需要满足以下条件。

（1）计算速度快。哈希函数在元素的插入、删除和查找时都要用到，简单而快速的计算是一个必要的条件。

（2）哈希到的地址均匀、冲突少。不同的数据元素经过哈希函数计算后得到的地址，尽可能在哈希表中均匀分布，不同元素映射到同一地址的情况尽可能少，这样查找速度才不会因为多次冲突而增加过多的时间消耗。

（3）哈希表的负载率高。尽量减少空间的浪费。

6.6.1 常用的哈希函数

哈希函数

哈希函数的选择没有一个统一的方法，通常和实际应用中数据元素值的具体特点和分布有关。以下是一些常见的哈希函数的选取方法。

1. 直接寻址法

哈希函数为 $H(\text{key}) = a*\text{key}+b$，通过对元素关键字的线性映射计算出它的存放地址。如元素关键字序列{100，200，330，520，600，815}，通过函数 $H(\text{key}) = \text{key}/100-1$，将以上序列映射到{0，1，2，4，5，7}下标中。哈希表的大小 m 既和数据元素的数量有关也和数据元素的分布有关，此例中哈希表的大小可以取 $m=8$，负载因子为 $\partial = 6/8=0.75$。

2．除留余数法

哈希函数为 $H(\text{key}) = \text{key} \bmod p$，通过对关键字除以 p 取余数来计算出地址。如元素关键字序列{35，192，64，5，76，653}，通过函数 $H(\text{key}) = \text{key} \bmod 7$，将以上序列映射到{0，3，1，5，6，2}下标中。此例哈希表的大小可以取 $m=7$，负载因子为 $\partial = 6/7=0.86$。函数中 p 通常取大于元素个数 n 的最小的素数，因大于 n，能保障元素全部入表，通常尽量减少规律性地空间浪费。假如 p 不取素数，取 8，那么当数据元素都是偶数时，哈希到的地址便全部为偶数，这样便有一半的空间无法利用上。又如当 p 和数据元素的关键字都是 5 的倍数时，映射出来的地址就会是 5、10、15、20 等，这样会有 4/5 的空间浪费。

3．数据分析法

数据的关键字中如果有一些位上数据分布比较均匀，能区分出不同的数据元素，就可以将这些位取出来作为数据元素的存储地址用。如下面这组元素关键字：

3 4 2 0 4 2 2 6

3 4 2 0 5 8 7 9

3 4 2 0 3 2 9 6

5 4 7 4 2 2 0 6

5 4 7 4 0 1 7 7

5 4 7 4 7 5 0 0

这组元素前面 4 位不能区分出不同元素，第 5 位能区分出不同元素，加上数据元素的个数不超过 10，故取第 5 位作为哈希函数值就可以了，它们被映射到{4，5，3，2，0，7}上。取其中的几位取决于元素个数的多少，如果元素近百位，可以取其中的两位组合起来，如第 5、6 两位。

4．平方取中法

如果关键字分布不均匀，也可以将关键字首先平方，有时平方后的结果中的几位就会变得均匀，这时再用直接寻址或者数据分析法获得合适的哈希地址。如关键字 136，平方后为 18 496，取其中的第 2、3 位得 49，49 便是关键字为 136 的数据元素的哈希地址。

5．折叠法

当关键字位数比数据元素的个数大得多时，也可以将其按照哈希表大小分割成若干段，并将这些段相加，得到的和作为哈希地址。如有 100 个数据元素，其中一个关键字为 1 3 5 7 6 3 4 2 0 8 7 5，以长度为 2 进行折叠并相加 13+57+63+42+08+75=250，取后两位得 50，为其哈希地址。

在具体实际应用中，采用哪种方法完全取决于数据元素的大小和分布情况。事实上在考虑到空间负载率的情况下，很难找到一个函数能将所有数据都映射到不同的地址上去，也就是说势必会存在两个数据关键字值不同却得到了相同的哈希地址，这就叫冲突。一旦发生了冲突，即一个关键字通过哈希函数得到了一个地址，但该地址上已经存有元素，这时就要采取一定的措施解决冲突了。常见的解决冲突的办法有线性探测法、二次探测法、再哈希法、链地址法。

6.6.2 线性探测法

冲突解决

线性探测法是指当冲突发生时用 $(H(\text{key})+i)\%m$ 的方法重新定址，其中 i 为冲突的次数，m 为哈希表的大小。如元素关键字序列{100，200，330，520，550，600，815}，设 $m=10$，采用哈希函数 $H(\text{key}) = \text{key}/100-1$ 时，550 被散列到 4 下标位置，它和 520

发生冲突，是 550 和其他元素的第 1 次冲突，于是被散列到(4+1)%10 即 5 的位置，由于 600 尚未到来，下标为 5 的位置空闲，550 被散列到这个位置，之后 600 经过哈希函数被散列在下标为 5 的位置，因为已经存储了 550，故发生了冲突，按照线性探测法，被分配到下标为(5+1)%10=6 的位置。图 6-53 为以上数据序列具体的散列情况。

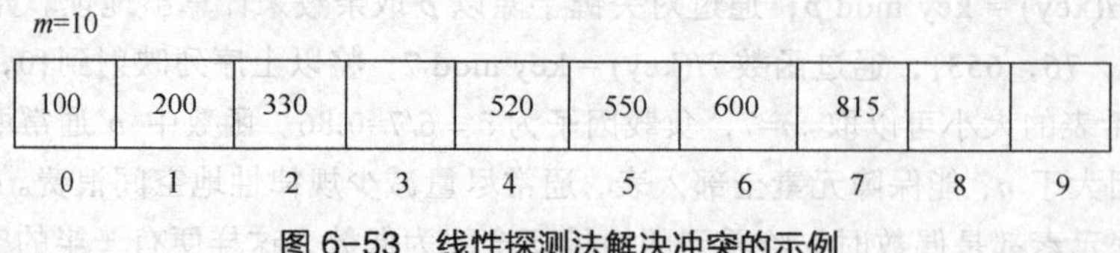

图 6-53　线性探测法解决冲突的示例

6.6.3　二次探测法

二次探测法是指当冲突发生时，按照(H(key) ± i^2)%m（i=1，2，3，…）解决冲突，第 1 次冲突，取(H(key)+1^2)%m；第 2 次冲突，取(H(key)−1^2)%m；第 3 次冲突，取(H(key)+2^2)%m；以此类推。这种方法较线性方法比，向前移动的幅度大，不容易造成二次冲突。

6.6.4　链地址法

链地址法中散列表不存储实际的元素，而是存储一个单链表的首结点地址，元素存储在单链表中。如果不同的元素被散列在同一位置，则把它们放到同一个单链表中，不同元素如果被散列在不同位置，则它们被放在不同的单链表中。具体示例见图 6-54，哈希函数为 H(key) = key mod 17。

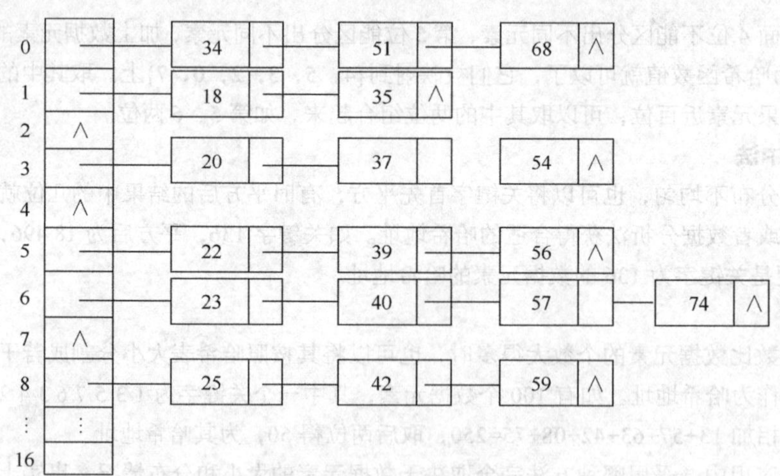

图 6-54　链地址法示例

6.7　小结

查找是在一组具有松散关系的元素集合中进行的。在很少进行插入、删除的一组数据中进行的查找称为静态查找，静态查找的数据集合最简单的存储方法是采用顺序存储。数据元素顺序存储时，如果元素无序，可采用顺序查找，时间复杂度达到 $O(n)$；如果元素有序，可采用折半查找，时间复杂度达到 $O(\log_2 n)$。在频繁进行插入、删除的一组数据中进行的查找称为动态查找，动态查找合适的存储方式是二叉查找树。二叉查找树在平衡的情况下，查找时间将达 $O(\log_2 n)$，和有序表的折半查找时间消耗一样。红黑树是比平衡树条件更宽松的二叉查找树，平衡树中的每个结点，其向下的各条分支高度差不超过 1；红黑树中的每个结点，其向下的各条分支高度差是长的最多为短的一倍。

以上方法都是基于数据全部载入内存的情况，对于数据量很大，数据只能存储在外存储器上的情况，可以利用多线索树：B 树、B+树，为原始数据文件建立索引文件。B 树上所有的关键字都在树上，分别分布在非叶子结点的所有结点中，每个关键字对应的原始数据地址附着在关键字后，叶子结点为空结点。B+树仅其中一些关键字分别分布在叶子结点中，部分关键字及其对应的原始数据块的地址都分布在各个叶子结点中。相比而言 B 树比 B+树庞大得多，B+树在建立索引文件时更加常用。

以上方法都是基于关键字的比较，致力于怎样减少关键字的比较次数。哈希方法试图完全摆脱关键字的比较，希望通过一个函数将关键字直接映射到哈希表中的某个地址上去。常见的哈希函数有将关键字进行简单线性变换获得地址的直接寻址法，有分析并抽取数据中某些位的数据分析法，有将数据自身变化如平方后再进行取某些中间位的平方取中法，有将长关键字序列进行折叠相加后再分析处理的折叠法。理想的哈希函数是将不同的关键字映射到不同的地址上，但综合考虑到哈希表的负载率，这样的函数比较难找，通常找到的哈希函数都会造成一定程度的冲突。常见的冲突解决办法有线性探测法、二次探测法和链地址法。

6.8 习题

1. 已知一个有序序列为 15、23、45、50、80、88、93、100，分别写出用二分法查找 23、66 的过程中都比较过哪些元素。

2. 按照 15、80、100、88、23、45、93、50、20、10 的插入顺序画出建好的二叉查找树，之后画出删除结点 80 后的二叉查找树。

3. 分别给出在题 2 得到的二叉查找树中查找 45 和 44 的查找路径（即比较过哪些元素）。

4. 按照 15、80、100、88、23、45、93、50、20、10 的插入顺序画出建好的 AVL 树，之后画出删除结点 45 后的 AVL 树。

5. 按照 15、80、100、88、23、45、93、50、20、10 的插入顺序画出建好的红黑树，之后画出删除结点 80 后的红黑树。

6. 已知一组元素分别具有关键字 15、80、100、88、23、45、93、50、20、10、28、44、99、21、66，试按照这个顺序依次插入建立一棵 5 阶的 B 树，之后再画出删除 23 后的 B 树。

7. 在一个二叉查找树中，如何用 $\log_2 n$ 的时间分别找到最大和最小结点？

*8. 一个 *m* 阶 *n* 层的 B 树最多有多少个结点？最少有多少个结点？

*9. *n* 个结点组成的一个 B 树最多有多高？最少有多高？

10. 在图 6-51 的 B+树中插入元素 10，试问将有几次磁盘读？几次磁盘写？

11. 编写一个算法实现二叉查找树的判定。

**12. 编写一个算法在二叉查找树中找到第 *i* 大的元素。

***13. 编写一个算法在一个二叉查找树中删除所有大于一个给定值的元素。

14. 用哈希函数 *H*(key)=key%17 将具有关键字 15、80、100、88、23、45、93、50、20、10、28、44、99、21、66 的一组元素映射到长度为 17 的哈希表中，冲突时采用线性探测再散列的方法，试画出这组元素在哈希表中的存储情况。

Chapter 07

第7章 排序

■ 查找表明，有序表的查找可远远快于无序表，二分查找就能使时间复杂度从 $O(n)$ 降到 $O(\log_2 n)$，因此排序也是常见的数据操作之一。如何将一个无序表经过排序变成一个有序表，是本章研究的内容。

7.1 引言

排序

通常待处理的数据不是一个单一的值，而是含有若干个字段的复杂数据记录，选择其中一个字段的值作为排序中比较的依据，该字段称作**关键字**。如果没有特别说明，以下文中数据的值便是指该数据的关键字值。

待排序数据中如果有关键字值相同的元素，如数据 *Ri* 和 *Rj* 关键字值相同，且排序前的无序表中两者的相对位置是 *Ri* 在 *Rj* 之前，经过某种排序算法后得到了一个有序表，该有序表中依然能保证 *Ri* 和 *Rj* 的相对位置一定不变，即 *Ri* 在 *Rj* 之前，则该排序称为**稳定排序**。反之如果不能保证 *Ri* 和 *Rj* 的相对位置一定不变，即可能变为 *Ri* 在 *Rj* 之后，则该排序称为**不稳定排序**。

如果待排序数据可以全部一次性载入内存，排序操作中只是和内存打交道，中途不涉及和外存打交道，则该排序操作我们称为**内排序**。反之，如果待排序数据不能一次性全部载入内存，在排序过程中还需要进行内外存之间的数据交换，则该排序被称为**外排序**。

在排序算法中，显然比较是基础的。计算机提供的比较操作是一个二元操作，它给出了>、>=、<、<=、==五种关系的比较操作，所有的比较操作均以此为基础，因此如何反复利用二元操作中的两两比较完成整个待排序数据的排序是以下算法的主线。

在以下各节排序结果中如果没有特殊说明，都假定结果会是一个非递减的序列。本章首先讨论内排序的几种算法，包括冒泡排序、插入排序、归并排序、快速排序、选择排序和基数排序等，之后再专门讨论外排序。

7.2 冒泡排序

冒泡排序

如果待排序数据中只有两个元素，那么比较这两个元素，如果前者元素值大于后者，进行两个元素的交换；如果前者元素值不大于后者，则不进行交换；最终值大的元素放在了后面位置上。因只有两个元素，结果也获得了一个非递减的有序序列，这样就完成了排序操作。在此次排序中，一个操作是两两比较，一个操作是有条件下的两个元素之间的交换，这都是计算机系统提供的基本操作，各种编程语言都提供了相应语句。按照此思想，当有 n 个元素时，如果我们对第一和第二、第二和第三、第三和第四、最后第 n-1 和第 n 个元素使用该比较和有条件的交换操作，因为前后两组比较有公共交叉元素，如第二个元素既在第一组又在第二组中出现，虽然最终结果并非立马获得一个非递减序列，但保证了值最大的元素被换到了第 n 个位置上。依次类推，我们在前 n-1 个元素中进行如上操作，可以保证次大元素换到了第 n-1 的位置上。如此下去，直到前面余下的元素个数为 1 时停止。这便是冒泡排序的思想。图 7-1 为每趟操作后的结果，图中带下划线元素为最终调换好位置的元素。

待排序序列：　18, 26, 31, 72（a）, 8, 15, 88, 72（b）, 35, 20

第一趟排序结果：　18, 26, 31, 8, 15, 72（a）, 72（b）, 35, 20, 88

第二趟排序结果：　18, 26, 8, 15, 31, 72（a）, 35, 20, 72（b）, 88

第三趟排序结果：　18, 8, 15, 26, 31, 35, 20, 72（a）, 72（b）, 88

⋮

第九趟排序结果：　8, 15, 18, 20, 26, 31, 35, 72（a）, 72（b）, 88

图 7-1　冒泡排序

在冒泡排序算法实现程序的设计上，可以采用自下而上的方法，先解决第一趟排序问题，*i* 在[1,9]间逐渐取整数，程序段如下。

```
for (i=1; i<10; i++)
        if (a[i-1]>a[i])
        {
            tmp = a[i-1];
            a[i-1] = a[i];
            a[i] = tmp;
        }
```

进而进行扩展，逐渐递减 *i* 取值的右边界，从 9、8、7 逐步递减到 1，最后得到整个有序序列。完整的程序见程序 7-1。

程序 7-1：冒泡排序。

```
#include <stdio.h>
#include <stdlib.h>
int main()
{
    int a[10]={18,26,31,72,8,15,88,72,35,20};
    int i,j,tmp;
    int changeFlag=1;
    for (j=10; j>1; j--)
    {
        if (!changeFlag) break;
        changeFlag = 0;
        for (i=1; i<j; i++)
            if (a[i-1]>a[i])
            {
                tmp = a[i-1];
                a[i-1] = a[i];
                a[i] = tmp;
                changeFlag = 1;
            }
    }
    for (i=0; i<10; i++)
        printf("%d  ", a[i]);
    printf("\n");
    return 0;
}
```

算法分析：从交换条件可以看出，仅当一组比较元素中前面元素值大于后者时才交换，相等时并不交换，故能保持排序前后相等元素的相对先后位置不变，可见冒泡排序为稳定排序。时间消耗上，观察程序 7-1 中的双重循环，打开外循环，当 j=10 时，内循环中的循环体运行 9 遍，即 $n-1$ 遍；当 j=9 时，内循环中的循环体运行 8 遍，即 $n-2$ 遍；最后当 j=2 时，内循环中的循环体运行 1 遍；所以内循环体的比较交换共进行了$(n-1)+(n-2)+\cdots+1=n(n-1)/2$ 遍，时间复杂度为 $O(n^2)$。但是特殊地，算法加了个交换标志位，如果待排序算法原本就是有序的，则第一遍序列元素两两比较后，算法即告结束，此时为最优情况，时间复杂度为 $O(n)$。

7.3 插入排序

插入排序

7.3.1 简单插入排序

如果已经有了一个有序序列，现在又来了一个新元素，如何才能为这个新元素在这个有序序列中找到合适的位置并将其插入？要求插入后仍保持序列的有序性。明显地，我们可以让这个新元素和有序序列中的元素从后往前逐一比较，当遇到第一个比之小的元素，紧跟该元素便是合适新元素的位置了，然后将该位置往后的所有元素均后移一个位置，为新元素腾出位置后将新元素存入该位置。具体见程序 7-2。

程序 7-2：插入程序。

```
void insert(int b[], int n, int x)
//n为有序表a中当前元素的个数，x为待插入新元素
{
    int i,j;

    for (i=n-1; i>=0; i--) //从后往前找第一个不比x大的元素
        if (b[i]<=x) break;

    for (j=n-1; j>i; j--) //将所有大于x的元素后移一位
        b[j+1]= b[j];

    b[i+1] = x; //在腾出的位置上存x
}
```

如何利用插入算法将一个无序的序列排成有序序列？我们可以首先将无序序列中仅由第一个元素构成的序列视作有序序列，将无序序列中的第二个元素插入到前面有一个元素的有序序列中，形成一个有两个元素的有序序列，再将序列中的第三个元素插入到前面有两个元素的有序序列中。如此操作，直到将第 ***n*** 个元素插入到前面 ***n***-1 个有序序列中，最终形成有 ***n*** 个元素的有序序列。图 7-2 为每趟操作后的结果，图中带下划线部分为已经排好序的序列。

待排序序列：　18，26，31，72（a），8，15，88，72（b），35，20

第一趟排序结果：　18，26，31，72（a），8，15，88，72（b），35，20

第二趟排序结果：　18，26，31，72（a），8，15，88，72（b），35，20

第三趟排序结果：　18，26，31，72（a），8，15，88，72（b），35，20

第四趟排序结果：　8，18，26，31，72（a），15，88，72（b），35，20

第五趟排序结果：　8，15，18，26，31，72（a），88，72（b），35，20

⋮

第九趟排序结果：　8，15，18，20，26，31，35，72（a），72（b），88

图 7-2　插入排序

插入排序算法见程序 7-3。

程序 7-3：插入排序。

```
void insertSort(int a[], int n)
{
    int i;

    //将前i个元素视作有序序列，将第i+1个元素插入到前面i个元素
    //组成的有序序列中
    for (i=1; i<n; i++)
        insert(a, i, a[i]);
}
```

算法时间复杂度分析：在从后往前找第一个不比 x 大的元素过程中可以看出，找到的插入位置后所有元素都大于 x，而原本在 x 前又和 x 值相等的元素依然保留在 x 插入位置之前，因此插入排序为稳定排序。时间上，观察程序 7-2 可知，假设前面有序元素个数为 m，则比较找位置的平均时间是 $O(m)$，找到后移动数据的平均时间是 $O(m)$。由程序 7-3 可知，插入排序算法有内外两重循环，内循环中决定时间的 m 和外循环 i 的取值有关，打开外循环，进行逐个内循环时间相加，得到插入排序的时间函数为 $1+2+3+\cdots+n-1$，故其时间复杂度为 $O(n^2)$。但是特殊地，当待排序序列原本有序时，每次插入一个元素只需要比较一次，因此此时算法的时间复杂度为 $O(n)$，为最优情况。

7.3.2 折半插入排序

分析上面的简单插入程序 7-2，第 k 个元素在前 $k-1$ 个元素组成的有序序列中查找位置时，采用的是逐一查找的方法。事实上，因为前面序列的有序性，我们也可以采用折半查找的方法，这样查找位置这部分工作的时间复杂度就可以由 $O(n)$降到 $O(\log_2 n)$。当查找到位置后，数据移动部分仍然为 $O(n)$，加上 n 次外循环，总时间复杂度仍为 $O(n^2)$。当然最优时，数据比较次数不变，但数据移动次数为 1，此时时间复杂度就是 $O(n\log_2 n)$。

7.3.3 希尔排序

希尔排序

在直接插入排序的时间复杂度分析上，我们发现无论是查找位置还是数据移动，如果前面的有序序列有 m 个元素，那么最差也就是比较 m 次、移动 m 次，那么最好呢？当待处理数据一开始就完全有序，每个元素和前面有序序列中的最后一个元素比较一次，就满足了小于等于它的条件，比较停止，且没有数据需要移动，待插数据原地保持不动，故插入排序一共只要比较 n 次，移动 0 次。对以上简单插入排序算法来说就是内循环 $O(1)$，外循环 n 次，总的时间复杂度将达到 $O(n)$。

当然如果事先知道它完全有序，我们就不用排了。如果待排序序列不是完全有序，而是比较有序，时间复杂度是否能降下来？如当比较有序时，在前面有 m 个元素的有序序列的插入操作中，有些比较就不是 m 次，而是小于 m 次，如 2 到 3 次，移动也就是 2 到 3 次，也就是内循环次数是远远小于 $O(n)$的，总的时间复杂度也就在 $O(n)$和 $O(n^2)$之间了。

有了这个想法，我们就可以花点时间将待排序序列做个快速的预处理，将杂乱无章的数据序列处理成比较有序的结果。这个预处理的思想如下：从待处理的序列中，每隔一个固定距离抽出一个元素，由这些元素组成一个子序列，这样我们会获得若干个子序列，对每个子序列单独进行简单插入排序，这样就达到了远距离快速调整元素的目的，结果会使得小的元素靠前，大的元素靠后。按照固定距离 5 提取子序列并分别排序示例见图 7-3。

从上面 15、18 位置的交换，看出它们之间进行了远距离（step=5）的位置改变，大步伐地将小的元素往前移动、大的元素往后移动，比之前相对有序些，但有序的程度不是太高。以上便是进行了一趟预处理的结果，下面让步伐变小一些，取 step=2，进行第二趟的预处理，见图 7-4。

step=5

待排序序列：　18，26，31，72（a），8，15，88，72（b），35，20

step=5

子序列1：18，15
子序列2：26，88
子序列3：31，72（b）
子序列4：72（a），35
子序列5：8，20

排好序的：
子序列1：15，18
子序列2：26，88
子序列3：31，72（b）
子序列4：35，72（a）
子序列5：8，20

经过step=5的子序列排序后形成的序列为：
15，26，31，35，8，18，88，72（b），72（a），20

图 7-3　第一趟 step=5 时的预处理

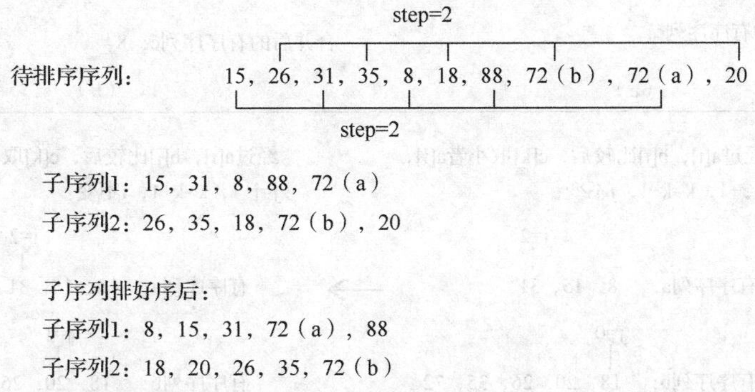

经过step=2的子序列排序后形成的预处理结果为：
8，18，15，20，31，26，72（a），35，88，72（b）

图 7-4　第二趟 step=2 时的预处理结果

最后进行 step=1 的处理，如图 7-5 所示。

待排序序列：　8，18，15，20，31，26，72（a），35，88，72（b）

step=1

处理后结果：　8，15，18，20，26，31，35，72（a），72（b），88

图 7-5　第三趟 step=1 时的处理结果

显然当 step=1 时的处理方法，就是简单插入算法了。step=5 和 step=2 的两趟预处理使得小的尽量往前移、大的尽量往后移的目标逐次得到完善。最后一趟的简单插入排序，可以体会到每个元素在往前面的有序序列中插入时，比较和移动次数已经变得很小了。

一般来说，step 的取值可以从 $n/2$ 开始，之后再逐次减半，用此方法，step 将会取到 $\log_2 n$ 个值。最后当 step 取 1 时，共取了 $\log_2 n$ 个 step。随着趟数增长，序列有序程度越来越高，当取 1 时，时间消耗趋于 $O(n)$。

希尔排序预处理时间分析较复杂，这里不做分析。关于希尔排序的稳定性，我们再看图 7-6 中的例子，因为值相等的元素在预处理时可能分在不同的子序列中，经过在各自子序列中位置的调整，原本的相对前后位置就可能发生改变，因此希尔排序是不稳定排序。

待排序序列：80，30（a），30（b），50
step=2时的预处理：30（b），30（a），80，50
step=1时的简单插入排序：30（b），30（a），50，80

图 7-6　希尔排序为非稳定排序

7.4　归并排序

归并排序

如果有两个有序序列，可以利用以下示例中的方法将其归并为一个有序序列，示例见图 7-7。

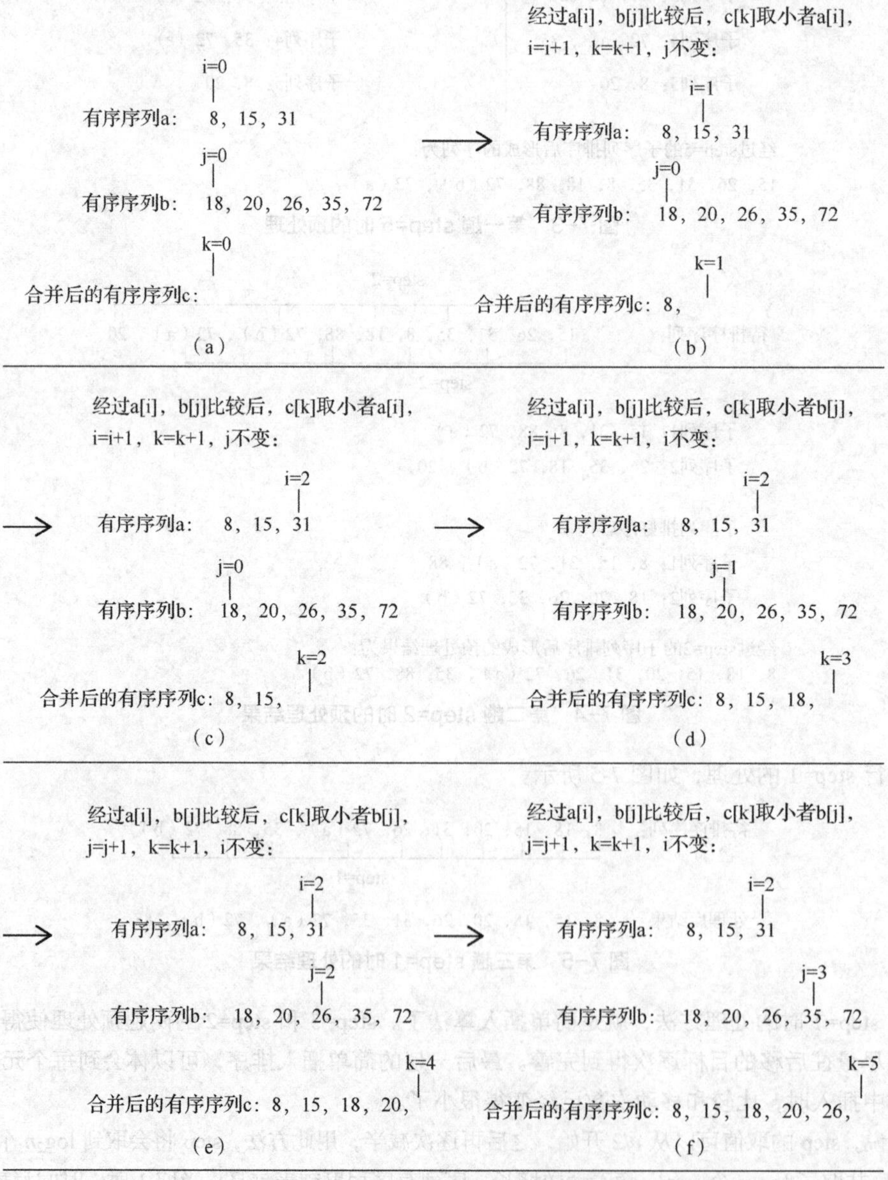

(a)
i=0
有序序列a：8，15，31
j=0
有序序列b：18，20，26，35，72
k=0
合并后的有序序列c：

(b)
经过a[i]，b[j]比较后，c[k]取小者a[i]，i=i+1，k=k+1，j不变：
i=1
有序序列a：8，15，31
j=0
有序序列b：18，20，26，35，72
k=1
合并后的有序序列c：8，

(c)
经过a[i]，b[j]比较后，c[k]取小者a[i]，i=i+1，k=k+1，j不变：
i=2
有序序列a：8，15，31
j=0
有序序列b：18，20，26，35，72
k=2
合并后的有序序列c：8，15，

(d)
经过a[i]，b[j]比较后，c[k]取小者b[j]，j=j+1，k=k+1，i不变：
i=2
有序序列a：8，15，31
j=1
有序序列b：18，20，26，35，72
k=3
合并后的有序序列c：8，15，18，

(e)
经过a[i]，b[j]比较后，c[k]取小者b[j]，j=j+1，k=k+1，i不变：
i=2
有序序列a：8，15，31
j=2
有序序列b：18，20，26，35，72
k=4
合并后的有序序列c：8，15，18，20，

(f)
经过a[i]，b[j]比较后，c[k]取小者b[j]，j=j+1，k=k+1，i不变：
i=2
有序序列a：8，15，31
j=3
有序序列b：18，20，26，35，72
k=5
合并后的有序序列c：8，15，18，20，26，

图 7-7　两个有序序列合并示例

经过a[i]，b[j]比较后，c[k]取小者a[i]，
i=i+1，k=k+1，j不变：

→ 有序序列a：8，15，31（i=3）

有序序列b：18，20，26，35，72（j=3）

合并后的有序序列c：…，26，31，（k=6）

（g）

i越界，序列c抄下序列b中所有剩余元素，
i=j+1，k=k+1：

→ 有序序列a：8，15，31（i=3）

有序序列b：18，20，26，35，72（j=4）

合并后的有序序列c：…，26，31，35，（k=7）

（h）

i越界，序列c抄下序列b中所有剩余元素，
i=j+1，k=k+1：

→ 有序序列a：8，15，31（i=3）

有序序列b：18，20，26，35，72（j=5）

合并后的有序序列c：…，26，31，35，72（k=8）

（i）

→ i越界，j越界，结束合并。

（j）

图 7-7　两个有序序列合并示例（续）

具体算法见程序 7-4。

程序 7-4：合并两个有序序列。

```
void merge(int a[], int n, int b[], int m)
{
    int i, j, k;
    int *c;

    //创建实际空间存储合并后结果
    c=(int *)malloc((n+m)*sizeof(int));
    i=j=k=0;

    //两个有序序列中元素的比较合并
    while ((i<n)&&(j<m))
    {
        if (a[i]<=b[j])
        {
            c[k]=a[i];
            i=i+1;
        }
        else
        {
            c[k]=b[j];
```

```
            j=j+1;
        }
        k=k+1;
    }

    //若a序列中i未越界，抄写剩余元素
    while (i<n)
    {
        c[k]=a[i];
        i=i+1;
        k=k+1;
    }

    //若b序列中j未越界，抄写剩余元素
    while (j<m)
    {
        c[k]=b[j];
        j=j+1;
        k=k+1;
    }

    //显示合并后的序列
    for (i=0; i<k; i++)
        printf("%d ", c[i]);
    printf("\n");
}
```

算法时间复杂度分析：两个有序序列长度分别为 n、m，每次比较两个序列中各有一个元素参与，但有的元素只参与比较一次，有的却多次，没有规律，从这个角度分析，时间消耗就很难统计出来。我们不妨换个角度，在比较过程中，无论哪两个元素参与，从合并结果序列看，每次循环都会且只得到一个元素，当比较循环结束时，假设合并结果序列只得到 k 个元素，则剩余的（$m+n-k$）将会在后面未越界的那个序列中全部抄写回来，故最终结果序列会有 $m+n$ 个元素，因此时间消耗为 $O(m+n)$。

合并排序正是利用了两个有序序列合并的思想：首先将待排序序列前后平分为两个子序列（如果不能平分，则两个子序列的长度差为 1）。假设两个子序列都是有序的，用上面合并的算法思路可以得到一个有序序列。当然这个假设是不存在的，但我们可以用同样的眼光和手段分别看待并对前后两个子序列进行同样的操作，直到该待排序序列只剩下一个元素，这明显是一个递归算法的思路。

具体示例看图 7-8。图 7-8（a）按照分割箭头方向展示出待排序序列逐步分割的过程，而图 7-8（b）按照合并箭头的方向展示了有序子序列逐步合并的过程。这正是合并排序递归算法实际实现的过程。

合并排序算法实现见程序 7-5，这里重新定义了 merge 函数，两个有序序列不再放在不同的数组中，而是放在同一个数组中，只是下标范围不同：前一个序列范围为[start, mid]，后一个序列范围为[mid+1, end]。这样理解以上分割、合并过程更直观。

归并排序算法见程序 7-5。

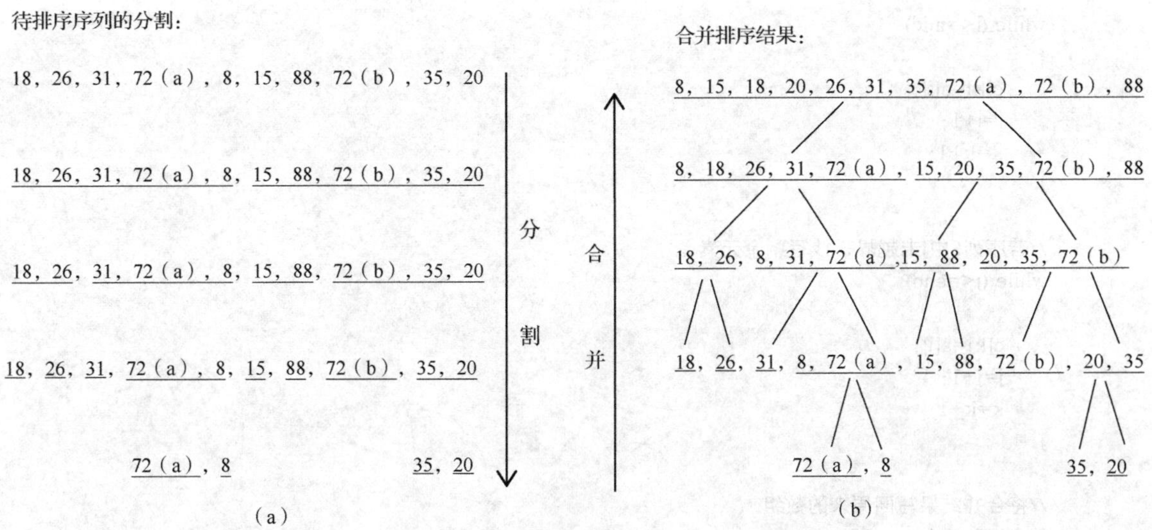

待排序序列的分割：

18，26，31，72（a），8，15，88，72（b），35，20

18，26，31，72（a），8，15，88，72（b），35，20

18，26，31，72（a），8，15，88，72（b），35，20

18，26，31，72（a），8，15，88，72（b），35，20

72（a），8　　35，20

分割

（a）

合并排序结果：

8，15，18，20，26，31，35，72（a），72（b），88

8，18，26，31，72（a），15，20，35，72（b），88

18，26，8，31，72（a），15，88，20，35，72（b）

18，26，31，8，72（a），15，88，72（b），20，35

72（a），8　　35，20

合并

（b）

图7-8　合并排序示例

程序7-5：归并排序。

```
#include <stdio.h>
#include <stdlib.h>

void merge(int a[], int start, int mid, int end)
{
    int i, j, k;
    int *c;

    //创建实际空间存储合并后结果
    c=(int *)malloc((end-start+1)*sizeof(int));
    i=start;
    j=mid+1;
    k=0;

    //两个有序序列中元素的比较合并
    while ((i<=mid)&&(j<=end))
    {
        if (a[i]<=a[j])
        {
            c[k]=a[i];
            i=i+1;
        }
        else
        {
            c[k]=a[j];
            j=j+1;
        }
        k=k+1;
    }

    //若序列1中i未越界，抄写剩余元素
```

```
        while (i<=mid)
        {
            c[k]=a[i];
            i=i+1;
            k=k+1;
        }

        //若序列2中j未越界，抄写剩余元素
        while (j<=end)
        {
            c[k]=a[j];
            j=j+1;
            k=k+1;
        }

        //将合并结果写回原来的数组
        for (i=0; i<k; i++)
            a[start+i]=c[i];

        //释放临时数组
        free(c);
    }

    void mergeSort(int a[], int start, int end)
    {
        int mid;

        if (start==end) //只有1个元素，视作有序，结束分割
            return;
        else
        {
            mid = (end+start)/2;
            mergeSort(a, start, mid); //分割出的第一个序列
            mergeSort(a, mid+1, end); //分割出的第二个序列
            merge(a, start, mid, end); //两个有序序列合并
        }
    }

    int main()
    {
        int a[10]={18,26,31,72,8,15,88,72,35,20};
        int i;

        mergeSort(a,0,9);

        for (i=0; i<10; i++)
            printf("%d ", a[i]);

        printf("\n");
        return 0;
    }
```

算法时间复杂度分析：假设待排序序列长度为 n，消耗的时间为 $t(n)$，则有：

$$t(n)=t(n/2) + t(n/2) + 2*n/2$$
$$=2t(n/2)+n = 2(t(n/4)+t(n/4)+2*n/4)+n$$
$$=4t(n/4)+2n = 4(t(n/8)+t(n/8)+2*n/8)+2n$$
$$=8t(n/8)+3n = 2^3t(n/2^3)+3n$$
$$=\cdots=2^kt(1)+kn$$

我们来分析什么时候 $n/2^k=1$：现在假设 $n=4$，分割两次后，每一段长度为 1；假设 $n=6$，分割三次后每段长度为 1。可以看出 $k=\lfloor \log_2 n \rfloor+1$ 时 $n/2^k=1$，这也说明图 7-8 中分割的层次有 $\lfloor \log_2 n \rfloor+1$ 层，每层虽然是多对子序列两两合并，但合并结果中每个元素，都是在自己所在合并对的一次合并中的比较后得出的，而且显然只有最后一层元素有时会不足 n 个，其他各层元素都是 n 个，即每层时间花费是 n，故合并排序的时间复杂度是 $n\log_2 n$。

下面分析稳定性。在程序 7-4 所示的两两合并算法中，如果值相同的元素分属于两个不同的有序序列，在 a、b 中元素比较时，仅当 b 序列中元素小时才能胜出，因此合并后对值相同的元素而言，a 序列中的元素在前，b 序列中的元素在后；如果值相同的元素属于一个有序序列，合并比较时是由左到右逐个参与比较，因此在前的值先比较先进入归并结果。因此值相同的元素在合并中能保持原本的相对前后位置。在程序 7-5 的合并算法中，a 和 b 序列都存在了同一个数组中，但 a 段在前，b 段在后，所以这个合并排序算法是一个稳定的排序算法。

7.5 快速排序

快速排序

合并排序算法的递归实现给了我们一个思路，是否能将待排序的数据进行分段处理，然后进一步处理分段处理后的结果得出最终的排序结果，即使用分而治之的方法。快速排序正是基于这样的思路。先从待排序序列中，随机地选择一个元素作为标杆元素，对剩余元素做这样的处理：所有小于等于它的元素移到它的前面，大于它的元素移到它的后面，以此形成一个新的序列。在新序列中，标杆元素将序列分成了两个部分，前一部分中所有元素都比标杆元素小，后一部分中所有元素都不比标杆元素小。对标杆元素前后两个部分分别排序后，整个序列就有序了。而前后两个部分的排序也可以参照上面的方法对元素进行处理。图 7-9 是该算法的一个示例。为了简化起见，在示例中我们总是选择待处理序列的第一个元素为标杆元素。

快速排序算法见程序 7-6。

程序 7-6：快速排序。

```
#include <stdio.h>
#include <stdlib.h>

void quickSort(int a[], int start, int end)
{
    int i, j;
    int temp, hole;

    //序列中没有元素或只有一个元素，递归结束
    if (end<=start) return;

    temp = a[start];
```

待排序序列的分割：

18，26，31，72（a），8，15，88，72（b），35，20

step1：temp=18

□，26，31，72（a），8，15，88，72（b），35，20

（a）

step2：洞在左，从后往前逐个对比，找到第一个比temp小的值

□，26，31，72（a），8，15，88，72（b），35，20

（b）

step3：将该值移入洞中,洞移到右边

15，26，31，72（a），8，□，88，72（b），35，20

（c）

step4：洞在右，从前往后找到第一个比temp大的值

15，26，31，72（a），8，□，88，72（b），35，20

（d）

step5：将该值移入洞中,洞又移到了左边

15，□，31，72（a），8，26，88，72（b），35，20

（e）

step6：从刚才右边的搜索位置开始继续向前搜到
第一个比temp值小的元素

15，□，31，72（a），8，26，88，72（b），35，20

（f）

step7：将该值移入洞中,洞又移到了右边

15，8，31，72（a），□，26，88，72（b），35，20

（g）

step8：从刚才左边的搜索位置开始继续向后搜索
第一个比temp值大的元素

15，8，31，72（a），□，26，88，72（b），35，20

（h）

step9：将该元素移入洞中,洞又移到了右边

15，8，□，72（a），31，26，88，72（b），35，20

（i）

step10：从刚才右边的搜索位置开始继续向前搜索
第一个比temp值小的元素

15，8，□，72（a），31，26，88，72（b），35，20

（j）

当发现左右搜索位置聚头了,将temp中的标杆放到搜索
聚头的位置,结束本轮处理

15，8，18，72（a），31，26，88，72（b），35，20

（k）

step11：分别对18左边的序列和右边的序列进行同样的操作

图 7-9　快速排序示例

```
        hole = start;
        i=start;
        j=end;

        while (i<j)
        {
            //从j位置开始从后往前找第一个小于temp的值
            while ((j>i)&&(a[j]>=temp)) j--;
            if (j==i) break;
            a[hole]=a[j];
            hole = j;

            //从i位置开始从前往后找第一个大于temp的值
            while ((i<j)&&(a[i]<=temp)) i++;
            if (j==i) break;
            a[hole]=a[i];
            hole = i;
        }

        a[hole] = temp;

        //对标杆位置左边的序列实施同样的方法
        quickSort(a,start, hole-1);

        //对标杆位置右边的序列实施同样的方法
        quickSort(a,hole+1, end);
    }

    int main()
    {
        int a[10]={18,26,31,72,8,15,88,72,35,20};
        int i;

        quickSort(a,0,9);

        for (i=0; i<10; i++)
            printf("%d ", a[i]);

        printf("\n");
        return 0;
    }
```

算法时间复杂度分析：通过图 7-9 的过程可以看出，无论标杆元素最后落在什么位置上，从左到右的搜索次数和从右向左的搜索次数加起来都是 n，因此一趟的时间花费是 $O(n)$。那么一共有几趟呢？如果每一趟都很幸运，标杆都落在中间位置上（图 7-9 的示例没有幸运地落在中间位置），即将待处理元素分成长度最多差 1 的两部分，这种情况趟数最少，是共有 $\log_2 n$ 趟，时间复杂度为 $O(n\log_2 n)$。如果最不幸，每次标杆落定后，其左边或者右边序列都有一个序列元素个数为 0，则下趟序列仅比上趟少一个元素，如原本待处理数据为完全逆序或正序时，比较次数为 $n+(n-1)+\cdots+1$，时间复杂度为 $O(n^2)$。

下面讨论该算法的稳定性，看图 7-10 中的示例，显然经过快速排序后，72(a)和 72(b)的相对前后位置发生了改变，因此快速排序不是稳定排序。

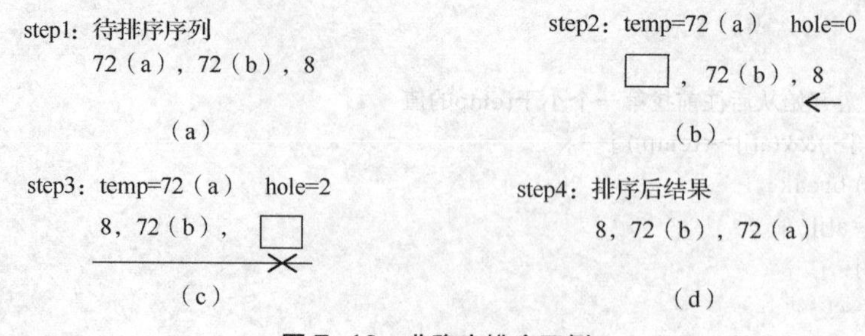

图 7-10 非稳定排序示例

7.6 选择排序和堆排序

原本无序的序列经过排序后形成一个有序序列，每个元素都按照值的大小放到了合适的位置上，或者说每个位置上都放置了合适的元素以保持序列的有序性。现在我们换个思路，为有序序列的每个位置寻找合适的元素，这就是选择类排序的思想。本节介绍的选择排序和堆排序都属于这类思想的排序。

7.6.1 选择排序

选择排序

选择排序：首先为第 1 个位置找合适的元素，这个元素显然是序列中从第 1 到第 n 个元素中最小的元素，找到后将其换到第 1 个位置上；然后为第 2 个位置找合适的元素，这个元素是序列中从第 2 个元素到第 n 个元素中的最小元素，找到后将其换到第 2 个位置上…；为第 i 个位置找合适元素，即从第 i 个元素到第 n 个元素中找到最小值，并把它换到第 i 个位置上去。如此反复，直到为第 n 个位置找到合适的元素。

图 7-11 是选择排序的一个示例。

选择排序算法程序见程序 7-7。

程序 7-7：选择排序。

```
#include <stdio.h>
#include <stdlib.h>

void selectSort(int a[], int n)
{
    int i, j;
    int temp, minIndex;

    //为每个位置找合适的数据
    for (i=0; i<n; i++)
    {
        //为第i个位置找合适的数据
        minIndex = i;
        for (j=i+1; j<n; j++)
            if (a[j]<a[minIndex])
                minIndex = j;
```

待排序序列：

18，26，31，72（a），8，15，88，72（b），35，20

step1：为第1个位置找到合适的元素，并换到第1个位置上去

18，26，31，72（a），8，15，88，72（b），35，20

8，26，31，72（a），18，15，88，72（b），35，20

step2：为第2个位置找到合适的元素，并换到第2个位置上去

8，26，31，72（a），18，15，88，72（b），35，20

8，15，31，72（a），18，26，88，72（b），35，20

step3：为第3个位置找到合适的元素，并换到第3个位置上去

8，15，31，72（a），18，26，88，72（b），35，20

8，15，18，72（a），31，26，88，72（b），35，20

step4，…，step9：

8，15，18，20，31，26，88，72（b），35，72（a）

8，15，18，20，26，31，88，72（b），35，72（a）

8，15，18，20，26，31，88，72（b），35，72（a）

8，15，18，20，26，31，35，72（b），88，72（a）

8，15，18，20，26，31，35，72（b），88，72（a）

8，15，18，20，26，31，35，72（b），72（a），88

图 7-11　选择排序示例

```
            //将minIndex位置上的数据和位置i上数据交换
            temp = a[i];
            a[i] = a[minIndex];
            a[minIndex] = temp;

        }
    }

    int main()
    {
        int a[10]={18,26,31,72,8,15,88,72,35,20};
        int i;

        selectSort(a,10);

        for (i=0; i<10; i++)
            printf("%d ", a[i]);
```

```
    printf("\n");
    return 0;
}
```

算法时间复杂度分析：通过图 7-11 的过程可以看出，为第 1 个即下标为 0 的位置找元素，需要比较 n−1 次；为第 2 个即下标为 1 的位置找元素，需要比较 n−2 次；为第 i 个即下标为 i 的位置找元素，需要比较 n−i 次；最后为第 n−1 个元素找位置需要比较 1 次。时间消耗主要是在比较上面，交换的时间消耗是 1，故算法的时间消耗是：$(n-1)+(n-2)+\cdots+1$，时间复杂度是 $O(n^2)$。通过图 7-11 的示例也可以看出，值相等的元素可能因为中途和其他元素调换位置而改变了相等元素最初的相对先后位置，因此是非稳定排序。

7.6.2 堆排序

堆排序

在选择排序中，对位置 i 找到合适的元素需要线性阶的时间，那么能否在这方面优化呢？在前面的章节我们学习了二叉树这个工具，利用它可以将时间降到对数级。下面我们尝试把二叉树引入选择排序的过程中。首先定义堆的概念：在一个二叉树中，如果其中的每个结点都满足其左右子树上的结点元素值比之大或者小，该二叉树称为堆。

堆又分为小顶堆和大顶堆。大顶堆中每个结点的值都比其左右子树上结点的值大，根结点的值最大；小顶堆中每个结点的值都比其左右子树上的结点中的值小，根结点的值最小。当我们手中有了一个小顶堆，取下根结点就获得了最小值，然后花费对数阶的时间就可以重新调整出新的根即次小结点，由此花费对数阶的时间为选择排序中每个位置找到合适的元素这个目标是可期的。

图 7-12 就是一个具体的示例，其中图 7-12（a）是一个小顶堆，摘走小顶后，空出一个结点，在其左右孩子 15 和 31 中选择值小的——15，将其移入空的父结点中，达到状态图 7-12（c），然后再次比较两个孩子 20 和 35，将小值 20 移入空的父结点中。如此下行，直到空结点不再有孩子结点，这样便得到新的小顶堆，最小值又出现在堆顶了。这个过程时间的花费是二叉树的高度。为了让该二叉树高度最低，可以改进以上操作，使得二叉树始终保持为完全二叉树。见图 7-13，当摘走小顶 8 后，将完全二叉树中最后一个元素 88 移到二叉树根中，调整新的根结点 88，从 88 左右子中找到最小元素 15，因 15 小于 88，15 上移 88 下移，88 新位置上其左右子的最小值 20 又小于 88，20 上移，88 下移，此时 88 无左右子，调整结束。事实上，调整不是一定要到叶子位置，只要途中 88 不比其左右子中最小值大，调整即结束。这样便保证了这棵二叉树始终是一个完全二叉树。

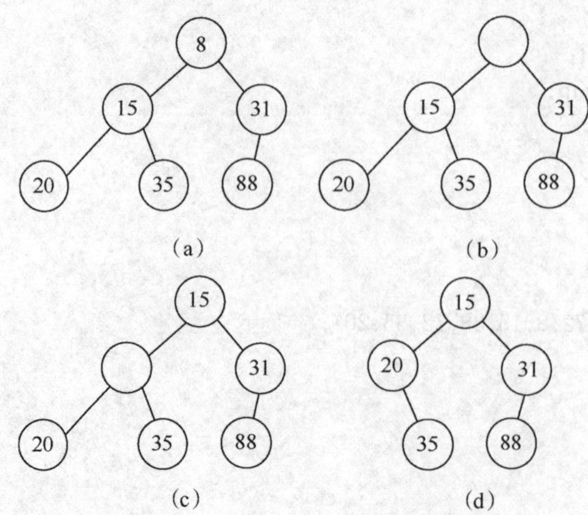

图 7-12　小顶堆获取最小值并调整堆的过程

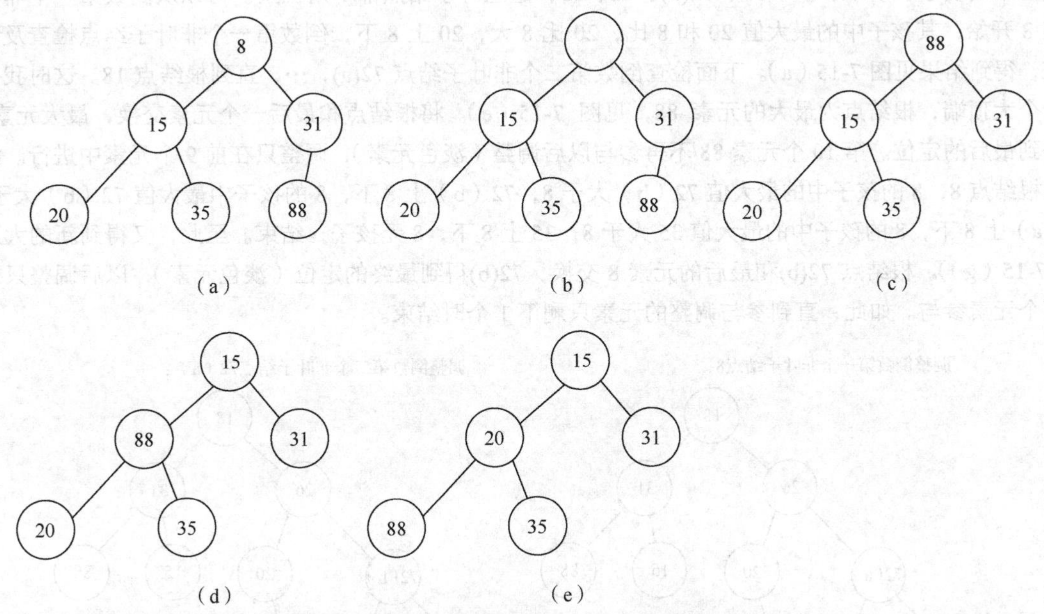

图 7-13　改进小顶堆获取最小值并调整堆的过程

下面我们按照堆的概念，对原始的待排序序列进行处理。

首先将待排序序列看作是一个完全二叉树的顺序存储。按照堆的概念进行调整，使之成为一个大顶堆。具体调整方法是对序列从后往前逐一元素检查并调整使得以该元素为根的二叉树满足大顶堆的定义。摘取大顶，换到待处理元素最后位置，继续调整新的根使之满足大顶堆概念，得到次大元素，继续后移，直到序列中元素全部有序。图 7-14 是一个堆排序的示例，首先将待排序序列看作顺序存储的完全二叉树。

待排序序列：

18，26，31，72（a），8，15，88，72（b），35，20

看作顺序存储的完全二叉树：

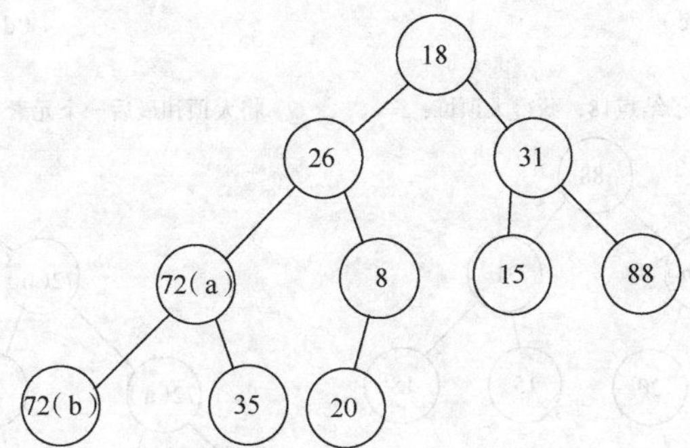

图 7-14　将待排序序列看作顺序存储的完全二叉树

其次对序列从后往前逐一元素检查并调整使得以该元素为根的二叉树满足大顶堆的定义。具体过程和结果示例见图 7-15。先对图 7-14 从后往前看，所有的叶子结点因无子结点，都满足以它为根的二叉树为大顶堆的要求。所以，20、35、72(b)、88、15，这些叶子结点都不用检查。可以从倒数第一个非叶子结点 8 开始，其孩子中的最大值 20 和 8 比，20 比 8 大，20 上 8 下，倒数第一个非叶子结点检查及调整结束，得到结果见图 7-15（a）。下面检查倒数第二个非叶子结点 72(a)，…，直到根结点 18。这时我们得到一个大顶端，根结点为最大的元素 88，见图 7-15（e）。将根结点和最后一个元素交换，最大元素 88 便得到最后的定位。第 10 个元素 88 不再参与以后调整（淡色元素），调整只在前 9 个元素中进行。继续调整根结点 8，8 的孩子中的最大值 72（b）大于 8，72（b）上 8 下，8 的孩子中最大值 72（b）大于 8，72（a）上 8 下，8 的孩子中的最大值 35 大于 8，35 上 8 下，8 无孩子，结束。至此，又得到新的大顶堆（图 7-15（g））。根结点 72(b)和最后的元素 8 交换，72(b)得到最终的定位（淡色元素），以后调整只剩下前 8 个元素参与。如此，直到参与调整的元素只剩下 1 个时结束。

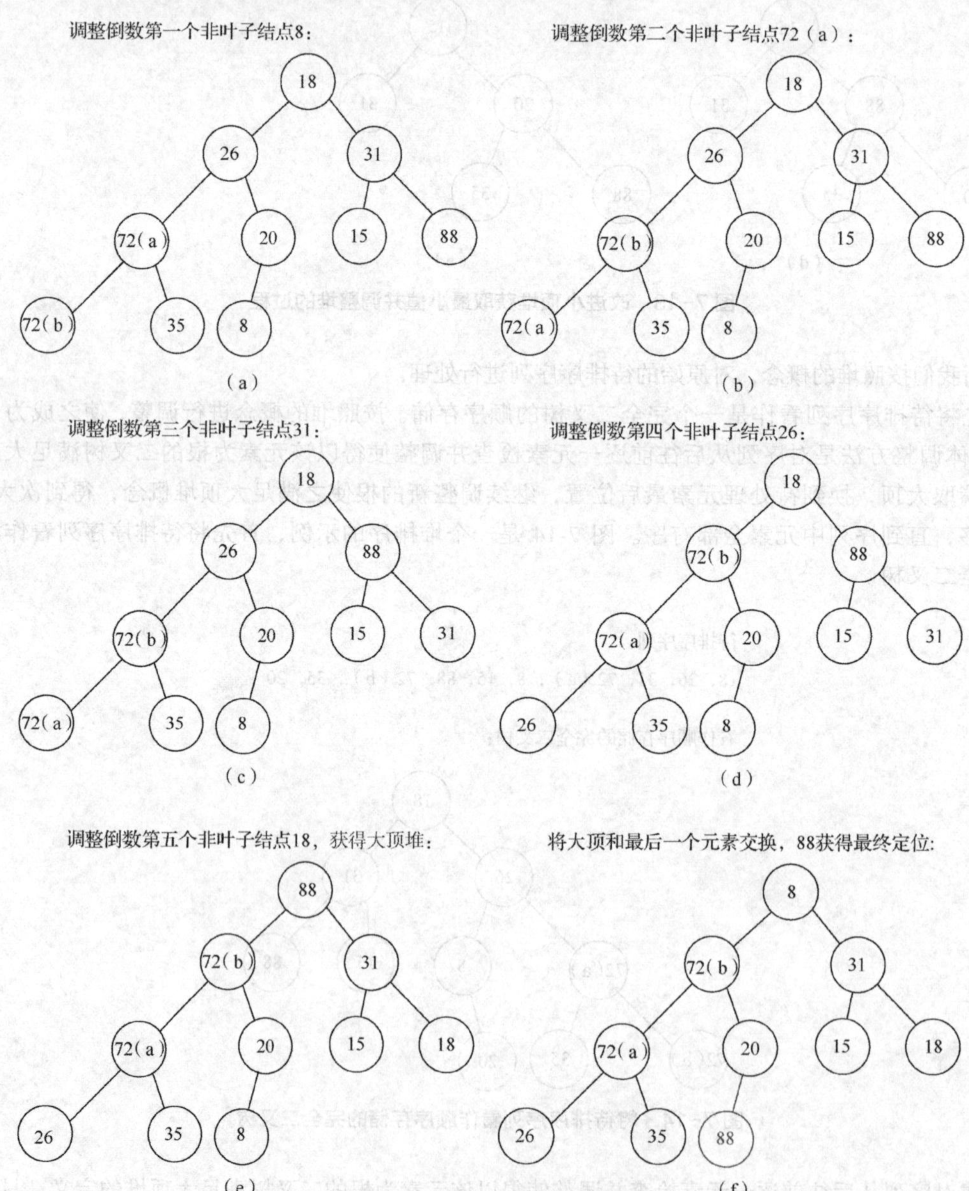

图 7-15　堆排序过程示例

最后一个元素88不参与调整，调整新的根结点8：　　　　大顶和最后的元素8交换，72（b）获得最终定位：

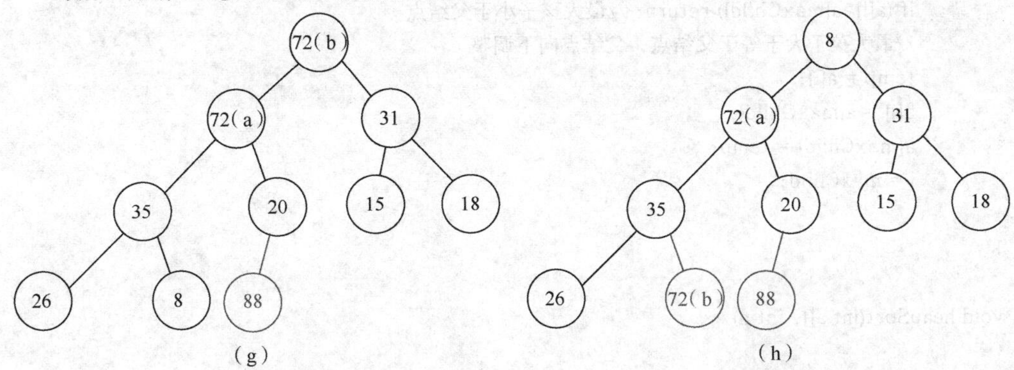

如此继续操作，直到参与调整的个数为1，便得到最后的状态。
该状态在数组中就是一个有序序列：

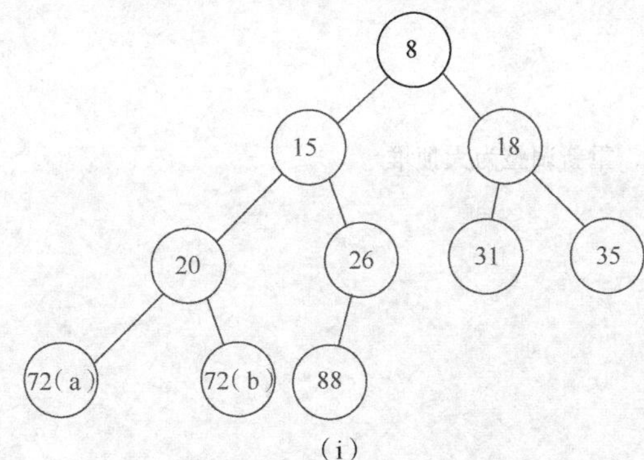

（i）

图 7-15　堆排序过程示例（续）

堆排序算法实现见程序 7-8。

程序 7-8：堆排序。

```
#include <stdio.h>
#include <stdlib.h>

void percolateDown(int a[], int n, int i)
//对尺寸为n的数组a，调整下标为i的元素，
{
    int maxChild, temp;

    while (1)
    {
        maxChild = 2*i+1;   //i的左孩子结点下标

        if (maxChild>n-1) return;
        if (maxChild+1<=n-1) //i还有右孩子结点
        {
            if (a[maxChild+1]>= a[maxChild]) //右孩子结点大于等于左孩子结点
            maxChild++; //右孩子结点最大
        }
```

```
            if (a[i]>a[maxChild]) return; //最大孩子小于父结点
            //最大孩子大于等于父结点，父结点向下调整
            temp = a[i];
            a[i] = a[maxChild];
            a[maxChild] = temp;
            i = maxChild;
        }
    }

    void heapSort(int a[], int n)
    {
        int i, j, temp;

        //从倒数第一个非叶子结点开始调整，首次建立大顶堆
        for (i=n/2-1; i>=0; i--)
            percolateDown(a, n, i);

        //换大顶，逐次减少参与的元素，重新调整为大顶堆
        for (j=n; j>1; j--)
        {
            //大顶和第i个位置元素交换
            temp = a[0];
            a[0] = a[j-1];
            a[j-1] = temp;

            //调整第0个元素
            percolateDown(a, j-1, 0);
        }
    }

    int main()
    {
        int a[10]={18,26,31,72,8,15,88,72,35,20};
        int i;

        heapSort(a,10);

        for (i=0; i<10; i++)
            printf("%d ", a[i]);

        printf("\n");
        return 0;
    }
```

算法的时间复杂度分析：堆排序时间消耗由初次建堆的时间消耗、摘取大顶的时间消耗两部分组成，前者从形式上看时间复杂度是 $O(n\log_2 n)$,但实际可达 $O(n)$；后者时间复杂度为 $O(\log_2 n)$，故总的时间复杂度是 $O(n)$。

建堆时间复杂度分析：假设堆的高度为 h+1，总的元素个数为 n 个，当堆是一个满二叉树时，有

$$n=2^{h+1}-1$$

观察此堆，从后往前逐个检查并调整各个结点时，比较并调整的最大次数为以该结点为根的堆的高度-1。例如最后一层的叶子结点，叶子结点个数为 2^h 个，每个结点比较并调整的最大次数为 0；倒数第二层各结点个数为 2^{h-1} 个，各结点相比较并调整的最大次数为 1；根结点的结点个数为 $2^{h-h}=2^0=1$ 个，结点比较并调整的最大次数为 h。故总的比较调整次数最多为

$$\begin{aligned}
t &= \sum_{i=0}^{h} 2^i(h-i) \\
&= h+2(h-1)+4(h-2)+\cdots+2^{h-2}(2)+2^{h-1}(1); \\
2t &= 2h+4(h-1)+8(h-2)+\cdots+2^{h-1}(2)+2^h(1) \\
&= 0+2h+4(h-1)+8(h-2)+\cdots+2^{h-1}(2)+2^h(1); \\
t &= 2t-t \\
&= -h+2+4+8+\cdots+2^{h-1}+2^h \\
&= -h-1+1+2+4+8+\cdots+2^{h-1}+2^h; \\
&= -(h+1)+\frac{1-2^{h+1}}{1-2} \\
&= -(h+1)+2^{h+1}-1 \\
&= n-(h+1)。
\end{aligned}$$

堆是一个完全二叉树，结点数略小于同等高度的满二叉树，故建堆的时间复杂度仍为 $O(n)$。

堆排序的稳定性分析：因为在左右子中选择最大的元素时，右子是优先的，即如果左右子一样大，选择右子为最大子，优先进入堆顶，并先于左子被替换到序列尾部，左子后入堆顶，后于右子被替换到序列尾部；而右子相对于左子，原本在数组序列中的位置就居于后面，当父结点值和最大孩子结点的值相同时，该子被换到上层，优先进入排序结果序列的尾部，此时排序是稳定排序，但当父结点值和最小结点的值相同时，情况可能发生反转，排序结果显示为非稳定排序。

各种情况具体示例见图 7-16、图 7-17、图 7-18，由此得出结论，堆排序是非稳定排序。

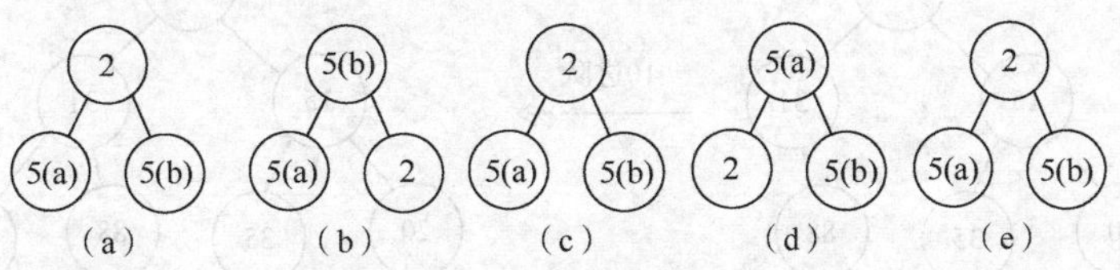

图 7-16　堆排序示例 1

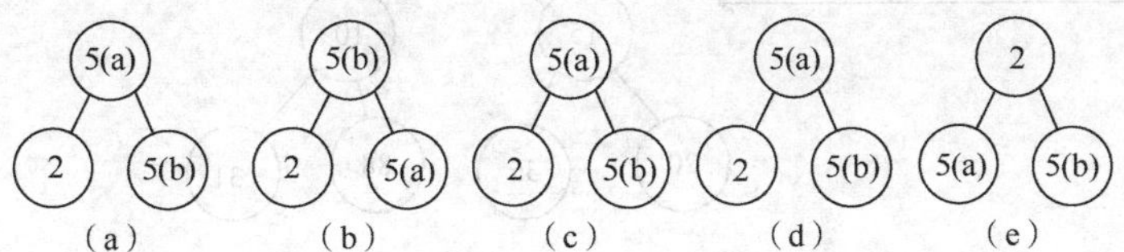

图 7-17　堆排序示例 2

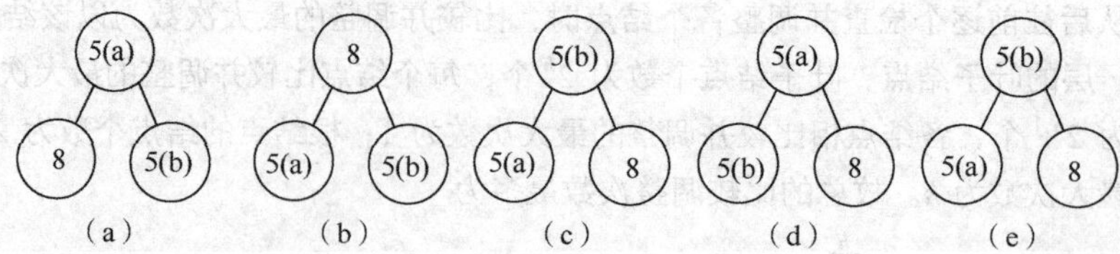

图 7-18　堆排序示例 3

7.6.3　堆和优先队列

在 3.3.4 节定义并讨论了优先队列，介绍了优先队列的顺序存储和链式存储。无论是顺序存储还是链式存储，进出队列都有一个操作时间复杂度是 $O(1)$，而另外一个是 $O(n)$。现在我们尝试下堆，假设元素的值用其优先级的级别值来标识，级别值小的优先级高，反之优先级低，出队是优先级高者先出队，因此我们可以用一个小顶堆来实现优先级队列。

当一个队列用一个小顶堆来表示后，堆顶是优先级最高的元素。出队直接读取堆顶（即二叉树的根），时间花费为 $O(1)$；摘取堆顶后，将尾部元素写入堆顶，并对 a[0]做 percolateDown 调整操作，时间花费为此完全二叉树的高度 $O(\log_2 n)$。因此出队的时间复杂度为 $O(\log_2 n)$。进队时将新元素加入到序列尾部成为新的叶子结点，它可能破坏了堆的有序性，因此需要向上检查父结点，如果新结点值不小于父结点，结束检查；如果新结点值小于父结点，交换两者的值，并进一步往更高层祖先检查比较，直到不小于父结点或者到根，因此进队的时间花费也是完全二叉树的高度 $O(\log_2 n)$。下面用图 7-19 显示下优先队列进队的过程。

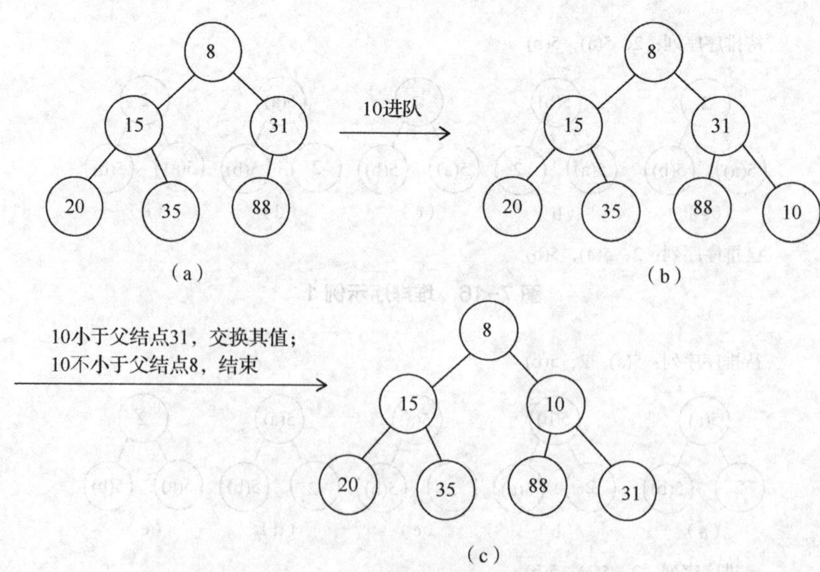

图 7-19　优先队列进队过程示例

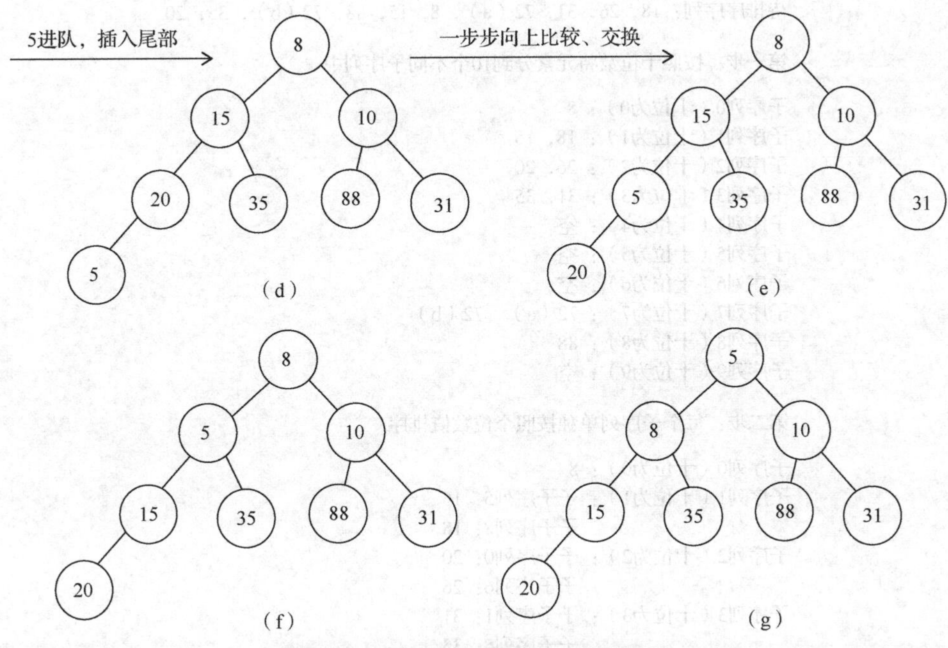

图 7-19　优先队列进队过程示例（续）

7.7　基数排序

7.7.1　多关键字排序

口袋排序

前面的排序都是通过比较元素的某个单一关键字进行的。例如每个元素是一个学生的数据，数据包括了学号、姓名、年龄、身高。如果排序是按照学号排序，学号即其关键字。现实生活中有时又需要按照多个关键字进行排序，如学生数据先按照年龄排序，年龄相同者再按照身高排序。在多关键字排序中关键字有主次之分，排序中先考虑的关键字称为主关键字，其他称为次关键字。学生先按年龄再按身高排序示例中，年龄是主关键字、身高是次关键字。图 7-20 显示一个多关键字排序的示例，其中每个元素为显示其年龄、身高的二元组。

排序前：（19，165），（20，167），（18，170），（20，160），（19，172）

排序后：（18，170），（19，165），（19，172），（20，160），（20，167）

图 7-20　多关键字排序示例

7.7.2　口袋排序法

基数排序也正是基于多关键字排序的思想，把单一关键字不同位数视作多关键字进行排序。如待排序序列 18、26、31、72(a)、8、15、88、72(b)、35、20，数字位数最长为 2 位，它们分别是十位和个位。将十位视作主关键字，个位视作次关键字。按照上一小节多关键字排序的方法，可以先按照十位上的值，按序将序列分到 10 个不同子序列中，然后对每个子序列单独再按个位分到 10 个子序列中，将各个子序列顺序连接起来便得到最终的有序序列。这种方法称作 MSD（Most Significant digital，高位优先法）。示例见图 7-21，图中空的子序列省略不画。

待排序序列：18，26，31，72（a），8，15，88，72（b），35，20

第一步：按照十位数将元素分到10个不同子序列中

子序列0（十位为0）：8
子序列1（十位为1）：18，15
子序列2（十位为2）：26，20
子序列3（十位为3）：31，35
子序列4（十位为4）：空
子序列5（十位为5）：空
子序列6（十位为6）：空
子序列7（十位为7）：72（a），72（b）
子序列8（十位为8）：88
子序列9（十位为9）：空

第二步：每个子序列单独按照个位数值排序

子序列0（十位为0）：8
子序列1（十位为1）：子子序列5：15
子子序列8：18
子序列2（十位为2）：子子序列0：20
子子序列6：26
子序列3（十位为3）：子子序列1：31
子子序列5：35
子序列7（十位为7）：子子序列2：72（a），72（b）
子序列8（十位为8）：88

第三步：将所有子序列按序连接起来形成最终的有序序列

8，15，18，20，26，31，35，72（a）,72（b），88

图 7-21　按照多关键字排序方法排序

另外一种方法是 LSD（Least Significant Digital，低位优先法），它先将待排序序列按照个位数值按序分成 10 个子序列，然后将 10 个子序列收集形成一个新的序列，再次将该序列按照十位数值按序分成 10 个子序列，将 10 个子序列按序连接后便得到了最终的有序序列。该方法和上面 MSD 方法不同处在于按照个位数值分割的子序列不再各自进一步分割成子子序列，而是合并后又统一参加下次按照十位数值的分割。以上步骤我们也可视作按照个位数的所有可能取值按序放 10 个口袋，元素按照其个位数位置上的值将它们分别分配到 10 个口袋中，然后按序将 10 个口袋中的值收集起来，再次按照十位数的所有可能取值造 10 个口袋，将刚才获得的序列再逐个按照其十位上的值分配到 10 个口袋中，最后按序收集 10 个口袋中的值便得到了最终的有序序列。具体示例见图 7-22。

在以上基数排序的示例中，两趟分配收集之后一定完全有序吗？下面对该示例进行分析。

以上按照口袋标号来论大小，例如相对于口袋 3，口袋 5 为大号口袋，口袋 1 为小号口袋。设待排序序列中有两个元素 x 和 y（$x \leq y$）。

（1）如果 x 和 y 在十位数上数字不同，即（$x/10$）<（$y/10$）：无论第一趟分配收集后谁在前后，根据第二趟分配的原则，x 分在小号口袋，y 分在大号口袋；第二趟收集后，按照口袋从小号到大号的收集原则，x 在前，y 在后。

（2）如果 x 和 y 在十位数上数字相同但个位数上数字不同，即（x%10）<（y%10）：第一趟分配后，x 分在小号口袋，y 分在大号口袋；第一趟收集后，按照口袋先小后大收集原则，x 在前，y 在后。第二趟分配后，x、y 分在同一口袋里，且根据分配原则，保持了 x、y 本趟分配前的先后位置；第二趟收集后，x 在前，y 在后。

待排序序列：18，26，31，72（a），8，15，88，72（b），35，20

第一趟分配：
口袋0：20
口袋1：31
口袋2：72（a），72（b）
口袋3：空
口袋4：空
口袋5：15，35
口袋6：26
口袋7：空
口袋8：18，8，88
口袋9：空

第一趟收集：
20，31，72（a），72（b），15，35，26，18，8，88

第二趟分配：
口袋0：8
口袋1：15，18
口袋2：20，26
口袋3：31，35
口袋4：空
口袋5：空
口袋6：空
口袋7：72（a），72（b）
口袋8：88
口袋9：空

第二趟收集：
8，15，18，20，26，31，35，72（a），72（b），88

图 7-22　基数排序法示例

（3）如果 x 和 y 在十位数上数字相同且个位数上数字也相同，即（x/10）=（y/10）、（x%10）=（y%10），且 x 在前，y 在后：第一趟分配后，因个位相同，x、y 分在了同一口袋里，且根据分配原则，在这个口袋中，保持了 x、y 本趟分配前的先后位置，即 x 在前，y 在后；第一趟收集后，x 在前，y 在后。第二趟分配后，因十位相同，x、y 分在了同一口袋里，且根据分配原则，在这个口袋中，保持了 x、y 本趟分配前的先后位置，即 x 在前，y 在后；第二趟收集后，根据收集原则，依然 x 在前，y 在后。

故整个序列必然有序，且为稳定排序。

基数排序算法实现见程序 7-9。

程序 7-9：基数排序。

```
#include <stdio.h>
#include <stdlib.h>

typedef struct node
{
    int data;
    struct node *next
};

typedef struct pocketList
{
    struct node *front;
```

```
    struct node *rear;
};

int main()
{
    struct node *collect,*currentRear, *tmp;
    struct pocketList list[10];
    int a[8]={18,26,31,72,8,15,88,72};
    int i, k;

    //10个口袋初始化为空
    for (i=0; i<8; i++)
        list[i].front = list[i].rear = NULL;

    //第一趟分配
    for (i=0; i<10; i++)
    {
        tmp=(struct node *) malloc(sizeof(struct node));
        tmp->data = a[i];
        tmp->next = NULL;

        k = a[i]%10;
        if (!list[k].rear) //该口袋空
            list[k].front = list[k].rear = tmp;
        else
        {
            list[k].rear->next = tmp;
            list[k].rear = tmp;
        }
    }

    //第一趟收集
    collect = NULL;
    for (i=0; i<10; i++)
    {
        if (!list[i].front) continue;
        if (!collect)
            collect = list[i].front;
        else
            currentRear->next = list[i].front;
        currentRear = list[i].rear;
    }

    //10个口袋初始化为空
    for (i=0; i<10; i++)
        list[i].front = list[i].rear = NULL;

    //第二趟分配
    for (i=0; i<8; i++)
    {
```

```
        k = collect->data/10;
        if (!list[k].rear) //该口袋空
            list[k].front = list[k].rear = collect;
        else
        {
            list[k].rear->next = collect;
            list[k].rear = collect;
        }

        collect = collect->next;
    }

    //第二趟收集
    collect = NULL;
    for (i=0; i<10; i++)
    {
        if (!list[i].front) continue;
        if (!collect)
            collect = list[i].front;
        else
            currentRear->next = list[i].front;
        currentRear = list[i].rear;
    }

    //将第二趟收集的数据写回数组a并显示
    for (i=0; i<8; i++)
    {
        a[i]=collect->data;
        collect = collect ->next;
        printf("%d,", a[i]);
    }
    printf("\n");

    return 0;
}
```

可以看出基数排序是基于若干次的分配和收集，每次分配都是将元素分配到若干个不同的口袋中，每次收集也是将若干个口袋中的元素顺次收集成新的序列，因此基数排序又称为口袋排序法。

算法时间复杂度分析：10 个口袋是根据每位数字的所有取值定出的，和元素的个数没有关系。从上面程序可以看出，和元素个数相关的是两趟分配工作，每趟分配的时间复杂度是 $O(n)$，将第二趟收集结果写回数组的时间消耗也是 $O(n)$，而二次收集工作时间消耗都是常量次数 10。故整个算法复杂度是 $O(n)$。

7.8 内排序算法的比较

以上 7 节介绍了若干种内排序算法，表 7-1 对各种排序算法的时间复杂度和稳定性做了一个汇总和比较。

表 7-1　各种内排序算法的时间复杂度和稳定性

算法	时间复杂度	算法稳定性
冒泡排序	最差 $O(n^2)$，最优 $O(n)$	稳定
简单插入排序	最差 $O(n^2)$，最优 $O(n)$	稳定
折半插入排序	最差 $O(n^2)$，最优 $O(n\log_2 n)$	稳定
希尔排序	复杂	不稳定
归并排序	$O(n\log_2 n)$	稳定
快速排序	最差 $O(n^2)$，最优 $O(n\log_2 n)$	不稳定
选择排序	$O(n^2)$	稳定
堆排序	$O(n)$	不稳定
基数排序	$O(n)$	稳定

7.9　外排序

外排序

7.9.1　外排序处理过程

外排序是指元素个数太多，无法一次性载入内存，而数据处理要在内存中进行，因此需要在内外存间进行多次数据交换。外存数据处理速度要慢得多，因此时间的耗费主要体现在外存的访问上。数据交换时的规模取决于内存的大小，直观的做法是根据内存容量的大小一次调入一定数量的数据，形成一个数据序列，该序列在内存中可以按照各种内排序的方法进行排序，然后将排好序的序列写入外存，之后再调入其他未排序的数据进入，以此类推。最终在外存上原始的待排序序列分割成了多个有序序列，之后再设法将数据分段调入内存，进行有序数据段的归并。

例如，数据规模为 900MB，内存一次只能存储 100MB，由此可以把外存上的数据分为 9 段，每次读入一段，在内存中排好序后，移出内存，读入下一段。全部完成后，外存上有 9 个有序序列。现在在内存中开辟 10 个 10MB 的缓冲区，其中 9 个用于读入 9 个归并段的部分数据，1 个 10MB 用于存储归并结果。假如 9 个归并段都是非递减的，则在归并中，最小的元素必然出现在 9 个归并段的第一个元素中，输出该最小元素，以此类推，找到次小元素。归并过程中，如果存储归并结果的缓冲区满，可将数据移出内存，清空缓冲区，继续存储后面的归并数据，最终在外存上形成了一个 900MB 的非递减有序序列。

7.9.2　2*k* 路归并

k 路归并

最简单的归并应属二路归并，二路归并是将两个有序序列归并为一个有序序列。在外排序中，二路归并需要 4 条磁带，这 4 条磁带假设为 A1、A2、B1、B2，原始数据在磁带 A1 上，经过处理后形成了 *m* 个有序序列，分别放置在磁带 B1、B2 上，此后从 B1、B2 上分别取出第一个有序序列，进行二路合并，形成一个新的有序序列放到 A1 上；再次从 B1、B2 上分别取出下一个有序序列，进行二路合并，形成一个新的有序序列放到 A2 上；如此反复，直到 B1、B2 中所有有序序列处理完毕。然后如同上面操作，从 A1、A2 中取有序序列归并后交替放 B1、

B2 上，如此反复直到在某个磁带上只有一个有序序列，其余磁带为空。下面从图 7-23 看一个二路归并的示例。

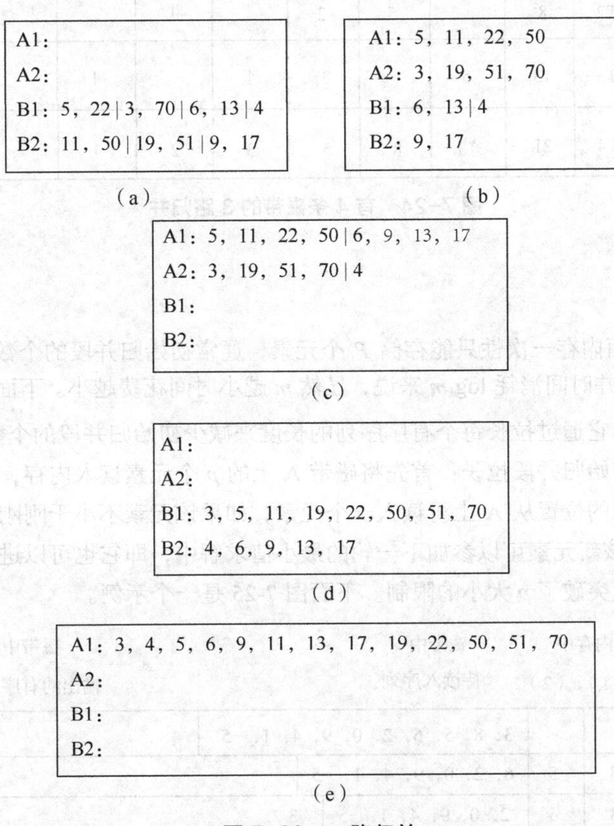

图 7-23　二路归并

按照这一思路，如果有 2*k* 个磁带，就可以实现 *k* 路归并。磁带可以分为 A1、A2、…、Ak、B1、B2、…、Bk，和上面二路归并类似，将分别来自 B1、B2、…、Bk 的 *k* 个有序序列进行 *k* 路归并为一个有序序列，放入 A1；之后再从 B1、B2、…、B*k* 分别取 1 个有序序列进行 k 路归并为一个有序序列，放入 A2；以此类推，最终获得一个有序序列。*k* 路归并所需的归并次数为 $\log_k m$，其中 *m* 为初始归并段的个数。

事实上，如果只有 *k*+1 个磁带，也可以进行 *k* 路归并。假设有 *k*+1 个磁带，分别为 A、B1、B2、…、B*k*，将分别来自 B1、B2、…、B*k* 的 *k* 个有序序列进行 *k* 路归并为一个有序序列，放入 A；之后再从 B1、B2、…、B*k* 分别取 1 个有序序列进行 *k* 路归并为一个有序序列，继续放入 A；如此操作，直到出现某个磁带 B*i* 中没有有序序列，此时又变成 *k* 个磁带上有有序序列，一个磁带上没有有序序列。按照上面的方法从 *k* 个有数据的磁带上继续逐次进行 *k* 路归并到空磁带上，最后直到只有一个有序序列，且在一个磁带上。

示例如图 7-24 所示，其中 T1、T2、T3、T4 为 4 条磁带，进行 3 路归并。初始时，T1 空，T2、T3、T4 分别有 8、13、21 个有序序列，现在在 T2、T3、T4 各取一个有序序列进行 3 路归并形成一个有序序列放入 T1，循环如此，直到 T2、T3、T4 上最少的有序序列 8 耗尽，这样就有 8 次 3 路归并，在 T1 上留下 8 个有序序列，此时 T2 上的 8 个有序序列在归并中使用完毕，T3 中的 13 个用掉 8 个余 5 个，T4 中的 21 个用掉 8 个余 13 个。现在 T2 磁带空出，其余 3 个磁带分别有若干条有序序列，再同第一轮类似进行归并处理，直到最后只有某一条磁带上有 1 个有序序列，其余磁带为空。

T1		8	3		2	1		1
T2	8		5	2		1		
T3	13	5		3	1		1	
T4	21	13	8	5	3	2	1	

图 7-24　有 4 条磁带的 3 路归并

7.9.3　初始归并段

初始归并段

假如有 n 个元素，而内存一次性只能存储 P 个元素，通常初始归并段的个数是 $m=\lceil n/p \rceil$。对于 k 路归并时间消耗 $\log_k m$ 来说，显然 m 越小时间花费越小。下面介绍一种方法：置换选择，它通过拉长每个有序序列的长度来减少初始归并段的个数。下面观察如何将第一个初始归并段拉长：首先将磁带 A 上的 p 个元素读入内存，在其中选出最小值，将最小值写入磁带 B，空出的位置从 A 上再读入一个元素，如果该元素不小于刚刚在内存中被选为最小值且写入 B 中的元素，则该新元素可以参加下一轮的最小值求解中，即它也可以进入第一个初始归并段，由此第一个初始归并段就突破了 p 大小的限制。下面图 7-25 是一个示例。

内存中 a(0)	a(1)	a(2)	磁带中待读入序列	磁带中输出的有序序列
			3, 8, 5, 6, 2, 0, 9, 4, 1, -5	
3	8	5	6, 2, 0, 9, 4, 1, -5	
6	8	5	2, 0, 9, 4, 1, -5	3
6	8	2	0, 9, 4, 1, -5	3, 5
0	8	2	9, 4, 1, -5	3, 5, 6
0	9	2	4, 1, -5	3, 5, 6, 8
0	4	2	1, -5	3, 5, 6, 8, 9
0	4	2	1, -5	3, 5, 6, 8, 9
1	4	2	-5	3, 5, 6, 8, 9; 0
-5	4	2		3, 5, 6, 8, 9; 0, 1
-5	4			3, 5, 6, 8, 9; 0, 1, 2
-5				3, 5, 6, 8, 9; 0, 1, 2, 4
-5				3, 5, 6, 8, 9; 0, 1, 2, 4
				3, 5, 6, 8, 9; 0, 1, 2, 4; -5

图 7-25　置换选择输出初始归并段

图 7-25 示例中，首先内存中的最小值 3 写出，空位 6 进入，因为 6>3，故 6 可参与当前有序序列的形成；然后最小值 5 写出，2 进入，因为 2<5，故 2 不能参与，为了区别，不能参与的元素用灰色底标出；最小值 6 写出，0 进入，因 0<6，故 6 也不能参与；最小值 8 写出，9 进入，因 9>8，故 9 可参与；最小值 9 写出，4 进入，因 4<9，故 4 不能参与，于是可参与当前有序序列形成的元素为空，第一个有序序列形成过程结束，有序序列为 3、5、6、8、9，序列长度为 5，突破了 3 的限制。如此操作，直到所有待排

序元素读入内存并写出，最后获得了如图 7-25 中的 3 个有序的初始归并段。

7.9.4 最佳归并树

从 7.9.3 小节可知，用置换选择方法获得的初始归并段长度并不一致，这样在 k 路归并时有序段的不同组合就可能造成对磁带读写的次数不同。下面假设有 9 个初始归并段进行 3 路归并，这 9 个归并段中数据元素的个数分别为 6、8、13、9、30、7、20、15、18，如果采用图 7-26 所示的归并方法，总的磁带读写次数为 504；如果采用图 7-27 中类似哈夫曼树的归并策略：小者优先，则总的磁带读写次数为 486。

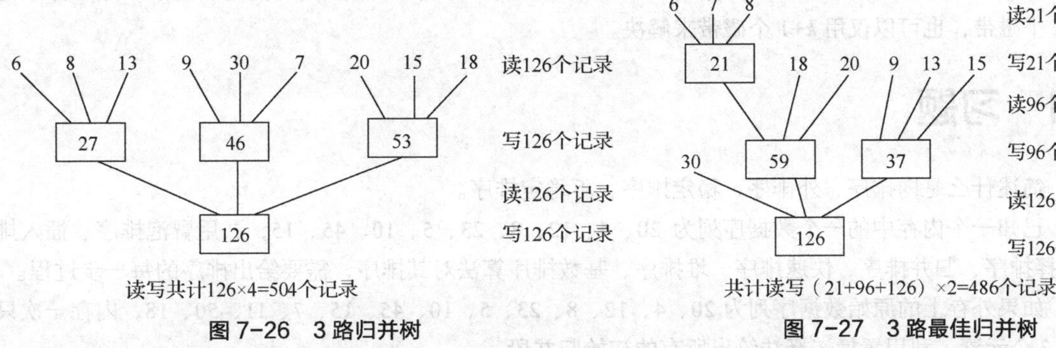

图 7-26　3 路归并树　　图 7-27　3 路最佳归并树

初始归并段的次数并不总是正好使得每次归并都有 3 个可用，如果有缺少，可增补 t 个长度为 0 的虚段。下面分析 t 的计算方法：假设归并树中元素的个数为 n，叶子结点为初始归并段个数 m，非叶子即中间结点个数为 n_k 个，显然 $n=m+n_k$；另外，树中除了根结点，每个结点都和父结点有一个分支相连，因此共有 $n-1$ 个分支，而这些分支又是有非叶子结点产出，n_k 个产出 kn_k 个分支，所以 $n-1=kn_k$。综合 $n=m+n_k$ 和 $n-1=kn_k$ 得：$n_k=(m-1)/(k-1)$，n_k 为整数，故$(m-1)\%(k-1)$必为 0。所以如果$(m-1)\%(k-1)$不为 0 时，增大 m 至其整除，增加的大小为 $t=(m-1)-(m-1)\%(k-1)$。图 7-28 中有 4 个归并段进行 3 路归并，就要增加一个虚段，长度为 0。

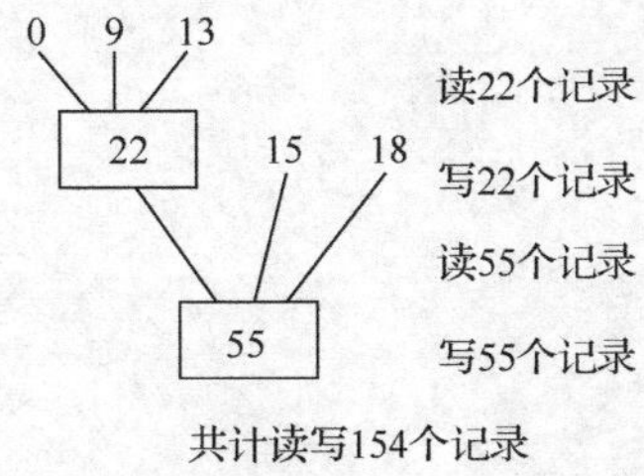

图 7-28　有虚初始归并段的 3 路归并

7.10 小结

排序是数据存储后支持快速查找最重要的操作。排序根据数据的规模分为两种：如果数据量不大，能一次性全部载入内存，可利用内排序的方法；如果数据量大，内存中只能存下部分数据，需要多次进行内外存之间数据的读写，可利外排序的方法。

常见的内排序方法有很多，其中涉及单关键字排序的有冒泡排序、插入排序、归并排序、快速排序、选择排序、堆排序；涉及多关键字排序的有基数排序。衡量一个内排序的算法除了看时间、空间复杂度，还要看算法是否是稳定排序。冒泡排序、插入排序、选择排序的最坏情况下的时间复杂度都是 $O(n^2)$。特别地，在数据原本有序的基础上冒泡排序和插入排序的时间复杂度可以达到 $O(n)$，基数排序在一般情况下时间复杂度就能达到 $O(n)$。归并排序、堆排序最坏情况、快速排序最好的情况时间复杂度能达到 $O(n\log_2 n)$，快速排序最坏情况下的时间复杂度可达 $O(n^2)$。冒泡排序、插入排序、归并排序、选择排序、基数排序都是稳定排序，而希尔排序、快速排序、堆排序都是不稳定排序。

外排序采用分批将数据载入内存，经过内排序后形成若干个初始归并段（有序子序列），然后利用归并的方法，最终形成一个有序序列。其时间消耗主要体现在内外存的数据读写上。在形成初始归并段阶段，利用置换选择方法可以拉长每个归并段长度，达到减少归并段数量的目的；在归并阶段，可以采用类似构造哈夫曼树的方法，利用最佳归并树达到减少数据读写次数的目的；如果归并采用 k 路，除了可以用 $2k$ 个磁带，也可以仅用 k+1 个磁带来解决。

7.11 习题

1. 简述什么是内排序、外排序、稳定排序、不稳定排序。

2. 已知一个内存中的一个数据序列为 20、4、12、8、23、5、10、45、15，试用冒泡排序、插入排序、选择排序、归并排序、快速排序、堆排序、基数排序算法对其排序，需要给出排序的每一步过程。

3. 如果外存上的原始数据序列为 20、4、12、8、23、5、10、45、15、7、11、50、18，内存一次只能存储 3 个元素，利用置换选择法给出所有的初始归并段。

4. 假如在排序中有 3 条磁带可用，试对上题获得的初始归并段进行 2 路归并，要求写出归并的过程。

5. 已知一个文件中有 2 560 000 个记录，每个记录有 128 个字节，记录关键字为 24 个字节，数据块号为 4 个字节。试问如果构成 B+树，M 和 L 分别是多少，B+树最多和最少需要多少层？

6. 写出实现折半插入排序算法的程序。

*7. 写出希尔排序算法的程序。

**8. 设计两个算法实现在一组 n 个元素组成的无序序列中，找到第 k 大的元素。要求时间复杂度分别为 $O(n+k\log_2 n)$ 和 $O(n\log_2 n)$。